10kV架空配电线路施工技术

毛和君　杨一敏　叶瑞军　编

中国水利水电出版社
www.waterpub.com.cn
·北京·

内 容 提 要

本书系统介绍了架空配电线路施工的理论知识和施工方法，主要内容包括架空配电线路基础知识、配电线路设备材料的基本要求、杆塔施工技术措施、架空线架线技术措施、施工安全措施、施工“三措方案”编制、竣工验收要求及资料、10kV配电线路施工技术计算书等。

本书按照最新国家标准和电力行业标准编写，内容丰富、实用性强，既可作为广大架空配电线路施工专业人员岗位学习、业务培训用书，也可供从事农配网项目建设技术管理、安全监督和监理人员参考。

图书在版编目（CIP）数据

10kV架空配电线路施工技术 / 毛和君，杨一敏，叶瑞军编. -- 北京 : 中国水利水电出版社，2017.7(2023.2重印)
ISBN 978-7-5170-5633-1

Ⅰ. ①1… Ⅱ. ①毛… ②杨… ③叶… Ⅲ. ①架空线路－配电线路－架线施工 Ⅳ. ①TM726.3

中国版本图书馆CIP数据核字(2017)第172747号

书　名	**10kV 架空配电线路施工技术** 10kV JIAKONG PEIDIAN XIANLU SHIGONG JISHU
作　者	毛和君　杨一敏　叶瑞军　编
出版发行	中国水利水电出版社 （北京市海淀区玉渊潭南路 1 号 D 座　100038） 网址：www.waterpub.com.cn E-mail：sales@mwr.gov.cn 电话：(010) 68545888（营销中心）
经　售	北京科水图书销售有限公司 电话：(010) 68545874、63202643 全国各地新华书店和相关出版物销售网点
排　版	中国水利水电出版社微机排版中心
印　刷	清淞永业（天津）印刷有限公司
规　格	184mm×260mm　16 开本　12.25 印张　290 千字
版　次	2017 年 7 月第 1 版　2023 年 2 月第 3 次印刷
印　数	5001—6500 册
定　价	**78.00** 元

凡购买我社图书，如有缺页、倒页、脱页的，本社营销中心负责调换

版权所有・侵权必究

前　言

随着电力体制改革的不断深入、智能配电网建设的不断发展以及分布式清洁能源的应用，10kV及以下配电网建设迎来新一轮投资建设的高峰，配电网建设地域广、投资大、任务重、时间紧，参与建设的队伍多，新成立的民营电力施工企业也越来越多，施工质量参差不齐。为确保配电网施工的安全和质量，电力施工企业迫切需要一套具有规范性、针对性和实用性的施工技术作保障，并指导作业现场规范化施工。本书着力于介绍架空配电线路施工的理论知识、施工方法、验收标准及安全要求，并附有技术计算书、受力分析、验收表格及施工方案编制等案例范本，便于架空配电线路施工人员借鉴。

全书共分8章：第1章、第2章为架空配电线路基础知识和设备材料的基本要求；第3章、第4章分别介绍杆塔施工技术措施和架空线架线技术措施；第5章介绍施工安全措施；第6章介绍施工方案的编制；第7章介绍竣工验收要求及资料；第8章分别按杆塔施工和架线施工技术要求，提供了施工技术计算书。

本书4.6节、5.3节、第7章和附录B由叶瑞军编写，1.3节、第2章和附录A由杨一敏编写，其他章节由毛和君编写。全书由毛和君负责统稿。

本书参照我国现行的国家标准、行业标准、规程规范等进行编写。如果本书与新标准、新规范、新规程有矛盾，应按新标准、新规范、新规程执行，但现场布置、操作方法、施工计算、工器具配置等仍可适用。配电网建设在发展，施工技术在进步，当创造或引进新材料、新技术、新工艺时，应当制定新的施工技术措施。本书在编写过程中，参考了相关架空送电线路施工技术书籍及资料，借此，向所参考书籍的各位作者表示诚挚的感谢。

编者从事输配电线路设计、施工、运行、管理工作30多年，承担过各种复杂的输、配电线路设计、施工任务，积累了一定线路施工理论与实践经验。但由于我国地域辽阔，架空配电线路施工方法众多，编者经验和水平有一定的局限性，书中难免存在缺点和不足之处，恳请广大读者批评指正。

编者

2017年6月于衢州

目　　录

1 架空配电线路基础知识

1.1 基本概念

1.1.1 配电网

在电力网中主要承担分配电能作用的网络称为配电网络，其主要功能是把公用变电站或分布式电源的电力输送给每一个用户，并在必要的位置转换成适当的电压等级。

1.1.1.1 配电网分级分类

（1）城市配电网。从输电网接收电能，再分配给城市电力用户的电力网称为城市配电网。随着我国城镇化的迅速发展，城市配电网可分为高压配电网、中压配电网和低压配电网。城市配电网通常是指110kV及以下的电网。其中35～110kV电压为高压配电网，10～20kV电压为中压配电网，1kV及以下电压为低压配电网。随着城市规模的扩大，城市电源点的增多，城市输配电网电压层次将进一步简化，部分特大型城市的220kV电网主要功能由输电转为配电时，220kV将会成为高压配电电压。

（2）农村配电网。农村配电网处于电力网的末端，主要是为县级（含旗、县级市）区域内的城镇、农村、农垦区及林牧区用户供电的110kV及以下的配电网。农村配电网也按电压等级分为农村高压配电网（35～110kV）、农村中压配电网（6～10kV）和农村低压配电网（380V/220V）。

（3）工厂配电网。工厂配电网是指从工厂总变压站（或总配电站）至各车间配电所或直供电机的结线系统。工厂配电网的电压等级一般为10kV及以下，大型钢铁公司等企业因用电负荷和工艺要求，也有35～110kV电压等级。其主要功能是将公用电网的电能分配至各车间和附属设施的用电设备上，确保全厂用电设备安全、可靠、经济、合理。

配电网按供电区域划分可分为城市配电网、农村配电网和工厂配电网。按公用电网供电角度划分可分为四级，即省会城市、地市级、发达县市及一般县。

1.1.1.2 配电网的组成

（1）配电线路。配电线路是配电网的主要组成部分，它起着输送电能的作用，是连接变压器和用电设备的桥梁。配电线路按敷设方式分为架空线路和电缆线路。

（2）配电设备。配电设备是指为满足用电设备电压和运行检修要求，所配置的变压器、开关、防雷、五防和通信自动化等配电装置的统称，包括一次、二次和配网自动化设施。

1.1.2　10kV 架空配电线路

为保证带电导线之间、导线与地面（或建筑物等）之间保持一定安全距离，必须用杆塔来支撑导线。从电源点至用电设备之间，通过杆塔支撑架空方式连续敷设的配电线路，称为架空配电线路，如图 1-1 所示。相邻两基杆塔中心线之间的水平距离 l 称为挡距。相邻两基承力杆塔之间的几个挡距组成一个耐张段，如图中 1～6 号杆塔为一个耐张段，该耐张段由 5 个挡距组成。如果耐张段只有一个挡距则称为孤立挡，如图 1-1 中 6# 和 7# 杆塔之间。一条配电线路总是由多个耐张段组成的，其中包括孤立挡。本书只介绍 10kV 架空配电线路的基础知识，35kV 及以上架空线路和电缆线路可参阅相关书籍。

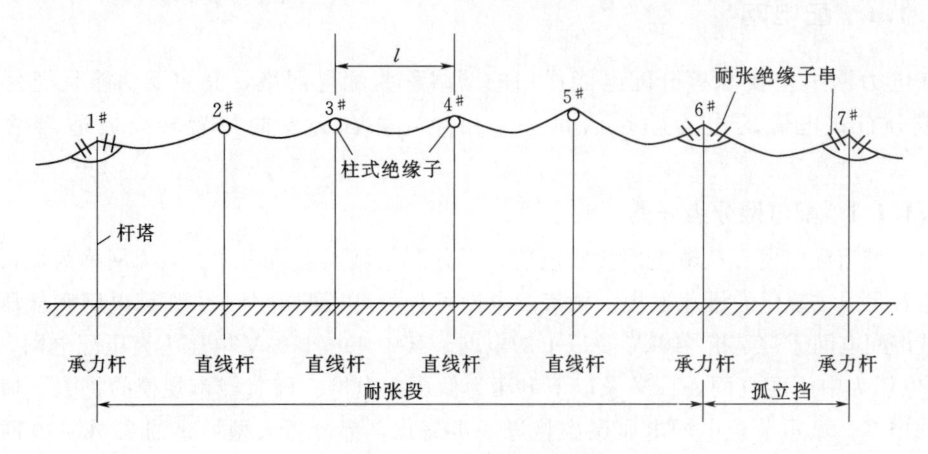

图 1-1　配电线路的组成

1.2　架空配电线路的特点

10kV 配电线路分为架空配电线路和电缆线路两类。架空配电线路与电缆线路各有优劣。

1.2.1　架空配电线路的优点

(1) 所用设备材料简单，易于加工制造，价格相对低廉，工程投资较少。

(2) 杆塔结构简单，便于施工安装，工程建设速度快。

(3) 全部线路设置在露天，易于发现缺陷和故障点，便于巡视、检查和维修。

(4) 事故处理时间短，可减少停电时间和电量损失，可尽快恢复送电。

(5) 技术要求较低，节省有色金属等。

1.2.2　架空配电线路的缺点

(1) 易遭受雷击等自然灾害和外力破坏，山区配电线路因树线矛盾，发生事故的概率较大。通过配置自动重合闸装置，可减少瞬间引起的事故；通过使用架空绝缘导线或架空集束电缆方式，利用地形适当增加杆塔高度，可以减少山区因树线矛盾而引起的故障率。

(2) 因导线裸露置于空间，故与地面和建筑物等其他设施均需保持一定的安全距离，且配电线路分布密度较大，故占地和空间较大，影响土地充分利用。

(3) 10kV电压虽然不高，但对附近的电台、雷达、通信线、铁路信号线等弱电设施有干扰影响。设计时，在路径选择上保证平行或交叉的安全距离及交叉角符合规定，并按规程要求做好相应的防护措施，则干扰影响能控制在容许范围内。

1.3 架空配电线路的部件

构成10kV配电线路的主要部件，一般为导（地）线、杆塔、拉线、基础、金具、绝缘子、杆上电气设备、接地装置、标识牌等。

1.3.1 导（地）线

导线是固定在杆塔上输送电能的金属线，由于导线常年在大气中运行，经常承受拉力，受风、冰、雨、雪和温度变化的影响，以及空气中所含化学杂质的侵蚀。因此，导线的材料除了应有良好的导电性外，还须具有足够的机械强度和防腐性能。目前在配电线路设计中，架空导线和避雷线通常用铝、铝合金、铜和钢材料制成，具有导电率高、耐热性能好、机械强度高、耐振、耐腐蚀性能强、重量轻等特点。

一般配电线路每相采用单根导线，对于近距离向钢铁企业供电或企业内部的10kV配电线路，因供电负荷需求，考虑经济性、节省架空线走廊和增加输送容量等，也有采用2～4根相分裂导线的型式。如某配电线路，线路长度为0.97km，计算负荷18.9MW，每相采用2×LJ-240分裂导线，其容许电流为1246A，满足该钢铁企业的供电需求。

避雷线作用是防止雷电直接击于导线上，并把雷电流引入大地。避雷线悬挂于杆塔顶部，并在每基杆塔上均通过接地线与接地体相连接。当雷云放电雷击线路时，因避雷线位于导线的上方，雷首先击中避雷线，避雷线将雷电流通过接地体导入大地，从而减少雷击导线的概率，起到防雷保护作用。一般避雷线在10kV配电线路中应用较少，避雷线常用镀锌钢绞线。

配电线路常用的导线有裸铝绞线（JL）、钢芯铝绞线（JL/G1A）、铜绞线（TJ）、铝合金线（JLH）、架空绝缘线（电缆）（JKLYJ、JKLGYJ、JKYJ、JKLHYJ）。为提高配电线路绝缘化率，架空绝缘线（电缆）在10kV架空配电线路中应用最广。

架空绝缘线（电缆）按线芯材质划分为铝绞线、钢芯铝绞线、铜绞线、铝合金线。架空绝缘线（电缆）按其绝缘层厚度又可划分为普通绝缘和轻型薄绝缘两种。

钢芯铝绞线按其铝、钢截面比的不同，分为正常型、加强型、轻型三种。在机械强度要求高的地区，如大跨越、重冰区等，采用加强型的较多；铝合金线比纯铝线有更高的机械强度，大致与钢芯铝绞线强度相当，但重量比钢芯铝绞线轻，弧垂相对较小，挡距可放大，可使杆塔基数减少或降低呼称高度，但导电性能比铝线稍差。除铝合金线芯架空绝缘线在配网上应用较多外，裸铝合金线在架空线路上应用很少。

1.3.2 杆塔

杆塔（含其杆上横担等铁附件）用来支持导线、避雷线及其他附件，使导（地）线、杆塔彼此间保持一定的安全距离，并使导（地）线对地面、交叉跨越物或其他建筑物、构筑物等设施保持容许的安全距离。

按照杆塔材料的不同，在10kV配网上应用一般可分为钢筋混凝土杆（普通、部分预应力、预应力）、钢管杆、薄壁钢管混凝土杆、角钢塔等。其中：普通钢筋混凝土杆在配电网中应用最多；钢管杆、薄壁钢管混凝土杆一般应用于不宜打拉线且交通便利的区段，塔基占地面积小，能与城市道路相匹配；角钢塔一般应用于大跨越或不宜打拉线且交通不便的区段，其中：普通角钢塔一般应用于郊区线路，塔基占地面积较大，窄基塔适用于城区、集镇架空线路，塔基占地面积小。

杆塔按其作用可分为直线型、分支型、耐张型三种，直线型包括直线杆塔、直线跨越杆塔和直线小转角杆塔；耐张型包括直线耐张、转角耐张和终端杆塔。

1.3.3 拉线

为了节省杆塔钢材，配电网广泛使用了带拉线混凝土杆。拉线材料一般用镀锌钢绞线。拉线上端是通过固定在混凝土杆上的拉线抱箍和拉线相连接，下部是通过可调节的拉线金具与埋入地下的拉线棒、拉线盘相连接。拉线按其结构一般可分为单拉线、带绝缘子拉线、水平高桩拉线、自身拉线等。

拉线在杆塔上的布置视杆塔型式和受力情况而定。直线单杆防风拉线，对地夹角为60°，对横担夹角为0°，拉线在正常大风情况承受导线风压、杆身风压；直线双杆用“X”形拉线或“V”形拉线，承受导线、避雷线及杆身的风压荷载及事故断导线时的断线张力；耐张杆按单杆、双杆及耐张杆的转角大小布置不同的型式来平衡导（地）线张力、杆身风压及断线张力，因此能节约大量钢材。但是，由于其占地面积较大，影响机械化耕种，应用上也有局限性。

1.3.4 基础

杆塔基础是用来支撑和稳定杆塔的，一般受到下压力、上拔力和倾覆力等作用力。

（1）掏挖基础。掏挖基础是利用机械或人工在天然土中直接挖（钻）成所需要的基坑。它能充分发挥原状土的特性，具有良好的抗倾覆稳定能力。

（2）钢筋混凝土预制基础。一般为装配式预制基础，包括底盘、卡盘和拉盘。底盘承受下压力，卡盘承受倾覆力，拉盘承受上拔力。

（3）钢筋混凝土现浇基础。现浇基础的种类繁多，按其开挖面可分为“大开挖”“掏挖”及“岩石锚筋”三种；其中“大开挖”有钢性台阶式基础、板式基础；“掏挖”有钢管桩基础、灌注桩基础。

1.3.5 金具

连接和组合电力系统中的各类装置，以传递机械负荷、电气负荷或起某种防护作用的附件，简称金具。在配电网上按作用及结构可分为悬垂线夹、耐张线夹、连接金具、接续金具、接触金具、防护金具等。

（1）悬垂线夹。悬垂线夹是将导（地）线悬挂至悬垂绝缘子串（组）或金具串（组）上的金具。

（2）耐张线夹。耐张线夹是将导（地、拉线）线连接至耐张串（组）或金具串（组）上的金具。一般分为楔型耐张线夹、螺栓型耐张线夹和预绞式耐张线夹。

（3）连接金具。连接金具是将绝缘子、悬垂线夹、耐张线夹及防护金具等连接组合成悬垂或耐张串（组）的金具。常规使用为碗头挂板（如 W－7B）、U 型挂环（如 U－7）、球头挂环（如 QP－7）、延长环（如 PH－7）、平行挂板（如 PH－7）、U 型螺丝（如 UJ－1880）等。

（4）接续金具。接续金具用于导（地）线之间的连接或补修，并能满足导（地）线一定的机械及电气性能要求的金具。如接续管或补修条等。

（5）接触金具。接触金具用于导线或电气设备端子之间的连接，以传递电气负荷为主要目的的金具，也称为非承力型接续金具。如接线端子、并沟类线夹、穿刺线夹等。

（6）防护金具。防护金具用于对导线、地线、各类电气装置或金具本身，起到电气性能或机械性能防护作用的金具。如防振锤、铝包带等。

1.3.6 绝缘子

绝缘子是供处在不同电位的电气设备或导体电气绝缘和机械固定用的器件，其主要作用是支持导（地）线、承担电气绝缘和传递张力。绝缘子按用途可分为线路绝缘子、变电所绝缘子以及套管；按绝缘件材料可分为由瓷质、玻璃和有机材料制作的绝缘子；按结构可分为针式绝缘子、线路柱式绝缘子、横担绝缘子、盘形悬式绝缘子、棒形绝缘子、防雷柱式绝缘子（钳位绝缘子）和拉紧绝缘子等。

（1）针式绝缘子。针式绝缘子是通过胶装在绝缘子孔内的钢脚，能刚性地安装到支持结构上的绝缘件所构成的刚性绝缘子。绝缘件可由一个或多个彼此胶装在一起的单个绝缘体构成，该绝缘件与脚的固定可以是可分离的或是永久的（具有胶装脚的针式绝缘子）。

（2）线路柱式绝缘子。线路柱式绝缘子是由一个或多个绝缘零件与一个金属底座，并且有时还有一个帽胶装在一起构成的刚性绝缘子，这个金属底座通过装在其上的螺栓可以刚性地安装在支持结构上。

（3）横担绝缘子。横担绝缘子是用来同时作为绝缘子和横担的刚性绝缘子。它通过绝缘件或附件上的安装孔可以刚性地安装在电杆上或短横担上，可有效节省钢材。

（4）盘形悬式绝缘子。盘形悬式绝缘子是由下表面带有或不带有棱的盘状或钟状绝缘件与外部的帽和内部的脚组成的附件，沿着其轴线同轴地胶装在一起构成的一种绝缘子。10kV 架空配电线路一般由 2 片绝缘子元件串联组成绝缘子串使用。

（5）棒形绝缘子。棒形绝缘子是由带伞或不带伞的近似圆柱形杆体的一个绝缘件和胶装在两端的外胶装的或内胶装的附件构成的一种绝缘子。

（6）防雷柱式绝缘子（钳位绝缘子）。防雷柱式绝缘子由绝缘部件（柱式绝缘子）和保护间隙两部分组成，保护间隙由通过固定在绝缘子顶部和底座上的电极构成。用于

10kV 架空配电线路中绝缘和支持导线，还具有防止 10kV 架空绝缘导线雷击断线的保护功能。

(7) 拉紧绝缘子。拉紧绝缘子是布置在拉线或跨线的结构支持物上的绝缘子，以使支持物的一段绝缘或防止泄漏电流流过此支持物。

1.3.7 杆上电气设备

配电线路杆上电气设备一般有杆上变压器、开关设备、线路无功补偿装置、线路调压器、线路避雷器等。

(1) 杆上变压器。杆上变压器用于 10kV 配电网络，是将 10kV 电压转换为低压侧电压为 400V（单相为 230V），以满足生产和日常生活电气设备的电压要求。按安装型式一般可分为台架式（单杆、双杆），台屋式、落地式等。

(2) 杆上开关设备。杆上开关设备用于架空配电线路上，其功能是分断、闭合、承载线路负载电流、故障电流和空载电流的机械开关设备。根据其功能可划分为断路器、负荷开关、隔离开关（闸刀）、跌落式熔断器等。

(3) 线路无功补偿装置。线路无功补偿装置并联接于工频交流三相配网架空电力线路上，用于改善功率因数、调整网络电压、降低线路损耗，实施手动（人工）投切或自动投切的装置，主要由电容器组、保护装置及控制器等组成。

(4) 线路调压器。线路调压器是一种串联在 10kV 配电线路中，通过自动调节自身变比来实现动态稳定线路电压的装置，由三相自耦变压器、三相有载开关及控制器等组成，分为单向调压器和双向调压器两种，实现配电线路的电压质量在合格范围内。

(5) 线路避雷器。线路避雷器是一种过电压限制器，它实际上是过电压能量的吸收器，与被保护设备并联运行。当作用电压超过限定幅值后避雷器优先动作，泄放大量能量，限制过电压，达到保护电气设备的目的。

1.3.8 接地装置

接地装置是指将雷电流或设备泄漏电流导入大地的装置，一般由接地引线和接地体组成。接地体一般分为人工接地体和自然接地体两类，其中人工接地体按布置型式可分为水平型、垂直型和混合型。

1.3.9 标识牌

标识牌是指杆塔设备的命名牌、相位牌和安全警示标识牌等。杆塔应逐基设置标有线路双重命名和杆塔号的命名牌，如“10kV 洋口 8025 线 30# 杆”。杆上跌落式熔断器、断路器、隔离开关、负荷开关、电容器等设备，应设置标有与杆上设备对应的位置和设备名称的命名牌，如“10kV 洋口 8025 线 25# 杆”真空断路器。变电站出线第一基杆塔、分支杆塔和不同电源的联络开关两侧，应设置标有 A、B、C 和对应色标“黄、绿、红”的相位牌。杆上变压器台架、角钢塔和设有爬梯的钢管杆等，应设置标有“禁止攀登，高压危险”“当心触电”的安全警示标识牌。

2 配电线路设备材料的基本要求

2.1 通 用 规 定

2.1.1 架空配电线路工程使用的原材料及器材应符合下列规定

（1）有产品出厂检验合格证书，设备应有铭牌及出厂试验报告。

（2）有符合国家现行标准的各项质量检验资料，型号、规格正确。

（3）对砂、石等原材料应分批次抽样，并交具有资质的检验单位检验，合格后方可采用。

（4）对产品检验结果有疑义时，应重新抽样并经有相应资质的检验单位检测，合格后方可采用。

2.1.2 原材料及器材有下列情况之一者，应重作检验，并根据检验结果，确定是否使用或降级使用

（1）超过规定保管期限者。

（2）因保管、运输不良等原因造成损伤、变形变质者。

（3）对原试验结果有怀疑或试样代表性不够者。

（4）对有包装要求的器材，在运抵现场前其原出厂包装已损坏或被拆散者。

2.2 横 担 及 铁 附 件

横担、铁附件及紧固件安装前应进行外观检查，且应符合下列规定：

（1）架空线路所用的横担、抱箍等黑色金属制造的附件应采用热浸镀锌。表面无裂纹、砂眼、锌层剥落及锈蚀等现象。

（2）焊接处焊缝饱满，无咬边、夹渣、气孔。

（3）铁附件用料规格应符合设计要求，其长度误差不应大于5mm，孔距误差不应大于2mm。

（4）螺栓的质量应符合现行行业标准《输电线路杆塔及电力金具用热浸镀锌螺栓与螺母》（DL/T 284—2012）的规定。

（5）各种连接螺栓的防松装置应符合设计要求。防松装置弹力应适宜，厚度应符合规定。

（6）预制混凝土构件及现浇混凝土基础用钢筋、地脚螺栓、插入角钢等加工质量均应符合设计和相关标准要求。钢材应符合国家现行标准的要求，表面应无污物和锈蚀。

2.3 水泥、砂、石子、水

(1) 现场浇筑混凝土基础所使用的砂、石，应符合国家现行标准《普通混凝土用砂、石质量及检验方法标准》(JGJ 52—2006) 的有关规定，不得使用海砂。

(2) 砂宜选用细度模数为2.3～3.0的中粗砂，石子宜先选用细度模数为5～25的碎石。

(3) 水泥的质量、保管及使用应符合国家现行标准《通用硅酸盐水泥》(GB 175—2007) 的规定。水泥的品种与标号，应满足设计规定的混凝土强度等级且不宜低于42.5级普通硅酸盐水泥。水泥保管时，应防止受潮，不同品种、不同等级、不同制造厂、不同批号的水泥应分别堆放，标识应清晰。

(4) 混凝土浇筑用水应符合下列规定：

1) 制作预制混凝土构件用水，应使用可饮用水。

2) 现场浇筑混凝土，宜使用可饮用水。当无饮用水时，应采用清洁的河溪水或池塘水等。水中不得含有油脂和有害化合物，有怀疑时应送有相应资质的检验部门做水质化验，合格后方可使用。

3) 严禁使用海水拌制混凝土。

2.4 钢筋混凝土预制构件

(1) 钢筋混凝土预制构件的混凝土强度应符合《混凝土强度检验评定标准》(GB/T 50107—2010) 的规定。

(2) 钢筋混凝土预制构件应在明显部位标识构件型号、生产日期和质量验收标志。

(3) 构件上预留的连接套管、预埋件和预留孔洞的规格、数量应符合设计要求，位置偏差应满足装配要求。

(4) 预制混凝土构件外形尺寸的偏差应符合设计的要求。

(5) 安装前应进行外观检查，且应符合下列规定：

1) 表面光洁平整，无露筋、跑浆、蜂窝、孔洞等现象。

2) 外形不宜有缺棱掉角、表面翘曲的缺陷。

3) 预应力钢筋混凝土预制件应无纵、横向裂缝，普通钢筋混凝土预制件不应有贯穿保护层到达构件内部的裂缝。

4) 连接部位不应有连接钢筋或连接件松动的缺陷。

5) 预埋孔洞不应有混凝土堵塞。

6) 预埋件不应有锈蚀现象。

2.5 钢筋混凝土电杆

环形混凝土电杆质量应符合现行国家标准《环形混凝土电杆》(GB/T 4623—2014)

的规定。安装前应进行外观检查，且应符合下列规定：

（1）混凝土电杆强度等级应符合设计要求。

（2）表面光洁平整，壁厚均匀，无偏心、露筋、跑浆、蜂窝、内表面无混凝土塌落等现象。

（3）普通钢筋混凝土电杆放置平面检查时，应无纵向裂缝，横向裂缝的宽度不应超过0.1mm，其长度不容许超过1/3周长。

（4）预应力混凝土电杆应无纵、横向裂缝。

（5）杆身弯曲不应超过杆长的1‰。

（6）分段混凝土杆钢板圈或法兰应无变形，端面应垂直于杆段轴线。

（7）电杆顶端封堵应良好。

（8）预埋穿心孔和接地螺母孔不应有混凝土堵塞。

（9）制造厂商标和埋深线的永久性标识应清晰。混凝土电杆外形尺寸和强度等级的临时性标识醒目。

2.6 钢管杆

钢管杆的质量应符合现行行业标准《输变电钢管结构制造技术条件》（DL/T 646—2012）的规定。安装前应进行外观检查，且应符合下列规定：

（1）构件的标识应完整、清晰可见。

（2）镀锌层表面应完好、无剥落和锈蚀，镀锌层的厚度应符合设计规定；如需采用防护漆，应喷涂均匀。

（3）横担座、横担间距应符合设计要求。

（4）杆身弯曲度不应超过杆长的1‰，且不应大于10mm。

（5）法兰连接孔位准确，局部间隙不应大于3mm，对孔错边不应大于2mm。套接连接处配合紧密，套接长度应符合设计要求。

（6）爬梯脚钉应完整，连接应牢固，焊接处无咬边。防坠滑道无变形、扭曲。

（7）薄壁离心钢管混凝土杆的加工质量应符合现行行业标准《薄壁离心钢管混凝土结构技术规程》（DL/T 5030—1996）的规定。

2.7 角钢塔

角钢铁塔应符合现行国家标准《输电线路铁塔制造技术条件》（GB/T 2694—2010）的规定且应符合下列规定：

（1）铁件表面镀锌应良好，锌层无剥落。主材、副材无明显扭曲和变形。型号代码钢印整齐、清晰。

（2）主材、副材及连接板孔位准确，无缺孔。孔距误差不大于1mm。

（3）每一个构件上应有明显的编号，无缺材，钢材规格符合图纸要求，长度误差不大于2mm。

（4）对运至塔位的个别角钢当弯曲度超过长度的 2/1000 时，可采用冷矫正，但矫正后不得出现裂纹。

（5）防松装置和防盗螺帽配置符合设计要求。

2.8 线　材

架空配电线路使用的线材（导线、避雷线和拉线），架设前应进行外观检查，且应符合下列规定：

（1）表面光洁无腐蚀，无松股、破股、交叉、折叠、硬伤等缺陷。

（2）钢绞线、镀锌铁线表面镀锌层应良好，无锈蚀。

（3）钢芯铝绞线钢芯对接处在铝股外层应有明显的厂方提示，施工时应锯断重接。

（4）架空绝缘线架设前应进行外观检查，且应符合下列规定：

1）表面应平整光滑，绝缘层无破损、色泽均匀、无爆皮、无气泡。

2）导体应紧压、无腐蚀，端部应密封，无进水现象。

3）绝缘层表面应有厂名、型号、计米等清晰的标志。

2.9 绝　缘　子

架空配电线路使用的绝缘子，架设前应进行外观检查和耐压试验抽检合格，且应符合下列规定：

（1）悬式绝缘子铁帽、绝缘件、钢脚三者应在同一轴线上，无明显的歪斜。

（2）柱式绝缘子铁脚无歪斜，螺栓配合良好，防松装置完备；棒式绝缘子铁瓷结合紧密，挂点中心和瓷棒应在一条轴线上。

（3）复合绝缘子应表面光滑、色泽均匀，无裂纹、破损，和金属连接处结合紧密，无松动。

（4）玻璃绝缘子应表面光滑，无折痕、气孔等表面缺陷，玻璃件中气泡直径应不大于 5mm。

（5）绝缘子表面应清洁、光滑，无破损、裂纹、缺釉、斑点、烧痕、气泡或瓷釉烧坏等缺陷。

（6）铁瓷胶合应浇铸紧密、无裂纹，铁件镀锌完好。

2.10 金　具

架空配电线路使用的金具，架设前应进行外观检查，且应符合下列规定：

（1）金具规格、型号应符合设计要求。

（2）铸铁金具表面光洁，无裂纹、毛刺、飞边、砂眼、气泡等缺陷，镀锌良好，无锌层剥落、锈蚀现象。

（3）线夹转动灵活，与导线接触面符合要求。

(4) 接续金具内、外表面光滑，无毛刺和裂纹。

(5) 铝合金金具表面应无裂纹、欠铸、缩孔、气孔、渣眼、砂眼、结疤、凸瘤、锈蚀等。

(6) 固定螺栓配合良好，垫片、开口销配置齐全。

2.11 杆 上 设 备

架空配电线路使用的杆上电气设备，安装前应进行外观检查，按规定进行相应的试验，且应符合下列规定：

(1) 设备和器材应有铭牌、安装使用说明书、出厂试验报告及合格证件等技术文件。

(2) 设备运到现场后，包装应完好，无运输中受冲击、碰撞痕迹。

(3) 设备的开箱检查，应符合下列要求：

1) 设备装箱单、设备、部件、备件和专用工具应齐全，无腐蚀和机械损伤。

2) 应及时对设备进行外观检查，设备应无变形、损伤，防腐层应完整。

3) 产品技术文件、柜内各元件的合格证明文件等应齐全。

4) 组成部件完整无缺，紧固部位应无松动；充油设备应无渗漏现象，充气设备其气压符合产品说明书上的规定。

5) 核对设备各项技术参数应符合招标技术规范书的要求。

(4) 设备保管应存放在通风、干燥及没有腐蚀性气体室内，不得倒置；如需室外放置时底部应垫高，并采取可靠的防雨、防潮措施。对有特殊保管要求的设备和元件，应按产品技术文件的要求保管。

(5) 配电设备上仪表应检定合格，当投入试运行时，应在有效期内。

(6) 配电设备安装用的紧固件，应采用热镀锌制品或不锈钢制品；电气接线端子用的紧固件应符合现行国家标准《变压器、高压电器和套管的接线端子》(GB 5273—1985)的有关规定。

(7) 开关手动、电动分合闸正常，操作机构动作平稳，无卡阻等异常情况。

(8) 五防功能应正常、可靠。

(9) 杆上开关、负荷开关、接地刀闸、隔离开关各种状态指示正确。

3 杆塔施工技术措施

3.1 材料运输

3.1.1 钢筋混凝土电杆的装卸和运输

钢筋混凝土电杆运输前应进行外观检查。

1. 拔梢杆的堆放要求

(1) 若电杆长度为 l，其支点数量应满足：$l \leqslant 9m$ 时，不少于 2 个支点；$9 < l \leqslant 12m$ 时，不少于 3 个支点；$12 < l \leqslant 18m$ 时，不少于 4 个支点。其支点距离如图 3-1 所示。

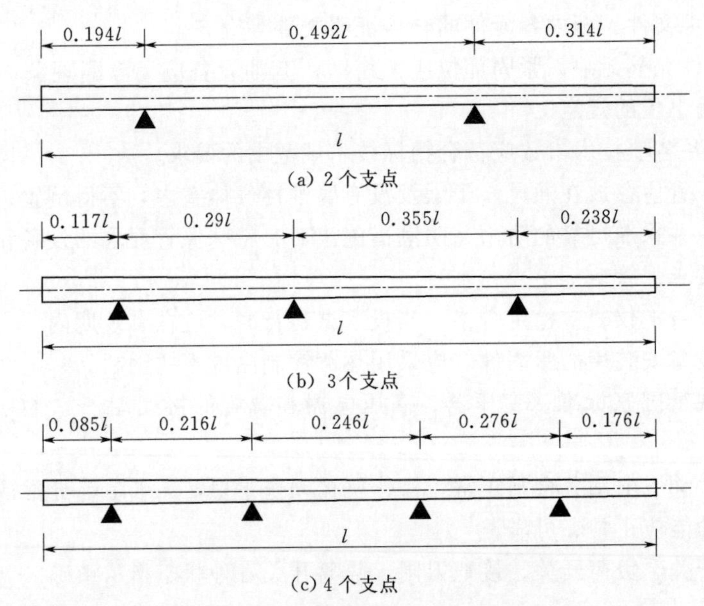

图 3-1 拔梢杆的水平支点距离

(2) 堆放场地应平整，道路畅通，能排除积水。

(3) 堆放场地应避开交通要道旁及高压线或通信线的下方。

(4) 堆放的混凝土杆应整齐稳固，防止倾倒。电杆的下方应垫方木或混凝土方柱，垫木上的电杆两侧应用楔木掩牢，上层、下层的垫木应对齐。

2. 混凝土电杆的装卸

混凝土电杆的装卸通常有汽车起重机吊装法和人力滚动法两种方法。

(1) 汽车起重机吊装法。杆段吊点一般采用两点。等径杆杆段的吊点如图 3-2 (a) 所示；拔梢杆杆段吊点如图 3-2 (b) 所示。

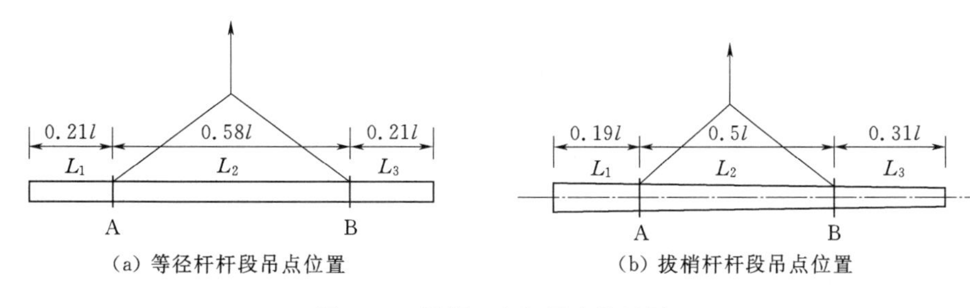

图 3-2 混凝土电杆吊点位置图

装卸电杆的绑扎绳必须用钢丝绳。用两根绑扎绳组成“V”形套，分别与吊钩连接。绑扎绳对杆身轴线夹角不得小于 30°。绑扎绳规格视吊重大小选择：杆段质量 9.8kN 以下，选择 ϕ12.5mm；杆段质量 9.8～15kN，选择 ϕ15.5mm。杆段吊点位置见表 3-1。

表 3-1　　杆 段 吊 点 位 置

杆　　别	吊　点　位　置/m			
	杆段长度	L_1	L_2	L_3
拔梢杆	6	1.16	2.95	1.89
	7	1.36	3.44	2.20
	9	1.75	4.43	2.82
	10	1.94	4.92	3.14
	12	2.33	5.90	3.77
	13	2.47	6.50	4.03
	15	2.85	7.50	4.65

(2) 滚动法装卸车。滚动法装卸车是人力直接装卸方法的一种，其现场布置如图 3-3 所示。

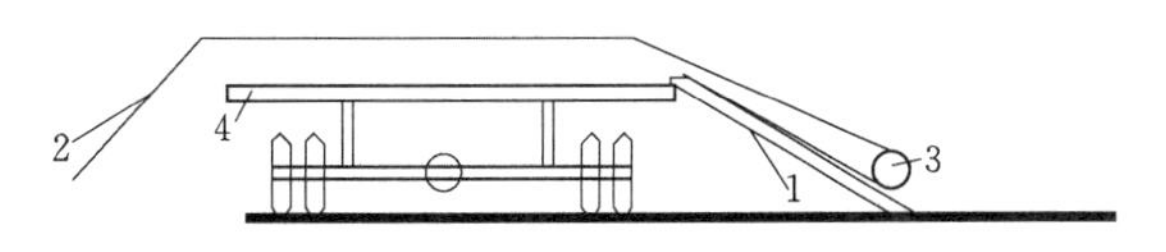

图 3-3 滚动法装卸车示意图

1—跳板；2—拉绳；3—电杆；4—车箱底板

跳板或斜棍规格应经计算确定。用作斜棍的圆木梢径应不小于 ϕ150mm，其长度约为 4m。棕绳的一端应固定在汽车底板挂钩或大梁上，另一端绕过杆段后过车厢板上面用人拉住。每根杆段必须用两根平行的棕绳施力，棕绳直径应不小于 12mm。

收紧拉绳时，两组人员应用力均匀，保持杆段平衡地在跳板或斜棍上滚动前进；杆段滚动时，电杆滚动的后方不得站人；人力拉动杆段时，拉绳的侧面方向应有专人指挥。

每装好一根电杆应立即掩牢（楔木）并临时绑扎固定，全部装好后，应绑扎牢固。

用滚动法卸车时，与装车方法同样布置：用两根棕绳平行圈住杆段后，将此杆段的掩木取出；用撬棍拨动杆段，使其离开车厢板进入跳板上；慢慢松出棕绳，电杆因自重沿跳板向下滚动，直至落地为止。拨动杆段前必须检查车上剩余杆段是否掩牢，是否绑扎牢固。严防拨动杆段的同时其他杆段也跟着滚动。松出棕绳时，人拉的一端应缠绕在车厢板挂钩或大梁上。卸车时，电杆滚动的前方严禁站人。

3. 混凝土电杆的运输

配电线路混凝土电杆的运输一般采用汽车运输和人力运输两种方式。混凝土电杆从制造厂运至仓库或施工工地大件材料堆放场的运输，采用汽车运输；从公路至杆位的运输采用人力运输。

(1) 汽车运输。混凝土电杆的汽车运输使用普通的载重汽车，车载质量为5～10t。汽车车厢板的前后端必须安装具有足够强度的支撑架，前端支撑架高约1.2m（高于前车厢板和驾驶室高），后端支撑架高约0.6m（高于后车厢板高度），支撑架采用角钢或方木制成，底座与汽车车厢底板采用螺栓固定。

汽车运输前必须检查混凝土电杆是否绑扎牢固，木塞和垫木是否垫牢。汽车运输途中，应随时注意绑扎绳有无松动，木塞有无丢失。

汽车运输混凝土电杆如属超长构件，应按规定办理超长运输手续，在其尾部需用“红布”设明显标志。通过山区或弯道时，应提前减速行驶，防止离心力过大使物件移位倾倒而翻车，防止超长部位与山坡或行道树剐碰。

(2) 人力运输。混凝土电杆重量较重，长度较长，电杆的人力运输是一种集体作业。人力运输一般采用地面拖运、“炮”车拉运和人力抬运三种方法。运输电杆前应根据现场地形、工具条件选择合理的运输方法，并向参加人力运输的人员进行技术交底。

1) 地面拖运。拖运电杆的动力装置一般选用机动绞磨或手推人力绞磨。绞磨应布置在被运杆坑的前侧，避免拖运钢丝绳通过转向滑车。拖运电杆的牵引钢丝绳与电杆绑扎绳之间应串接旋转连接器。

拖运电杆前应检查拖运途中有无障碍物或陡坎，有无裸露岩石等，应清除沿途障碍，必要时配备草垫。拖运电杆的地面有岩石时，不应采用地面拖运电杆的方法。拖运途中应有专人监视电杆移动情况，如遇电杆被障碍物卡住，应及时发出信号，停止牵引拖动，处置障碍后方可继续拖动。

电杆拖运上山坡时，电杆的后方不得有人逗留。如中途停运时，应用撬棍临时锚住，防止下滑；电杆拖运下坡时，电杆的前方不得有人逗留，牵引速度应减慢，必要时应用棕绳在电杆后方带住。

2) “炮”车拉运。“炮”车即建筑业用来运输混凝土预制板的一种手推双轮车，经过改造和加固后可运输质量800～1500kg，可用于运输混凝土电杆。

“炮”车拉运电杆的方法适用于路面平整、坚硬、坡度不大的道路。装电杆时，利用“炮”车上的大梁，先绑扎好电杆一头，再收紧电杆另一头，尽量使电杆重心与车轮轴心重合，这样有利于运输中的平衡掌控。

“炮”车拉运电杆，每组需要6～8人，其中4～6人负责在前面拉车，2人在后面掌握“炮”车平衡和指挥前进方向。运杆必须有人指挥，转弯处要减速，下坡行进时在前面拉的人员至少抽2人转到车后控制速度，防止突然滑跑。

3) 人力抬运。人力抬运电杆前，应根据电杆质量和运输道路情况确定合理的抬运人数。每人抬运重量不宜超过40kg。

抬运前，负责人必须进行路面状况调查，特别是陡坡、弯道及水塘边的路面必须满足人抬行走要求，转弯处的路面宽度应大于直道路面宽度。

抬杆用的横木规格应经计算确定。大、中、小横木的长度要适当，外观无缺陷，横木绑扎绳长度应左右、前后一致，保持抬运人员受力均匀。

抬运电杆过程中应有专人喊号指挥，抬运人员应步调一致。抬运电杆必须用木杠且2人为一对，不得直接用肩扛。中途休息时，必须选择较宽的平坦路面，不应在陡坡或弯道上长时间停放。

3.1.2 铁塔构件的运输

3.1.2.1 运输前外观检查

检查要求详见第2章有关内容。

3.1.2.2 铁塔配基内容检查

根据杆塔明细表的杆号、塔型和施工图，对构件、螺栓、脚钉、垫圈等按基配套。构件配基后，如有缺件，应登记好缺件编号和数量，同时分送项目部要求在组塔前补齐。如果缺件中有主材、塔脚底座和关键节点板时，不得发运。

3.1.2.3 构件的运输

配电线路使用的铁塔构件运输一般采用汽车、人力和马（驴）驮运输三种。

1. 汽车运输构件

发送到杆位公路边的塔材，原则上一车只装一基。如果单基重量较轻，且不超过汽车容许载重的可同时装两基及以上，此时应将不同杆号的构件分边或分层堆放。分边或分层应有明显标志。

构件装车时，应有顺序地摆放，长件一头放置在车架上，另一头置于车厢底板；短件应绑扎成捆后放置在车厢底板；各种节点板必须用铁丝或长螺栓穿成一串并用螺帽拧固，防止丢失。

运输构件的汽车厢三侧挡板均挂上，防止构件丢失。置于汽车车厢前架上的构件，在构件下方应垫方木，且应将构件、方木、车架三者绑扎牢固，防止磨损构件。构件装车后应用8号铁丝或ϕ9.3mm钢绳与车厢板绑扎牢固，绑扎部位构件应用麻带缠绕保护。

2. 人力运输构件

人力运输采用单人肩扛或多人抬运。一人肩扛多件塔材时，塔材应绑扎成捆，肩扛处应缠绕麻带或垫以扁担。两人及以上抬运长或重构件时，应有专人在工作前检查小运通道情况，障碍物必须清除，转弯处应加宽，险峻陡壁处应设临时扶手。四人及以上抬运长或重构件时，应明确一人指挥，务必步调一致。

人力肩扛构件应量力而行，一般单人肩扛的质量不宜超过50kg。人与人之间保持5m以上间距，狭窄道路不得超人行进。两人抬运长构件应同肩抬运，做到同起同落。

冬天、雨天抬运构件时，山坡道路应挖有小阶梯，选择好行走路线，防止打滑摔倒。

3. 马（驴）驮运输

每匹马（驴）驮运的构件质量应视马（驴）的能力，由其主人确定。要考虑道路的崎岖性，不得超重运输。每匹马（驴）必须有一个马（驴）主人跟随。构件在马（驴）身上应绑扎牢固，运输途中马（驴）主人应随时监督。重载时马与马之间距离应保持在10m以上。

3.1.3 钢管杆的运输

钢管杆运输可参照钢筋混凝土电杆运输，装卸时采用汽车吊的方法。

3.1.4 架线器材的运输

架线器材主要包括线材、绝缘子和金具等三类。一般采用汽车和人力运输。

1. 汽车运输架线器材

整盘线材的装卸一般采用汽车吊，绝缘子和金具采用人力装卸。

对线材的起吊应通过一根圆钢管，保持线轴平稳，导线盘不得叠放，线盘应立放在地面上。线盘底部应用楔木塞牢，防止滚动。

运送导线前，必须核对导线线盘编号与布线计划一致。导线盘置于汽车车厢的位置，应使汽车两侧轮胎受力均匀，且应绑扎牢固，绑扎绳将线盘固定于车厢的四角挂钩，以保证线盘在运输中不发生晃动和位移。

2. 人力运输架线器材

人力运输绝缘子、金具时尽量一人挑运。两人抬运时，质量宜限制 80kg 以下，应同肩用力，同起同落，防止突然落下。

山区运输线材前，应将大捆线材分成小捆盘，每小捆质量控制在 50～60kg，以两人抬运合适为宜；小捆之间的余线 5～10m。如单人挑运，小捆质量不宜超过 40kg。

3.2 基 础 工 程

3.2.1 杆塔基础类型

杆塔基础按杆塔型式分为电杆（指钢筋混凝土电杆）基础和铁塔（包括钢管杆）基础。

1. 电杆基础

电杆基础分为直埋电杆基础和三盘基础。

（1）直埋电杆基础。电杆根部埋置于基坑内，利用置于基坑内的杆段承受下压力及倾覆力矩。10kV 配电线路和部分 35kV 送电线路的电杆均用此类基础。不同的电杆高度规定有不同的埋深，其埋深一般不小于电杆总高度的 1/10 加 0.7m，见表 3-2。具体工程按设计图纸进行施工。

表 3-2 拔梢电杆埋深表

杆高/m	10	11	12	13	15	18
埋深/m	1.7	1.8	1.9	2.0	2.2	2.5

（2）三盘基础以混凝土底盘、卡盘和拉盘（简称三盘）为主要部件与埋置于地下的水泥杆杆段组成的基础称为三盘基础。底盘、卡盘用于地质条件差（抗压和抗倾覆能力差）的杆位；拉盘主要用于锚固电杆不平衡张力。常用钢筋混凝土底盘、卡盘和拉盘规格见表

3-3～表3-5。底盘安装于电杆底部，上卡盘安装在电杆埋深1/3处，下卡盘安装在电杆根部，具体工程按设计图纸配置。

表3-3　　钢筋混凝土底盘的常用规格

底盘尺寸 长×宽×厚/m	体积 /m³	质量 /kg	钢筋（Q235）		容许压力 /kN
			数量	质量/kg	
0.6×0.6×0.18	0.065	156	12Φ10	6.0	110
0.8×0.8×0.18	0.115	277	16Φ10	9.6	120
1.0×1.0×0.21	0.187	448	20Φ10	14.0	140
1.2×1.2×0.21	0.249	597	24Φ10	17.4	150
1.4×1.4×0.24	0.377	904	28Φ10	25.8	180

注　摘自《电力工程高压送电线路设计手册》；表中容许压力系底盘的强度计算值。

表3-4　　钢筋混凝土卡盘的常用规格

卡盘尺寸 长×高×宽/m	体积 /m³	质量 /kg	钢筋（Q235）		容许力 /kN
			数量	质量/kg	
0.8×0.3×0.2	0.048	115	6Φ12	4.2	52
1.0×0.3×0.2	0.060	144	6Φ14	7.5	65
1.2×0.3×0.2	0.072	173	6Φ14	8.8	54
1.4×0.3×0.2	0.084	202	6Φ18	17.3	67
1.6×0.3×0.2	0.096	231	6Φ18	18.2	59

注　摘自《电力工程高压送电线路设计手册》；表中容许力系卡盘的强度计算值。

表3-5　　钢筋混凝土拉盘的常用规格

底盘尺寸 长×宽×厚/m	体积 /m³	质量 /kg	钢筋（Q235）		容许拉力 /kN
			数量	质量/kg	
0.8×0.4×0.2	0.054	135	6Φ10/6Φ8	11.6	108
1.0×0.5×0.2	0.084	210	6Φ12/7Φ8	14.6	122
1.2×0.6×0.2	0.118	300	8Φ14/9Φ8	19.0	136
1.4×0.7×0.2	0.165	410	8Φ14/11Φ8	28.2	161

注　摘自《电力工程高压送电线路设计手册》；表中容许压力系拉线盘的强度计算值；表中钢筋数量栏内，分子表示长方向钢筋量，分母表示宽方向钢筋量。

2. 铁塔（钢管杆）基础

架空配电线路的铁塔或钢管杆基础，主要有现浇钢筋混凝土基础、钻孔灌注桩基础和岩石锚筋基础三种。

（1）现浇钢筋混凝土基础。现浇钢筋混凝土基础按开挖型式有掏挖型基础和大开挖基础。塔位开挖后，先浇筑钢筋混凝土基础，基础与铁塔或钢管杆的连接采用地脚螺栓。钢筋混凝土强度等级应不低于C20。

1）掏挖型基础。掏挖型基础指以混凝土和钢筋骨架灌注于以机械或人工掏挖成的土胎内的基础。它能充分发挥原状土的特性，具有良好的抗拔和抗倾覆稳定性，使用专用工具进行掏挖，基础浇筑完成后只需少量的回填土夯实。对软土或流沙土质不适用于掏挖型基础。掏挖式基础示意图如图 3-4（a）所示。

2）大开挖基础。“大开挖”指基坑开挖土方量比基础本身体积大得多，基础完成后需较大量的回填土夯实。大开挖基础包括拉线基础和台阶式或板式铁塔（钢管杆）基础。大开挖基础示意图如图 3-4（b）所示。

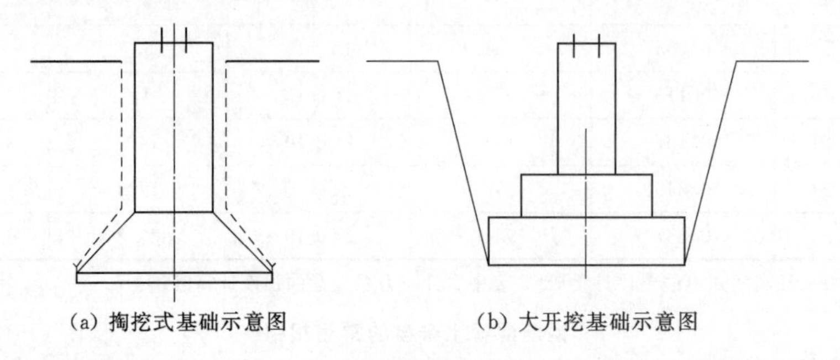

(a) 掏挖式基础示意图　　(b) 大开挖基础示意图

图 3-4　现浇基础示意图

（2）钻孔灌注桩基础。对土质条件差、地下水位比较高且荷载比较大的高塔基础，按普通开挖现浇混凝基础进行设计，往往达不到设计要求，而且经济效益也比较差。为了充分利用原状态土的抗拔强度，使混凝土表面与原状态土之间有良好的接触，从而获得较大的抗拔力和较小的位移，采用钻孔灌注桩基础，在技术上和经济效益上都比较合理。

钻孔灌注桩的施工利用机械钻孔机和特定的宝塔形钻头进行钻孔。在钻孔过程中采用正循环水法，从地面利用高压水泵将水通过钻杆边钻边向钻孔内注水，借助水冲和钻头旋转力将泥土搅成泥浆，从洞孔上面流出。当钻孔钻到设计深度后，再利用 ϕ200mm 的导管将拌和的混凝土灌入有水的洞孔下面，使混凝土从洞孔底部逐渐向上堆挤上来，并保持导管外面的泥浆水不掺入混凝土内，边浇边提升导管，一直浇到地面为止。钻孔灌注桩基础相对大开挖和掏挖基础，其施工工艺复杂、质量要求高。架空配电线路使用较少，本书不作详细介绍，若有需要可参阅送电线路有关施工技术手册。

（3）岩石锚筋基础。这类基础是指以混凝土和钢筋骨架灌注于钻凿成型的岩石孔内的锚桩或墩基础。其能充分发挥岩石地基的力学性能，降低基础材料的用量，但应由设计人员对岩石地基的工程地质逐基进行鉴定，提出具体施工图和施工要求。架空配电线路一般适用于山区的拉线基础。

3.2.2　混凝土的基础知识

输配电线路的铁塔基础由混凝土和钢筋两部分组成。

混凝土和钢筋的强度决定基础的强度。混凝土是以水泥、砂、石（砂、石料简称骨料）与水混合后硬化而成的人工石材。它在力学性能上的优点是抗压能力强，其缺点是性脆、易裂。

混凝土按其质量密度分为四类。特重混凝土，密度大于 2600kg/m^3，掺有钢屑、重金属为骨料的混凝土；重混凝土，密度为 2100～2600kg/m^3，掺有普通砂石为骨料的混凝土；稍轻混凝土，密度为 1900～2100kg/m^3，掺有碎砖、炉渣为骨料的混凝土；轻混凝土，密度为1000～1900kg/m³，掺有陶瓷粒、炉渣为骨料的混凝土。杆塔基础使用的混凝土为重混凝土，新拌制的混凝土密度一般取2400kg/m³。

混凝土在开始养护后以任一天的强度可以近似估算出28d的抗压强度，其近似计算公式为

$$R_{28}=R_{n}\frac{\lg 28}{\lg n} \tag{3-1}$$

$$R_{28}=k_{n}R_{n} \tag{3-2}$$

式中 R_{28}——养护28d的混凝土抗压强度，MPa；

n——养护天数，d；

R_{n}——养护 n d的混凝土抗压强度，MPa；

k_{n}——换算成28d混凝土强度的折算系数，见表3-6。

表3-6　换算成28d混凝土强度的折算系数 k_n（20℃）

养护天数/d	3	5	7	10	15	20	28
普通水泥	2.38	1.85	1.59	1.33	1.15	1.05	1.0
矿渣水泥	5.00	3.13	2.38	1.85	1.35	1.16	1.0

注　摘自《混凝土结构工程施工及验收规范》附录二（GB 50204—1992），以R425水泥拌制的混凝土强度增长曲线（20℃）而查得的 k_n 值。

3.2.3　基础原材料的质量检查

（1）水泥的质量要求应满足JGJ 52—2006的要求。

（2）砂的质量要求应满足JGJ 52—2006的要求。此外，混凝土用砂应颗粒清洁，其含泥量及泥块含量应符合表3-7规定；砂中有害物质的含量应符合表3-8规定。

表3-7　砂中含泥量限值

混凝土强度等级	≤C10	<C30	≥C30
含泥量（按质量计）/%	可放宽	≤5.0	≤3.0
含泥块量（按质量计）/%	可放宽	≤2.0	≤1.0

表3-8　砂中的有害物质限值

项　目	有害物质含量
云母含量（按质量计）/%	≤2.0
轻物质含量（按质量计）/%	≤1.0
硫化物和硫酸盐含量（折算成 SO_3，按质量计）/%	≤1.0
有机物含量（用比色法试验）	颜色不应深于标准色。如深于标准色，则应按水泥胶砂强度试验方法进行强度对比试验，抗压强度比不应低于0.95

（3）碎石或卵石的质量要求应满足JGJ 52—2006的要求。此外，铁塔或钢管杆基础的混凝土用石子，其最大颗粒粒径不得超过结构截面最小尺寸的1/4，且不得超过钢筋间

最小净距的3/4。混凝土用石子应颗粒清洁，其含泥、泥块及针、片状含量应符合表3-9规定；石子中有害物质的含量应符合表3-10规定。

表3-9　碎石或卵石中的杂质含量限值　按质量计，%

混凝土强度等级	≤C10	<C30	≥C30
含泥量	≤2.5	≤1.0	≤1.0
含石粉量		≤3.0	≤1.5
泥块含量	≤1.0	≤0.7	≤0.5
针状、片状颗粒含量	≤40	≤25	≤15

表3-10　碎石或卵石中的有害物质含量

项　目	质 量 指 标
硫化物和硫酸盐含量（折算成SO_3，按质量计）/%	≤1.0
卵石中有机物含量（用比色法试验）	颜色不应深于标准色。如深于标准色，则应以混凝土强度对比试验，抗压强度比不应低于0.95

（4）水的质量要求应满足JGJ 52—2006的要求。

（5）钢筋的质量要求。基础使用的钢筋或其他钢材，应有出厂的检验合格证（含钢材的机械性能及化学成分试验报告），钢筋级别符合设计要求；钢材表面不得有折叠、裂纹、刮痕、结疤、麻点、重皮、砂眼与分层等缺陷。

（6）地脚螺栓和拉线棒质量要求。地脚螺栓是埋于铁塔基础中的重要部件；拉线棒是埋于地下与拉线盘、拉线连接的重要部件；其规格均应符合设计图纸的规定。地脚螺栓的直径不宜小于M22mm，拉线棒直径不宜小于ϕ16mm。

3.2.4　施工测量

施工测量主要包括路径复测和分坑两项内容。其中：对设计提出的线路路径及杆塔桩位进行挡距、高程、转角等复核测量（简称路径复测）；根据设计选定的基础型式逐基对基坑和拉线坑进行定位测量（简称分坑）。

施工测量必须使用经检验合格的经纬仪或全站仪等测量仪器，仪器由专人保管使用，途中运输要妥善保护，由专人携带。施工测量中，立标杆、标尺须铅垂于地面，标桩应钉稳固，标桩上的符号应用红油漆标识清楚，报废无用的桩应及时拔除。

路径复测应检查中心桩是否正确，做好记录，发现与设计数据误差超过规定时应及时与设计人员沟通，并进行现场确认；对需降基面的杆位应进行施工基面的测量，并核实基面开挖量是否与设计相符，并做好记录；杆塔基础和拉线基础分坑测量时，在钉稳基坑中心桩的同时，还要钉好辅助桩，拉线坑要钉好马槽桩。

当基础位于山坡（地面坡度不大于30°）时，基础边坡距离应满足图3-5（a）的要求；基坑附近有陡坎时，陡坎距基础距离应满足图3-5（b）的要求，不满足者分坑后应报设计人员进行处理。

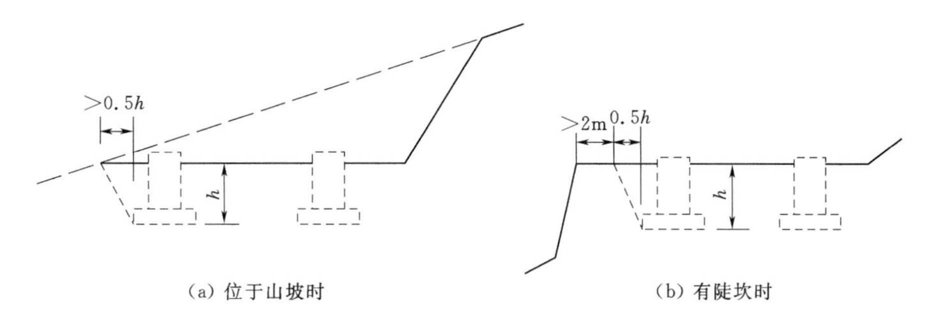

图 3-5　对铁塔基础边坡距离的要求

3.2.5　土石方开挖

3.2.5.1　土壤的分类

杆塔基础的地基土壤可分为岩石、碎石土、砂土、粉土、黏性土和人工填土等，其物理性能指标及简易判别详见表 3-11。

表 3-11　　　　土壤的物理性能指标及简易判别

项　目		土壤类别				
		特坚土	坚土	次坚土	普通土	软土
土壤名称		风化岩或碎石土	黏土、黄土、粗砂土	亚黏土、亚砂土	粉土、粉砂土	淤泥、填土
土壤状态		坚硬	硬塑	硬塑	可塑	软塑
含水状态		干燥	稍湿	中湿	较湿	极湿
密实度		极密	密实	中密	稍密	微密
主要物理指标	密度 $\gamma_0/(kg \cdot m^{-3})$	1900	1800	1700	1600	1500
	计算抗拔角 $\phi_1/(°)$	30	25	20	15	10
	凝聚力/$(N \cdot mm^{-2})$		0.05	0.04	0.02	0.01
	许可地耐力/$(N \cdot mm^{-2})$	0.5	0.4	0.3	0.2	0.1
开挖坡度（高：宽）		1：0	1：0.15	1：0.3	1：0.5	1：0.75
简易判别法		镐难以掘进，需要爆破	镐可以掘进，土壤成块状	镐易掘进，铲无法掘进	一般可不用镐，用铲，同时用脚踩	用铲易掘进，无需脚踩

3.2.5.2　土石方开挖的一般规定

基础开挖前，施工人员应熟悉基础施工图的规定，明白基坑开挖的尺寸要求。杆塔基础的坑深应以设计的施工基面为基准，若设计无施工基面要求时，应以杆塔中心桩地面为基准。拉线基础的坑深，除设计特殊要求者外，均以拉线坑中心的地面标高为基准。

易积水的杆塔位，应在基坑的外围修筑排水沟，防止雨水流入基坑造成坑壁坍塌。开挖土石方时，宜从上到下依次进行，挖填土宜求平衡，尽量分散处理弃土，如需在坡项或山腰大量弃土，应进行坡体稳定验算。

应根据不同的土壤来决定坑壁坡度大小（开挖坡度要求应满足表 3－11），防止坑壁塌方。挖坑时发现基坑土质与设计不符，或者坑内发现天然溶洞、古墓、管道等，应及时通知设计或监理人员研究处理，并严格按设计变更单施工。

3.2.5.3　普通土坑的开挖要求

人工开挖基坑时，坑底面积在 $2m^2$ 以内时，只容许一坑一人操作，坑底面积超过 $2m^2$ 时，可由两人同时挖掘，但不得面对面操作。

机械开挖基坑时，应选择合适的挖掘机械，挖掘机机手应有操作合格证。挖掘过程中应有一人地面指挥，按设计的基坑尺寸挖掘，坑挖好后，人工修整坑底并铲除浮土。

在开挖过程中，如果发现土壤湿度增大或者土质松散时，应采取措施，如加大坡度或坑壁加以支撑。开挖拉线坑时，拉棒侧不得大开挖，以保证拉棒侧坑壁的原状土结构，拉棒位置应开挖成窄长马道。

堆在基坑上方的松土离坑口边应不小于：现浇混凝土基础为 1.0m；底拉盘基础为 0.5m。

杆塔基础坑深超深处理：当坑深与设计偏差＋100mm 以上时，铁塔现浇基础坑，其超深部分应采用铺石灌浆处理；混凝土电杆基础、铁塔预制基础、铁塔金属基础等，其坑深与设计坑深偏差在 100～300mm 时，其超深部分应采用填土或砂、石夯实处理或铺石灌浆处理；当坑深偏差值在 300mm 以上时，其超深部分应采用铺石灌浆处理。

3.2.5.4　泥水坑及流沙坑的开挖要求

对于不塌方且渗水速度较慢的泥水坑，可用人工排水，边挖边排的施工方法。挖至设计深度时，立即安放底盘或浇制混凝土垫层。对于渗水较快的泥水坑，必须采用抽水机排水，边排水边挖坑。达到设计深度后，应立即铺垫干石及砂浆垫层或安放底盘。

地下水较大的泥水坑开挖时应采取的措施：坑深超过 1.5m，必须用挡土板桩加以支撑，挡土板桩厚 35mm，宽 150～200mm。施工时先在坑壁四周设水平横撑木，将板桩由横撑木及坑壁间插下，边插边打。横撑木垂直间距不大于 1m；板桩间距如土质较好取 1.0～1.5m，土质较差取 0.3～0.5m；板桩顶要有防止打裂的措施，也可以用 8 号铁线绑扎、加横垫木等；拆除挡土板应待基础安装完毕后，与回填土工作同时进行，拆除顺序自下而上，边拆除边回填土。

对于流沙不很严重的基坑可以采用大开挖的方法，扩大基坑开挖面直至能够掘进为止。如为电杆基础或装配式预制基础，施工前做好一切准备，使挖坑、抽水、下底盘、立杆或浇制混凝土基础等工序连续作业，避免间断。

对于流沙比较严重的基坑，或者流沙不太严重但基础为现浇混凝土时，可以选用板桩支挡的方法或者采用混凝土护管的方法。护管通常是内径 1.8m，高 0.8m，壁厚 0.1m 有上下企口的圆形管，混凝土护管不能回收。

对于流沙很严重的基坑，可采用混凝土护管加井底抽水相结合的方法。

3.2.5.5　岩石基坑的开挖

一般采用人工开挖、机械开凿和爆破作业法，由具有相应资格的队伍进行作业。

3.2.5.6　回填土的要求

基础安装经质量检查符合设计规定及质量标准后才准许回填土，回填土之前都应排除坑内积水。

对适于夯实的土壤，每回填 300mm 厚度夯实一次。对不宜夯实的水饱和黏性土，回填时可不夯，但应分层填实，并在架线前进行二次回填；凡是要夯实的土壤，在夯实过程中应有次序地沿四围均匀夯实，土中可掺石块，但树根杂草宜清除。石坑回填土，如设计无特殊要求时，应以石子与土按 3∶1 掺和后回填夯实。

需回填的杆塔坑、拉线基础坑，在其地平面以上应筑有自然坡度的防沉层，并要求上部面积和周边不小于坑口。对于一般土壤防沉层应高出地面 300mm；对于冻土及不易夯实的土壤防沉层应高出地面 500mm；工程竣工移交时，回填土应不低于地面。土石方施工的主要工器具配置见表 3-12。

表 3-12　土石方施工的主要工器具配置表（一个组用）

序号	名称	型号或规格	单位	数量	备　注
1	抽水机		台	1～2	根据地下水大小设置
2	钢锹	2 号尖锹	把	2	
3	十字镐	JBA-2/500	把	2	
4	钢钎	ϕ32mm×2m	根	2	六角断面
5	铁锤	4kg	把	1	
6	箩筐		只	2	
7	土箕		对	4	
8	扁担	1.5m	条	4	
9	短把铲	把长 0.5m	把	2	掏挖基础用
10	短把镐	把长 0.5m	把	2	掏挖基础用
11	钢卷尺	2m/5m	把	各 1	
12	竹梯	3～4m	副	1	

3.2.6　混凝土三盘安装

3.2.6.1　准备工作

运至杆位的三盘应进行外观检查，合格者方准安装；要检查底盘、拉盘坑位是否正确，坑深及坑底尺寸是否满足设计要求，不符合者应修坑后再安装。在设计无特殊要求时，拉线坑坑底面应呈斜面且垂直于拉线方向。对于双杆，应用水平仪或经纬仪进行电杆坑底面的操平，并调整底盘的高低差，以确保双杆立杆后横担呈水平状态。

3.2.6.2　底盘的安装

1. 吊盘法

吊盘法安装底盘布置示意图，如图 3-6 所示。在坑口外的地面上用三根木杆（或钢管）设置三脚架，在其上方悬挂 1-1 滑车组，用人力收紧滑车组将底盘徐徐升起，用棕绳控制绳拖住底盘使其向坑口缓慢移动，到坑口后松出滑车组至坑底，调整底

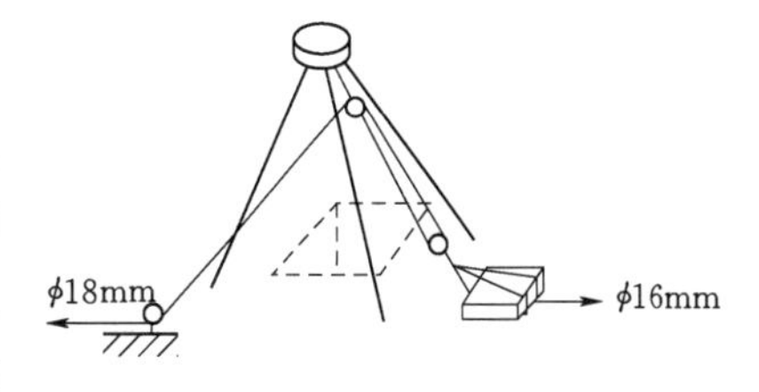

图 3-6　吊盘法安装底盘布置示意图

盘呈水平状态，并与电杆中心重合。检查合格后的底盘四周应及时填土夯实，以固定底盘，填土高度不宜超过底盘上平面。

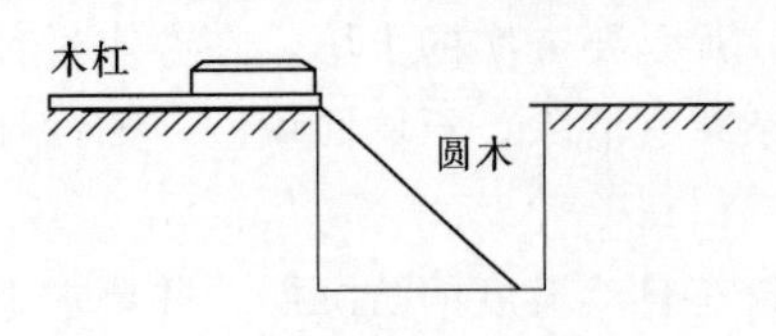

图 3-7　滑盘法安装底盘布置示意图

2. 滑盘法

滑盘法安装底盘布置示意图，如图 3-7 所示。选两根比坑深长一些的圆木杆或质地坚硬的木杠斜放于坑内，将底盘抬至坑口，使底盘沿木杠滑至坑底。如坑底有坚石，底盘应用棕绳控制，使其慢慢滑下。底盘滑至坑底后，抽出木杠，使底盘平放于坑底平面，调整至设计位置后，周围用填土夯实固定。

3.2.6.3　拉盘的安装

通常采用滑盘法安装拉线盘。将拉线棒、拉线“U”形环、拉盘在坑口地面上按设计图组装好。用棕绳系住拉盘，使其沿木杠缓缓滑至坑底，拉盘在滑动过程中。要有防止拉线棒回弹伤人的措施。调整拉盘方位达到设计要求后，周围均匀填土夯实塞紧，不留空隙。同时，调整好拉棒对地夹角，如马道中间有凸起物阻碍，应用钢钎铲除，不得打弯拉棒。

3.2.6.4　卡盘的安装

卡盘安装同样有两种方法，下卡盘采用吊盘法，上卡盘采用滑盘法。

1. 下卡盘

吊盘法是利用电杆作为起吊滑车组的悬挂点将卡盘吊起，地面上用棕绳挺住，使其缓慢靠近电杆，然后沿保护木杠慢慢松至下卡盘安装位置，调整安装尺寸和方向符合设计要求后，安装卡盘抱箍，进行回填并夯实。其布置如图 3-8 所示。

2. 上卡盘

安装上卡盘时，先在电杆上用红笔画上卡盘安装位置，上卡盘底面以下的坑内应回填并夯实，回填至上卡盘位置采用滑盘法，其操作要点与底盘安装的滑盘法相同。应特别注意，电杆旁应临时竖立一根保护木杠，防止卡盘落到坑内碰撞电杆杆身。

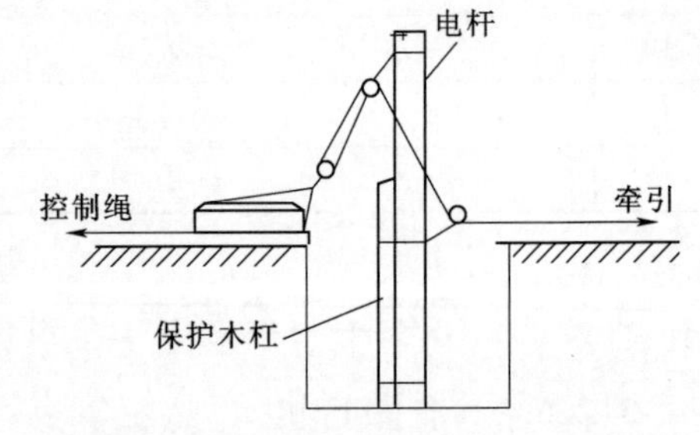

图 3-8　吊盘法安装下卡盘布置示意图

三盘安装的吊盘法和滑盘法主要工器具配置见表 3-13 和表 3-14。

表 3-13　　吊盘法主要工器具配置表

序号	名称	规　格	单位	数量	备　注
1	杉木杆	ϕ100mm×5m	根	3	
2	钢丝绳套	ϕ12.5mm×1.5m	根	1	
3	起重滑车	10kN 开口	只	2	
4	棕绳	ϕ16mm×15m	条	1	作控制绳用
5	棕绳	ϕ18mm×30m	条	1	用于牵引起吊
6	钢钎	ϕ32mm×1.5m	根	2	

续表

序号	名称	规　格	单位	数量	备　注
7	钢锹	尖锹 2 号	把	2	
8	钢尺	30m	把	1	
9	垂球		只	2	
10	木锤		把	1	
11	木杠	ϕ60mm×2m	根	2	
12	经纬仪		台	1	

表 3-14　　滑盘法主要工器具配置表

序号	名称	规　格	单位	数量	备　注
1	滑杆	ϕ80mm×(1.5～3.0)m	根	2	根据坑深选择长度
2	棕绳	ϕ16mm×15m	条	1	作控制绳用
3	钢钎	ϕ32mm×1.5m	根	2	
4	钢锹	尖锹 2 号	把	2	
5	木锤		把	1	
6	水平尺		把	1	
7	钢尺		把	1	
8	垂球		只	2	
9	木杠	ϕ60mm×2m	根	2	根据坑深选择长度
10	经纬仪		台	1	

3.2.7　现浇混凝土基础的施工

3.2.7.1　现场准备

每基坑的操平找正时，应不小于 5 个点位，即坑中心和 4 个角。基础有垫层者，未浇灌垫层前第一次坑底操平，浇灌垫层后应第二次再操平；对于转角塔、终端塔的基坑操平，应根据设计预偏要求，将上拔腿（外角侧）坑深增大。当现场砂、石料直接堆放在地面时，砂的备料应增加 3%，石子应增加 2%。

3.2.7.2　模板的安装

对运达现场的钢、木模板应检查尺寸是否符合设计要求，有无变形、裂缝等。阶梯式基础的底板用土壁代模板，坑壁应修平，底板宽度不应有负误差，以确保钢筋保护层的厚度。模板拼装后，应在其内侧（接触混凝土的一面）涂刷脱模剂、肥皂水或废机油和柴油的混合液等。

制作木模板的板材厚度一般为 20～25mm，木模板与混凝土接触面应刨光，模板合缝应严密，不得漏浆，必要时可采用企口缝，连接肋木截面为 50mm×50mm，间距一般为 500～700mm。

根据设计图纸要求，在基坑外进行钢模板的配置及拼装，同一条拼缝上的“U”形卡不宜向同一方向卡紧。阶台或立柱断面较大时，为防止模板变形及下沉，应在阶台及主柱底面设置垂直项撑，垂直项撑可以用预制混凝土柱，其强度与基础混凝土强度相同。钢模板与坑壁之间应采用方木或圆木支撑，垂直方向支撑间距为1m左右。

3.2.7.3 钢筋的加工与安装

1. 弯曲成型规定

钢筋弯曲成型除应符合设计图纸要求的型式、长度、规格外，还应符合有关钢筋构造的规定：Ⅰ级钢筋的末端应设180°的半圆弯钩，弯钩圆弧内径应不小于2.5d（d为钢筋的直径），平直部分不宜小于钢筋直径的3倍；Ⅱ级、Ⅲ级钢筋末端需做90°或135°弯曲时，Ⅱ级、Ⅲ级钢筋的弯曲直径分别不宜小于4d和5d；箍筋的末端应做弯钩，弯钩型式应符合设计要求。钢筋和箍筋的弯钩型式如图3-9所示。

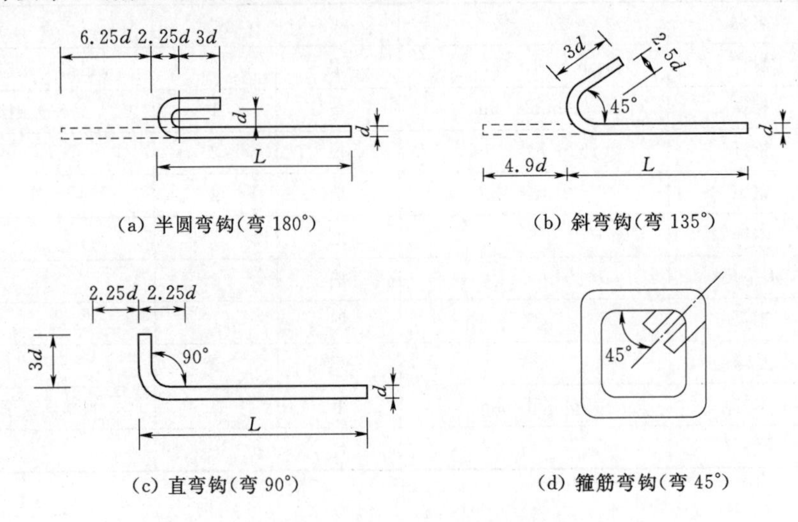

图3-9 钢筋和箍筋的弯钩型式

L—设计长度；d—钢筋直径

2. 基础钢筋的质量要求

钢筋表面应洁净、无损伤，油渍、漆污和铁锈等应在使用前清除干净。带有颗粒状或片状老锈的钢筋不得使用。钢筋应平直，无局部曲折，加工钢筋的容许偏差为：受力钢筋顺长度方向全长的净尺寸为±10mm，弯起钢筋的折弯位置为±20mm。

3.2.7.4 钢筋的绑扎

基础钢筋笼的绑扎可选择在坑内或坑外，具体要根据基础开挖型式、操作面、钢筋布置密度等确定。坑外绑扎应先绑扎两端，再绑扎中间；坑内绑扎顺序由下向上，底层钢筋应垫混凝土块，纵横向钢筋应按图纸要求均匀布置。

钢筋的交叉点应采用镀锌铁丝绑扎，选用的镀锌铁丝规格为：绑扎直径12mm以下钢筋时，用22号铁丝（ϕ0.711mm）；绑扎直径12～25mm钢筋时，用20号铁丝（ϕ0.914mm）；绑扎直径25mm以上钢筋时，用18号铁丝（ϕ1.219mm）。

板式钢筋网，除靠近外围两行钢筋的相交点全部扎牢外，中间部分的相交点可相隔交错扎牢，但必须保证受力钢筋不移位。双向受力的钢筋，须全部扎牢。

钢筋末端应向基础内，其弯钩叠合处应位于柱角主筋处，且沿主筋方向交错布置。箍筋的转角与钢筋的连接处均应绑扎，但箍筋的平直部分和钢筋的相交点可成梅花形交错绑扎。

钢筋接头的绑扎要求。铁塔基础主筋一般较短，不得用绑扎接头。在加工厂加工的钢筋应采用电焊接头，如果采用绑扎接头，必须搭接，在中心和两端用铁丝扎实。搭接长度的末端距钢筋弯折处不得小于钢筋直径的 10 倍，且不宜位于构件最大弯矩处。受拉区域内，Ⅰ级钢筋接头末端应做弯钩，Ⅱ级、Ⅲ级钢筋可不做弯钩；受拉钢筋接头绑扎的搭接长度应符合表 3-15 的规定。受压钢筋接头绑扎的搭接长度应取受拉钢筋接头绑扎搭接长度的 0.7 倍；各受力钢筋之间的绑扎接头位置应相互错开，从任一绑扎接头中心至搭接长度 L 的 1.3 倍区段内，有接头的受力钢筋截面积占总受力钢筋截面积的百分率不得超过：受拉区为 25%，受压区为 50%。

表 3-15　　受拉钢筋接头绑扎的搭接长度

钢筋类型		混凝土强度等级		
		C20	C25	>C25
Ⅰ级钢筋		$35d$	$30d$	$25d$
月牙纹	Ⅱ级钢筋	$45d$	$40d$	$35d$
	Ⅲ级钢筋	$55d$	$50d$	$45d$

注　1. 当Ⅱ级、Ⅲ级钢筋直径 $d>25$mm 时，其受拉钢筋的搭接长度应按表中数值增加 $5d$ 采用；当螺纹钢筋直径 $d>25$mm时，其受拉钢筋的搭接长度应按表中值减少 $5d$ 采用；当混凝土在凝固过程中受力钢筋易受扰动时，其搭接长宜适当增加。
2. 在任何情况下，纵向受拉钢筋的搭接长度不应小于 300mm；受压钢筋的搭接长度不应小于 200mm。
3. 当混凝土强度等级低于 C20 时，Ⅰ级、Ⅱ级钢筋的搭接长度应按表中 C20 的数值相应增加 $10d$，Ⅲ级钢筋不宜采用。
4. 对有抗震要求的受力钢筋的搭接长度，对一级、二级抗震等级应增加 $5d$。
5. 两根直径不同钢筋的搭接长度，以较细钢筋的直径计算。

3.2.7.5　钢筋的焊接

受力钢筋采用焊接接头时，设置在同一构件内的接焊接头应错开。在任一焊接接头中心至长度为钢筋直径 d 的 35 倍且不小于 500mm 的区段 L 内，同一根钢筋不得有两个接头，如图 3-10 所示；在该区段内有接头的受力钢筋截面面积占受力钢筋总截面面积的百分率，应符合以下规定：

（1）非预应力筋。受拉区不宜超过 50%；受压区和装配式构件连接处不限制。

（2）预应力筋。受拉区不宜超过 25%，当有可靠保证措施时，可放宽至 50%；受压区和后张法的螺丝端杆不限制。

（3）接头宜设置在受力较小部位，且在同一根钢筋全长上不宜设接头。

（4）焊接接头距钢筋弯折处，不应小于钢筋直径的 10 倍，且不宜位于构件的最大弯矩处。钢筋的焊接应符合钢筋焊接规程的有关规定。

3.2.7.6　地脚螺栓的安装

地脚螺栓安装前必须检查螺栓直径、长度及组装尺寸，符合设计要求后方准安装。对于转角塔、终端塔的受压腿和受拉腿，地脚螺栓规格不相同，必须核对方位确认无误后方

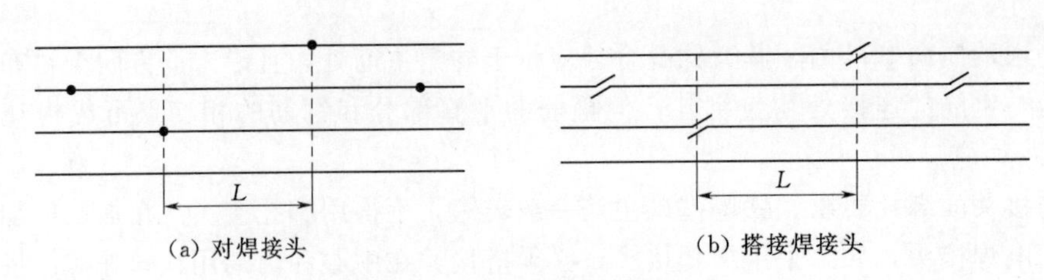

(a) 对焊接头　　　　(b) 搭接焊接头

图 3-10　焊接接头位置

注：图中所示 L 区段内有接头的钢筋面积按两根计算。

准安装。

地脚螺栓的安装通常是在地面将丝扣部分穿入样板孔，用螺帽固定；然后将箍筋扎牢，使每个基础的地脚螺栓形成整体；最后装入立柱钢筋笼内，调整根开及对角线，符合设计要求后将样板固定在立柱模板上。

地脚螺栓丝扣露出样板的高度应在操平模板后符合设计图纸规定，丝扣部分应涂以黄油并用牛皮纸包裹；整组地脚螺栓质量超过 100kg 时，应用三脚架吊起安装，以便于调整就位。

3.2.7.7　混凝土的浇制和振捣

混凝土的浇制包括三个连续不能间断的工序，即搅拌混凝土、浇灌混凝土和捣固混凝土。

1. 搅拌混凝土

搅拌混凝土有人工搅拌和机械搅拌两种方法。可根据现场地形、混凝土量、设备条件等选用。当工程招标书或设计明确要求机械搅拌时，则必须用机械搅拌。人工搅拌混凝土应用平锹，在至少三块铁板（厚度 2mm，1.0m×1.5m）上操作，搅拌操作一般采用“三干四湿”的方法，即水泥和砂干拌两次，加入石料后干拌一次，然后加水湿拌四次，以达到混凝土搅拌均匀的目的。机械搅拌采用混凝土搅拌机，使用前应将滚筒内浮渣清除干净，启动机器转动正常后，才能投料。投料顺序为：砂→水泥→石→水；搅拌时间不少于 1min。搅拌机使用完毕或中途停机时间较长时，必须在旋转中用清水冲洗滚筒，然后再停机。

2. 浇灌混凝土

浇灌混凝土前应清除坑内泥土、杂物和积水，检查地脚螺栓及钢筋是否符合设计要求；检查模板有无缝隙，必要时用胶带等封堵。混凝土下料时先从立柱中心开始，逐渐延伸至四周，应避免将钢筋向一侧挤压变型；混凝土自高处倾落的自由高度不应超过 3m，浇灌高度超过 3m 时，浇灌时可沿模板内侧放置溜滑混凝土坡道的铁板，使混凝土沿坡道流入模板内；浇灌塔腿混凝土时应连续进行，如必须停歇时，间歇时间应尽量缩短，并应在前一层混凝土初凝之前，将后一层混凝土浇筑完毕，一般间歇时间应不超过表 3-16 规定。

表 3-16　　混凝土的浇制容许的间歇时间

混凝土强度等级	间歇时间/min	
	不高于 25℃	高于 25℃
≤C30	210	180
>C30	180	150

3. 捣固混凝土

混凝土应分层捣固，每层厚度不应超过：人工捣固时，一般为 250mm 以下，在配筋密集的结构中为 150mm；机械捣固时，平板振捣器为 200mm，插入式振捣器为振动棒长度的 1.25 倍。铁塔地脚螺栓周围应捣固密实。

4. 基础的抹面

整基基础混凝土浇灌完毕应及时抹面，可以在基础浇灌完后，混凝土初凝之前抹面；也可以拆模后再抹面。支模需用的工器具配置见表 3－17，人力搅拌、机械捣固时浇制需用的工器具配置见表 3－18。

表 3－17　　支模需用的工器具配置表（一个组用）

序号	名称	规　格	单位	数量	备　注
1	经纬仪		台	1	游标读数不大于 1′
2	垂球		只	2	
3	塔尺	5m	副	1	
4	花杆	2.5m	根	2	
5	钢尺	15m	把	2	
6	木锯		把	1	
7	水平尺		把	2	
8	斧头		把	1	
9	手锤	1kg	把	3	
10	钢锹	尖锹 2 号	把	2	
11	木杠	ϕ80mm×2m	根	4	
12	抬木	ϕ150mm×(4～5)m	根	8	一基用料
13	撑木	ϕ60mm×(0.5～1.5)m	根		视需要定数量
14	钢模板及卡具		块		视需要定数量
15	铁线	8#～10#	m	50	
16	铁线	18#	m	50	

表 3－18　　浇制工器具配置表（一个浇制组用）

序号	名称	规　格	单位	数量	备　注
1	方锹	225mm×410mm	把	4	2 把装砂、2 把推混凝土
2	方锹	167mm×350mm	把	12	4 把装石、8 把翻混凝土
3	钉耙		把	1	
4	土箕		对	2	
5	箩筐		对	5	
6	抬杠	ϕ80mm×2m	条	4	
7	大水桶	200kg	个	2	可用旧汽油桶改制
8	小水桶	20kg	对	5	

续表

序号	名称	规　格	单位	数量	备　注
9	洒水壶	5kg	个	1	
10	竹扁担	20mm×80mm×1500mm	条	5	
11	磅秤	100kg 量级	台	1	
12	薄铁板	2mm×1000mm×1500mm	块	6	作浇制混凝土拌板用
13	试块盒	150mm×150mm×150mm	个	3	标准模
14	灰批		把	2	
15	大锤	3.6kg	把	1	
16	手锤	1.5kg	把	1	
17	钢卷尺	15m	把	2	
18	钢卷尺	5m	把	2	
19	游标卡尺	13cm/0.2mm	把	2	
20	捣固钎	ϕ18mm×1.5m	把	2	带扁头有网眼
21	捣固钎	ϕ18mm×2.5m	把	2	带扁头有网眼
22	振动器	插入式	台	2	
23	坍落度筒	ϕ100mm/ϕ200mm×300mm	个	1	
24	手推斗车		部	4	有条件时可代替箩筐
25	竹踏板	400mm×2000mm	块	20	

3.2.8　岩石基础的施工

3.2.8.1　拉线岩石基础型式

岩石基础是指把锚筋经砂浆锚固于岩石孔内，借岩石本身、岩石与砂浆（或细石混凝土）间和砂浆与锚筋间的黏结力来抵抗杆塔传来的外力的基础。拉线岩石基础是将拉线棒直接插入岩石锚孔内灌浆，从而代替埋入土中的拉线盘，一般应用于配电线路，如图 3-11 所示。

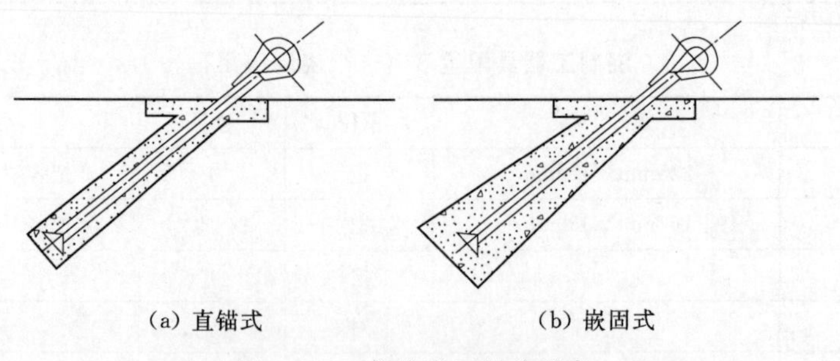

(a) 直锚式　　(b) 嵌固式

图 3-11　拉线岩石基础型式

拉线岩石基础有直锚式和嵌固式两种型式。直锚式岩石基础［图 3-11（a)］主要用于未风化或微风化的硬质岩石地区（如花岗岩、石灰岩等)，且覆盖层较薄（约 0.2m 以内)。嵌固式岩石基础［图 3-11（b)］主要用于中等风化和强风化、覆盖层较薄且岩石整体性较好的硬质岩石地区。

3.2.8.2　基础的适用条件和施工步骤

拉线岩石基础主要用于微风化或中等风化的硬质岩石地区，且岩石的整体性比较好。岩石基础应按图施工，若发现地质情况与设计地质条件不相符时，应通知设计人员现场判定能否按原图施工。

拉线岩石基础施工步骤，包括清理施工基面、分坑、钻孔、安装锚筋、浇灌砂浆、养护等。

3.2.8.3　岩石基础的成孔

1. 清理施工基面

根据施工测量后拉线棒出口桩，将浮土、松石清理干净，清理范围应比坑口边或锚筋孔边放出0.5m。清理后施工基面应符合设计要求且应使岩石裸露。清理施工基面过程中，如需爆破，应用小炮，以保持岩石地基的整体性和稳定性。

2. 锚孔成型方法

通常采用人工打孔，其方法与岩石爆破打炮眼操作方法相同，但使用的钢钎应采用特制的宽头钢钎。机械钻孔，应使用钻孔直径为100mm的专用钻机。锚孔施工应符合设计要求，孔位必须正确；直锚式岩石基础的锚孔应垂直地面，不应倾斜；锚孔钻成后必须清除孔内的石粉、浮土及石渣，并用清水清洗干净，然后用泡沫塑料将水吸干。

3.2.8.4　岩石基础的强度计算

岩石锚筋基础的锚筋布置型式，有垂直式和斜向式两种。岩石基础的强度应同时满足以下条件：

（1）锚筋或地脚螺栓与水泥砂浆的黏结强度应满足

$$\pi d h_a \tau_a \geqslant K_1 T \tag{3-3}$$

式中　T——单根锚筋或地脚螺栓的设计上拔力，N；

K_1——设计抗拔安全系数，取2～2.5；

d——锚筋或地脚螺栓直径，mm；

h_a——锚筋或地脚螺栓的有效锚固长度，mm；

τ_a——锚筋与水泥砂浆的黏结强度，N/mm²，M20水泥砂浆$\tau_a=2$，M30水泥砂浆$\tau_a=3$。

（2）水泥砂浆柱体与岩壁的黏结强度应满足

$$\pi D h_b \tau_b \geqslant K_1 T \tag{3-4}$$

式中　D——基础锚孔的直径，mm；

h_b——基础锚孔的有效深度，mm；

τ_b——水泥砂浆与岩壁的黏结强度，N/mm²，推荐值见表3-19。

（3）岩石抗剪力应满足

$$\pi h_a (h_a + D) \tau_s \geqslant K_1 T \tag{3-5}$$

式中　τ_s——岩体抗剪强度，N/mm²，推荐值见表3-19。

表 3-19　　　　τ_b、τ_s 值表

岩石类别	岩石风化程度					
	弱		中		强	
	τ_b	τ_s	τ_b	τ_s	τ_b	τ_s
硬质	0.7～1.5	0.07～0.17	0.5～0.7	0.04～0.09	0.3～0.5	0.02～0.03
软质	0.4～0.6	0.04～0.08	0.2～0.4	0.02～0.04	0.1～0.2	0.01～0.02

(4) 单根锚筋或地脚螺栓强度应满足

$$\sigma=\frac{T}{A_g}\leqslant[\sigma] \tag{3-6}$$

式中　σ——锚筋或地脚螺栓的最大拉应力，N/mm²；

A_g——锚筋或地脚螺栓的有效截面积，mm²；

$[\sigma]$——锚筋或地脚螺栓的容许拉应力，N/mm²。对于 A3(Q235) 钢，$[\sigma]=157$N/mm²；对于 16Mn(Q345) 钢，$[\sigma]=230$N/mm²。

3.2.8.5　砂浆的选择、浇灌和养护

1. 砂浆的选择

施工选用的砂浆应符合设计要求，用于锚筋孔浇灌的砂浆有三种：普通水泥砂浆，其强度等级一般采用 M20～M30，其配合比应通过试验确定；硫磺砂浆，主要优点是砂浆可以速凝；水泥流态砂浆。

2. 水泥砂浆的浇灌和养护

锚孔浇灌前，应将锚孔壁用水湿润，以保证砂浆与坑壁的黏结力；水泥砂浆的水灰比一般为 0.4～0.5，配合比为 1∶2，水泥强度等级应不低于 52.5 号；浇灌砂浆时应分层捣固密实，一次不应浇灌过多，避免砂浆间留有空隙，锚孔中的砂浆浇注量不得少于计算确定值。

3. 硫黄砂浆及水泥流态砂浆制作

硫黄砂浆是由硫黄、中砂、水泥三种材料高温拌和制成。配合比为：硫黄∶中砂∶水泥＝1∶0.6∶1.3。硫黄含量应为 99%，水泥用 42.5 号及以上，三种材料均应在使用前过 2mm 孔筛，以保证细度。

(1) 硫黄砂浆制作方法。先将砂和水泥放入锅内炒干，逐渐加热到 120℃，最后将硫黄倒入且不停地拌和，硫黄加热到 120℃时就会熔化，此时应控制温度不超过 160℃。往锚孔内灌砂浆时，动作要求准确、迅速，特别是捣固动作要快，因为停火后 30s 砂浆就会凝固。

(2) 流态砂浆的配合比。按灰砂比 1∶2、1∶2.5、1∶2.3 进行拌制试样砂浆；使用 UEA 膨胀剂时，内掺量为 8%～10%，水泥为 92%～90%（均以水泥与膨胀剂之和为基数）；泵送剂掺量，分别为水泥加膨胀剂总量的 1.5%～2.0%、0.8%、0.3%等，以比较其流动性。

(3) 流态砂浆的制作方法。先称取水泥，再称取 U 型膨胀剂（粉），拌至颜色均匀一致，倒入已称量好的黄砂堆中，用铲拌和至混合物颜色均匀为止；将称好的泵送剂（流体

或粉）倒入用量筒量取的水中，然后用（玻璃）棒充分搅拌均匀，至颜色一致为止；将黄砂、水泥（含膨胀剂）拌匀的上述混合物堆成一堆，在中间做一凹槽，将混有泵送剂的水，先将一半倒入凹槽中，然后共同拌和，以后再将剩余的水倒入拌和，直至拌和物色泽一致，符合要求为止；流态砂浆每翻拌一次，需用铲将全部砂浆压切一次，一般需延长搅拌时间，从加水完毕时算起10min左右。

（4）流态砂浆的配方选择。达到M30强度等级的流沙浆，应采用配方：灰砂比1∶2，U型膨胀剂内掺8%，JRC－2D型（液）外掺1.5%，R28试验值为40.0MPa；达到M20强度等级的流沙浆，应采用配方：灰砂比1∶2.3，U型膨胀剂内掺9%，用普通泵送剂外掺0.6%，R28试验值为28.9MPa；达到M25强度等级的流沙浆，应采用配方：灰砂比1∶2，U型膨胀剂内掺8%，JRC－2D型（液）泵送剂，外掺1.8%，R28试验值为37.9MPa。

3.2.9　质量标准

3.2.9.1　施工测量

以设计勘测钉立的两个相邻直线桩为基准，其横线路方向偏差应不大于50mm；用经纬仪视距法复测距离时，顺线路方向相邻杆塔中心桩的距离（即挡距），其误差应不大于设计挡距的1%；线路转角桩的角度值，用方向法复测时，对设计值的误差应不大于1′30″；重点桩位（如跨越杆塔等）、地形凸起点及跨越物的标高，对设计值的偏差应不超过0.5m。

杆塔中心桩移桩的测量精度应符合：采用钢卷尺量距时，两次测值之差不得超过量距的1%；采用视距法测距时，两次测值之差不得超过测距的5‰；采用方向法测量角度时，两次回测角值之差不应超过1′30″。

3.2.9.2　土石方工程

各型基础的坑深以设计的施工基面为基准检查时，应符合设计图纸规定；杆塔基础坑深的容许偏差为＋100mm，－50mm（“＋”表示超深，“－”表示较浅）。坑底应操平，设计的同基基础坑在容许偏差范围内应按最深一坑来操平；当杆塔基础坑超深采用回填土或砂、石夯实处理时，每层厚度不宜超过100mm，夯实后的耐压力不应低于原状土；拉线基础坑坑深不容许有负误差，当坑深超深后对拉线基础的安装位置与方向有影响时，其超深部分应采用填土夯实处理；当遇泥水坑、硫沙坑、石坑等桩位，杆塔基础坑超深时，应会同设计人员研究按超深处理方案实施；土坑的回填应分层夯实，每回填300mm夯实一次，坑口应筑防沉层，其高度为300～500mm。

3.2.9.3　混凝土三盘安装

（1）底盘安装质量标准。圆槽平面应与杆轴线垂直，找正后应回填土夯实至底盘上平面。底盘安装的容许误差应保证电杆组立后的容许误差符合杆塔工程相关标准（详见附录B表B.2）。

（2）拉盘安装质量标准。拉盘的埋设方向应符合设计规定。当拉盘为梯形断面时，其梯形宽的面为受拉侧，应面向拉线棒，梯形窄的面为受压侧，应紧贴坑底，严禁拉盘梯形断面的宽、窄面倒置；沿拉线方向，其左、右偏差值不应超过拉盘中心至相对应电杆中心间水平距离的1%；沿拉线安装方向，其前后容许位移值应满足拉线安装后对地夹角与设计值相比较不超过1°。当已知拉线对地夹角的设计值为α，拉线挂点至拉线盘中心的垂直

距离为 H，以 H 为基准的前后容许位移率见表 3-20。根据表 3-20，可计算出不同 α、不同 H 值的拉线盘前后容许位移值 $\Delta S=HK_{\alpha}$；个别特殊地形条件，拉线对地夹角偏差无法满足 1°要求时，应由设计人员提出具体规定；对于 X 型布置的杆塔拉线，安装的拉线盘应有前后方向的位移（预位移），以保证拉线安装后交叉点不得相互磨碰。

表 3-20　拉线盘前后容许位移率 K_{α}

拉线对地夹角 α/(°)	30	45	60	70
容许位移率/%	6.7	3.4	2.6	1.9

（3）卡盘安装质量标准。混凝土电杆的卡盘安装位置与方向应符合图纸规定，其深度容许偏差不应超过±50mm。

3.2.9.4　现浇铁塔基础及拉线基础

（1）基础尺寸的容许偏差。现场浇制的铁塔混凝土基础尺寸的容许偏差应符合表 3-21 的规定；现场浇制的拉线基础尺寸及其位置的容许偏差应符合表 3-22 的规定；整基铁塔基础在回填夯实后，其尺寸的容许偏差应符合表 3-23 的规定。

表 3-21　铁塔混凝土基础尺寸的容许偏差

项　目	容许偏差	备　注
保护层厚度/mm	−5	浇制前检查
主柱及各底座断面尺寸/%	−1	拆模后检查
同组地脚螺栓中心对主柱中心偏差/mm	10	拆模后检查

表 3-22　拉线基础尺寸及其位置的容许偏差

项　目	容许偏差	备　注
拉线基础断面尺寸/%	−1	
拉环中心与设计位置偏移/mm	20	
拉线基础位置偏移（前、后、左、右）	L/100	L 为拉环中心至拉线挂点的水平距离

表 3-23　整基铁塔基础尺寸的容许偏差

项　目		地脚螺栓式		主角钢插入式		高塔基础
		直线	转角	直线	转角	
整基基础中心与中心桩间的位移/mm	横线路方向	30	30	30	30	30
	顺线路方向	—	30	—	30	
基础根开及对角线尺寸/‰		±2		±1		±0.7
基础顶面或主角钢操平印记间相对高差/mm		5		5		5
整基基础扭转/(′)		10		10		5

注　1. 转角塔基础的横线路方向是指内角平分线方向，顺线路方向是指转角平分线方向。
2. 基础根开及对角线尺寸是指同组地脚螺栓中心之间或主角钢准线中心间的水平距离。
3. 相对高差是指抹面后的相对高差。转角及终端塔有预偏时，基础顶面高差与预偏后值进行比较。
4. 高低腿基础面的相对高差应与设计标高值比较。
5. 高塔是指按大跨越设计，塔高在 80m 以上的铁塔。

（2）混凝土强度的检查。现场浇制的混凝土的强度检查，应以试块为依据，试块应在浇制现场制作，其养护条件应与基础基本相同。每组 3 个试件应在同盘混凝土中取样制作，并按下列规定确定该组试件的混凝土强度代表值：取 3 个试件强度的平均值；当 3 个试件强度中的最大值或最小值之一与中间值之差超过中间值的 15%时，取中间值；当 3 个试件强度中的最大值和最小值与中间值之差均超过中间值的 15%时，该组试件不应作为强度评定的依据。

3.2.9.5 岩石基础

岩石基础的施工容许偏差应符合表 3-24 的规定；锚孔中浇灌的混凝土或砂浆的数量不得少于施工设计的规定值；对浇灌的混凝土或砂浆的强度检验应以同条件养护的试块为依据，试块的制作应每基取一组；对拉线岩石基础或直锚地脚螺栓基础，拉线棒或地脚螺栓应无松动现象。

表 3-24　　岩石基础的施工容许偏差

项　　目		容许偏差	备　　注
成孔深度		−0	应在浇灌前检查
成孔直径或断面/mm	钻孔式基础	+20，−0	应在浇灌前检查
	嵌固式基础	−0，且保证锥度	应在浇灌前检查
整基基础施工尺寸		见表 3-23	在施工后检查

3.3 接　地　工　程

3.3.1 接地装置的型式

配电线路杆塔和设备的接地装置型式，由设计单位根据土壤电阻率和设备对接地电阻的要求，经计算确定。一般地形采用水平接地体和垂直接地体敷设的接地装置，山区杆塔采用水平敷设的环形及放射状联合接地装置。

3.3.2 接地装置的一般规定

接地装置应符合《交流电气装置的接地设计规范》（GB 50065—2011）的要求，其一般规定如下：

（1）水平敷设的人工接地体，可采用热镀锌圆钢、扁钢等；垂直敷设的可采用热镀锌角钢、钢管、圆钢等。接地体的最小规格应不小于表 3-25 的规定。

表 3-25　　钢接地体和接地引下线的最小规格

种　类	圆　钢	扁　钢		角　钢	钢　管
规格	直径/mm	截面/mm^2	厚度/mm	厚度/mm	管壁厚度/mm
引下线	8	48	4	2.5	2.5
接地体	10	48	4	4	3.5

(2) 接地体埋深要求。在耕地，埋深应不小于耕作深度且不小于0.8m；在山地及非耕地，埋深应不小于0.6m；在岩石地区，埋深应不小于0.3m。

(3) 接地电阻的要求。无避雷线的1～10kV配电线路，在居民区的钢筋混凝土电杆宜接地，金属管杆应接地，接地电阻均不宜超过30Ω。

有避雷线的配电线路，其接地装置在雷季干燥时间的工频接地电阻不宜大于表3-26所列的数值。

表3-26　电杆的接地电阻

土壤电阻率/(Ω·m)	工频接地电阻/Ω	土壤电阻率/(Ω·m)	工频接地电阻/Ω
<100	10	>1000～2000	25
100～500<	15	>2000	30*
500～1000	20	—	—

* 如土壤电阻率较高，接地电阻很难降到30Ω，可采用6～8根总长度不超过500m的放射型接地体或连续伸长接地体，其接地电阻不限制。

杆上断路器应设防雷装置，其金属外壳应接地，且接地电阻不应大于10Ω。

总容量为100kVA及以上的变压器，其接地装置的接地电阻不应大于4Ω；总容量为100kVA以下的变压器，其接地装置的接地电阻不应大于10Ω。

3.3.3 接地装置的施工

(1) 接地槽开挖符合要求后，应将接地体在现场调直后再置于接地槽底，然后方准回填土。

(2) 接地槽回填之前，必须检查接地槽的长度和深度是否符合要求，接地槽回填土应每300mm夯实一次，力求回填土密实。接地槽表面应有高度为100～300mm的防沉层，在工程竣工移交时，填土不得低于地面。如果接地槽为岩石地带或土壤电阻率特高地带时，应按设计要求进行换土后回填，不许回填块石。

(3) 接地装置敷设后应及时在施工技术记录表上绘制敷设示意图，以便复查。

(4) 接地体连接要求。接地体连接前应清除接地体表面的铁锈、污物等。接地体连接一般采用电焊或气焊的方法，圆钢应双面施焊且焊接长度应不小于圆钢直径的6倍；扁钢应四面施焊且焊接长度应不小于扁钢宽度的2倍。

(5) 降阻措施的施工要求。如设计要求需采用技术措施降低接地电阻，应严格按设计和厂家的技术方案进行施工。

3.3.4 接地装置的电阻测量

1. ZC-08型接地摇表测量接地电阻

测量接地电阻的布置示意图如图3-12所示。

(1) 图3-12的接线说明。将接线端旋钮E与接地装置引下线D点连接；距被测点D距离为Y的A点打入ϕ10mm的钢棒或铜棒（电压极打下地面下0.5m)，并用铜塑线将A点与接线端钮P连接；距被测点D距离为Z的B点打入ϕ10mm钢棒或铜棒（电流极)，并用铜塑线将B点与接线端钮C连接。A、B棒与被测点D的距离Y、Z的要求为

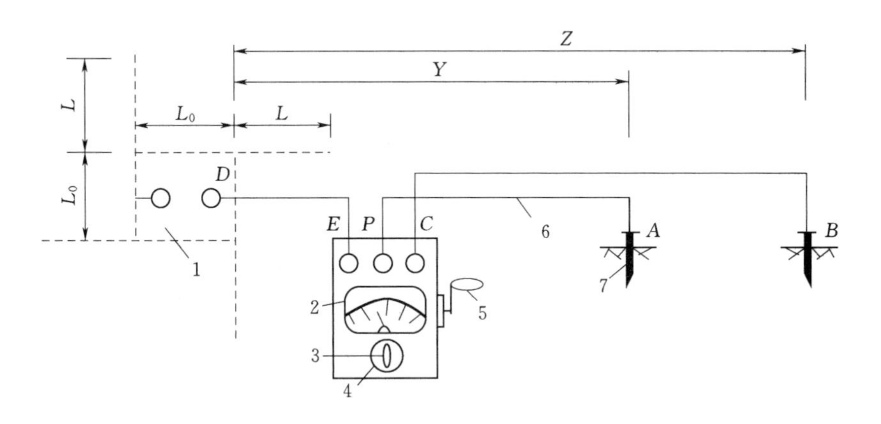

图 3-12　测量接地电阻的布置示意图

1—被测接地装置；2—检测器；3—倍率旋钮；4—电阻值旋钮；5—摇柄；
6—连线；7—测量铜棒

$$Y \geqslant 2.5(L_0 + L) \tag{3-7}$$

$$Z \geqslant 4(L_0 + L) \tag{3-8}$$

式中　L_0、L——环形接地网的边长及放射线长度，m。

接地网在水田中，取 $Y=10$m，$Z=20$m；在山区及丘陵地，取 $Y=80$m，$Z=120$m。

（2）测量操作步骤。检查各部位边线是否连接可靠，A、B 棒是否牢固；检查测流计是否指在零位，不在零位时，应将指针调到零位；将倍率旋钮置于最大倍率位置处，慢慢摇动摇柄，同时旋转电阻值旋钮使检流计指在零位；当检流计指针接近平稳时，可加速摇动摇柄，转速约为 120r/min，并旋转电阻值旋钮使指针平稳地指在零位。若电阻值读数小于 1，则可改变倍率重新摇测；待指针平稳后将电阻值旋钮上的读数乘以倍率旋钮处的倍数，即得接地装置的接地电阻值。

（3）测量注意事项。测量杆塔接地装置的接地电阻时，应将接地引下线与杆塔的连接螺栓拆开，使接地电阻仅为接地装置在土壤中的工频接地电阻值；测量接地电阻应选择在晴天或气候干燥时，不得在雨天或雨后立即测量；所测得的接地电阻值应根据土壤干燥及潮湿情况乘以季节系数，然后才能与设计提供的最大容许工频接地电阻值相比较，以判断接地装置的接地电阻是否符合设计要求。季节系数一般由设计图纸及说明书规定，无设计说明可按表 3-27 取用。

表 3-27　　杆塔防雷接地装置的季节系数

埋深/m	水平接地体	垂直接地体
0.5	1.4～1.8	1.2～1.4
0.8～1.0	1.25～1.45	1.15～1.3
2.5～3.0	1.0～1.1	1.0～1.1

注　测量接地电阻时，如果土壤较干燥，应采用表中较小值；如果土壤较潮湿，应采用表中较大值。

（4）测量的主要工器具。接地电阻测量需要的主要工器具见表 3-28。

表 3-28　　测量接地电阻的主要工器具表

序号	名　称	型号或规格	单　位	数　量	备　注
1	接地电阻表	ZC-08	台	1	
2	接地铜棒	ϕ10mm×600mm	根	2	或钢棒
3	塑料铜线	0.5mm^2	m	200	
4	小铁锤	1kg	把	1	
5	工具袋		个	1	

2. 钳形接地电阻测试仪

钳形接地电阻测试仪可以在无独立辅助电极下测量接地电阻，可应用于多处并联接地系统，而不需要切断地线。测量接地电阻时，不得将接地引下线由杆塔上拆下，也无需辅助电极连线，操作简单方便，但测量杆塔接地电阻时有一定的误差。

3.4　电杆和钢管杆组立

钢筋混凝土电杆一般采用锥度为 1/75，梢径 190mm、230mm 等，长度为 10～18m 的普通钢筋混凝土电杆，预应力钢筋混凝土电杆在配网中应用较少。15m 及以上一般采用分段式（两段），常用法兰连接方式，便于现场安装；钢管杆主要用于城区或受地形限制无法设置拉线的耐张杆，高度为 13～15m，一般采用多边形断面，连接方式有插入式和法兰连接两种。

电杆和钢管杆的组立方法，一般采用人字抱杆、独立抱杆和汽车起重机三种组立方法。人字抱杆或独立抱杆是整体起吊立杆的方法，主要适用于汽车起重机无法到达的杆位作业。汽车起重机与抱杆组立电杆相比，具有施工作业面小、需要作业人员少和作业风险小等特点，被广泛用于城区、道路边和汽车起重机能到达的杆位进行组立作业。

3.4.1　杆塔组立前准备

1. 杆塔外观检查

杆塔组立前应进行外观检查，外观检查要求详见第 2 章 2.5 节、2.6 节内容。

2. 杆塔起吊原始参数收集

常用钢筋混凝土电杆、钢管杆的重量和重心位置见第 8 章表 8-1。

3. 排杆与连接

（1）采用法兰盘连接的分段钢筋混凝土电杆和钢管杆。排杆时，可分段运至杆位后将两段电杆置于枕木（200mm×150mm×1000mm）上，使两段杆塔保持在同一直线上；采用撬棍拨动法和棕绳拖曳法移动杆段，使杆塔法兰盘连接孔对齐；然后，在杆塔两侧用楔木塞紧，防止电杆滚动；用螺栓（从下向上穿）将两段杆塔连接，拧紧螺栓。

（2）采用钢圈连接的钢筋混凝土电杆。排杆时，各杆段的螺孔及接地孔的方向、位置应按设计施工图排放，杆段接头钢圈应相互对齐并留有 2～5mm 焊口间隙，如间隙过大时可用气割修理。

钢圈连接的混凝土电杆宜采用电弧焊接。焊接操作应符合下列规定：

1）应由经过专业培训并经考试合格的焊工操作，焊完的焊口应及时清理，自检合格后应在规定的部位打上焊工的钢印代号。

2）焊接前应清除焊口及附近的油脂、铁锈及污泥。

3）钢圈厚度大于6mm时应用V型坡口多层焊，多层焊缝的接头应错开，焊缝中不应堵塞焊条或其他金属。

4）焊缝应有一定的加强面，其尺寸应符合表3-29的规定。

表3-29　　焊缝加强面尺寸表

项　　目	钢圈厚度 δ/mm	
	<10	10～20
高度 c/mm	1.5～2.5	2～3
宽度 e/mm	1～2	2～3
图　　示		

5）焊前应做好准备工作，一个焊口宜连续焊成。焊缝应呈现平滑的细鳞形，其外观缺陷容许范围及处理方法应符合表3-30的规定。

表3-30　　焊缝外观缺陷容许范围及处理方法

缺　陷　名　称	容　许　范　围	处　理　方　法
焊缝不足	不容许	补焊
表面裂缝	不容许	割开重焊
咬边	母材咬边深度不得大于0.5mm，且不得超过圆周长的10%	超过者清理补焊

6）焊接时杆段两端均为封闭的，应打泄气孔后才能施焊。

7）电杆焊接后，放置地平面检查时，其分段及整根电杆的弯曲均不应超过其对应长度的2‰。超过时应割断调直，重新焊接。

8）钢圈焊接接头焊完后应及时将表面铁锈、焊渣及氧化层清理干净，并按设计规定进行防锈处理。设计无规定时，应涂刷两道防锈漆或采取其他防锈措施。

3.4.2　杆塔组立

3.4.2.1　人字抱杆组立电杆

人字抱杆组立电杆布置如图3-13所示。

现场布置要求。上缆风锚桩、下缆风锚桩、抱杆头部和杆位中心应在同一直线上，缆风锚桩与杆位中心的距离应不小于1.2倍起吊物高度，缆风对地夹角控制不大于45°；抱

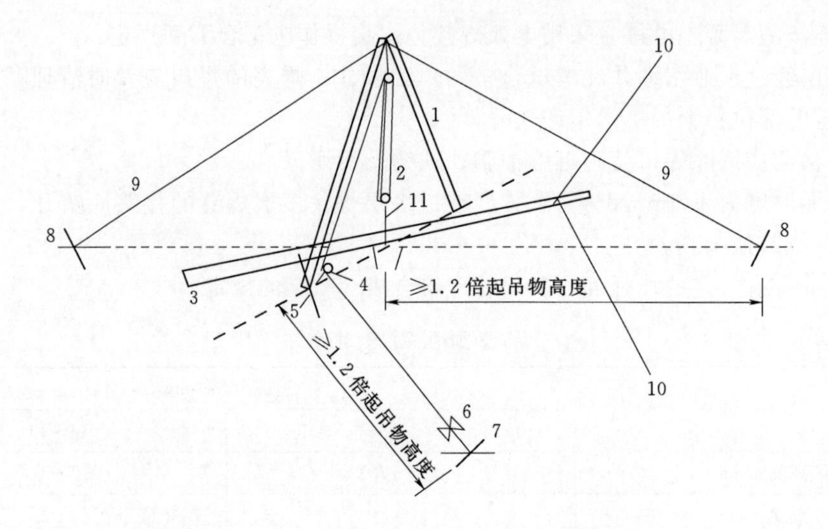

图 3-13　人字抱杆组立水泥杆或钢管杆布置图

1—人字抱杆（木质或钢质）；2—滑车组；3—水泥杆或钢管杆；4—导向滑车（带短钢丝绳套）；5—导向滑车钢锚桩；6—绞磨；7—牵引锚桩；8—抱杆缆风锚桩；9—抱杆缆风绳；10—水泥杆调整绳；11—起吊绳

杆与两缆风锚桩连线垂直布置，人字抱杆夹角 $\theta=20°\sim25°$（即抱杆根开是高度的 0.35～0.45 倍），抱杆向受力侧最大倾斜角 $\alpha=5°$；绞磨与杆位中心距离不应小于 1.2 倍起吊物高度。

钢管杆塔位一般位于公路边，可使用汽车起重机组立。

人字抱杆组立电杆的工器具选择计算方法，详见第 8 章 8.1 节。具体选择计算内容如下：

（1）滑轮组选择。

（2）主牵引绳选择。

（3）抱杆缆风绳选择。

（4）起吊绳套选择。

（5）转向滑车和钢丝绳套选择。

（6）机动绞磨钢丝绳套选择。

（7）机动绞磨选择。

（8）木质人字抱杆选择。

（9）钢管人字抱杆选择。

（10）临时锚桩选择。

3.4.2.2　独立抱杆组立电杆

1. 独立抱杆组立电杆布置

起吊布置：独立抱杆最大倾角 $\theta=5°$，起吊绳与抱杆最大夹角 5°，上风拉线合力对地夹角均为 45°，独立抱杆起吊布置图和受力分析图如图 3-14 所示。

2. 现场布置要求

4 根缆风绳以杆位为中心应互成 90°布置，缆风对地夹角控制在 45°；抱杆向受力侧最

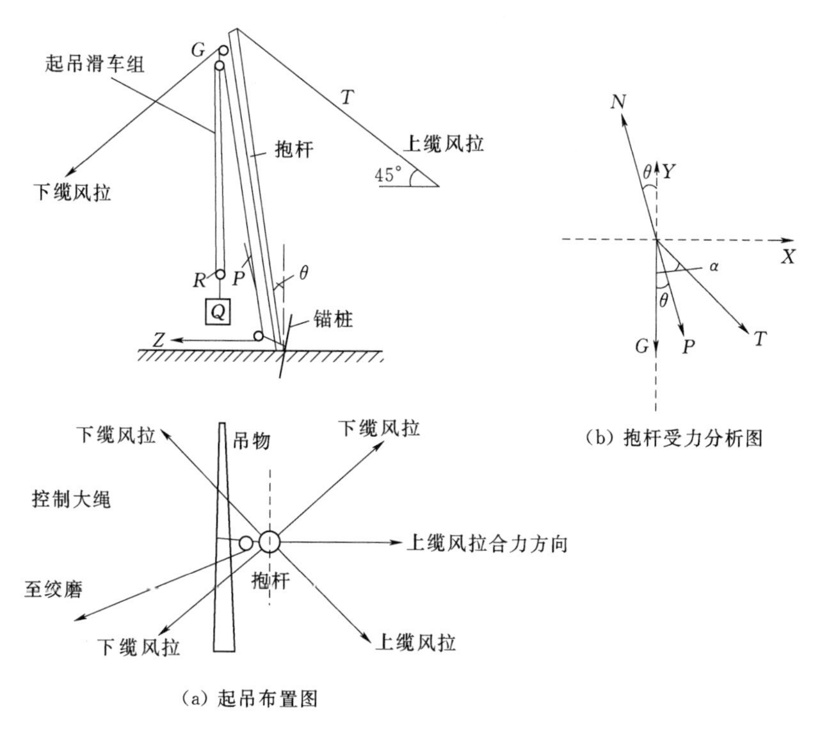

图 3-14　独立抱杆起吊杆塔布置和受力分析图

大倾斜角 $\alpha=5°$；绞磨锚桩与杆位中心距离不应小于 1.2 倍起吊物高度，经过导向滑车的牵引绳夹角应不小于 90°。

3. 独立抱杆组立电杆的工器具选择

起吊滑车组、主牵引绳、缆风绳、起吊绳和钢丝绳套选择，可按照人字抱杆组立电杆的工器具进行选择。抱杆和临时锚桩选择计算详见第 8 章 8.1 节相关内容。

3.4.2.3　汽车起重机组立电杆和钢管杆

1. 起重机的工作条件和一般使用注意事项

（1）工作条件。地面坚实，作业过程中支腿不得下陷，回转支承上平面的总倾斜度不大于 0.5%；起重作业区应位于起重机的侧方和后方，如图 3-15 所示；风速不大于 13.8m/s（6 级）；环境温度为 $-15\sim+40$℃。

（2）一般使用注意事项。不打支腿，上车严禁操纵；起吊时禁止偏拉物体，也不得用于拨拉固定物；特殊情况需带载向下变幅时，应在起重机性能范围内进行，严禁超出容许荷载；起吊作业过程中，严禁操作员下车；严禁带载伸缩作业；吊重作业时，起重臂下严禁站人；吊起重物时，严禁调整支腿，当需要调整支腿时，应将重物落地，并缩回吊臂；吊物低于地面，吊钩下落时要注意提升卷筒上的钢丝绳留量不少于 3 圈；汽车吊应尽量靠近杆位布置在平坦的地形上，四腿应压在枕木上；若遇地质为软土时，采用钢板或多层枕木，以增加地面的抗压力。

2. 起重机的起吊重量确定

（1）按照现场勘察情况，确定汽车吊与杆位的距离（工作幅度）、杆塔起吊质量和要

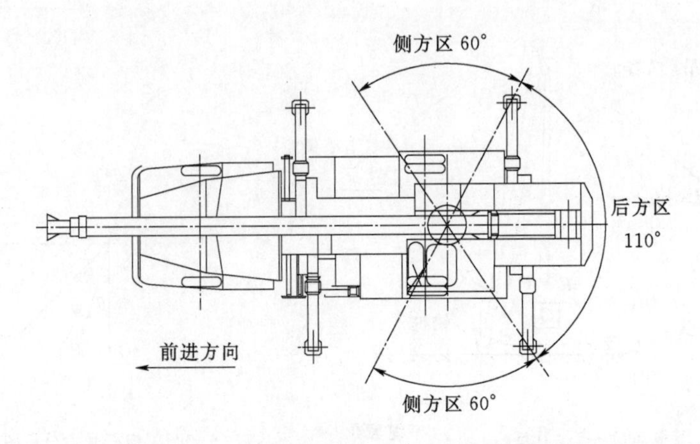

图 3-15　汽车起重机起重作业区平面示意图

求的起升高度，查汽车起重机的起重作业性能参数，最终确定汽车起重机的吨位配置。

(2) 幅度指示器的使用说明（附表 C.1)。当用基本臂吊重时，应以基本臂 7.8m 那一列即第一列的读数为准；当臂长大于 7.8m 小于 13.4m 时，应以中长臂 13.4m 那一列即第二列的读数为准；当臂长大于 13.4m 小于 19m 时，应以中长臂 19m 那一列即第三列的读数为准。以上 4 种工况吊重和变幅时都应与起重性能参数表比较，严禁超出规定的范围作业。

(3) 中长臂和全伸臂吊重时，首先应估算重物重量，根据初估重量、体积及吊到的位置，查性能标牌，选择合适的臂长、工作幅度及停车地点。待吊重作业前的一切准备工作就绪，确认幅度和臂长均正确后，缓缓操纵起升手柄，使重物稍稍离地，观察称重仪显示器。若其值不大于估计值，则可以进行吊重作业；若显示值大于估计值，必须立即放下杆塔，按性能表要求重新选择，重新调整，确保起吊安全。

(4) 常用汽车吊起重作业性能参数如附表 C.1～C.5 所示（摘录徐州重型机械有限公司汽车起重机参数)。

(5) 常用汽车吊起重作业性能曲线图如附表 D.1～D.7 所示（摘录徐州重型机械有限公司汽车起重机参数)。

(6) 在起吊过程中，操纵者要关注起重机吊臂上的幅度指示器或驾驶室内限额起重量，出现超幅度或限额起重量报警，应及时调整作业幅度，严禁超限作业。

(7) 作业过程中操纵者与指挥人员要密切配合，指挥者要正确使用手势。

3.5 角钢塔组立

配电线路角钢塔组立一般采用内拉线悬浮抱杆和外拉线抱杆分解组立两种方法。

3.5.1 内拉线悬浮抱杆分解组立

3.5.1.1 现场布置

内拉线悬浮抱杆分解组塔与外拉线抱杆组塔相比，具有：工具简单；不受地形影响；

吊装过程中抱杆处于铁塔结构中心，铁塔主材受力较均衡，宜于保证安装质量；减少操作人员，提高工作效率等优点，适用于铁塔断面尺寸较大的铁塔组装。其单片组塔和双片组塔现场布置如图 3-16 所示。

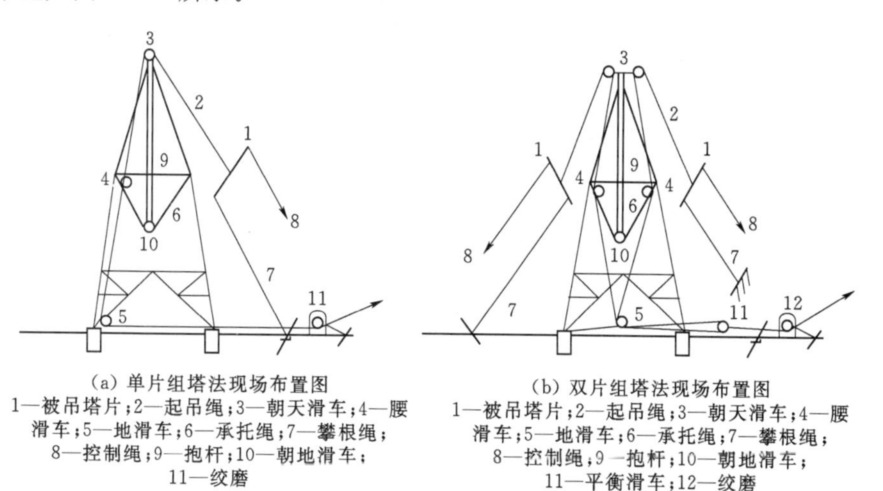

(a) 单片组塔法现场布置图
1—被吊塔片；2—起吊绳；3—朝天滑车；4—腰滑车；5—地滑车；6—承托绳；7—攀根绳；8—控制绳；9—抱杆；10—朝地滑车；11—绞磨

(b) 双片组塔法现场布置图
1—被吊塔片；2—起吊绳；3—朝天滑车；4—腰滑车；5—地滑车；6—承托绳；7—攀根绳；8—控制绳；9—抱杆；10—朝地滑车；11—平衡滑车；12—绞磨

图 3-16　内拉线抱杆组塔布置图

1. 抱杆的选择及布置

抱杆由朝天滑车、朝地滑车及抱杆本身构成。在抱杆两端设有连接拉线系统和承托系统用的抱杆帽及抱杆底座；抱杆的容许起吊重量应经验算确定，抱杆长度应根据铁塔的分段长度及根开尺寸，选择适宜的抱杆长度。抱杆露出已组塔段的长度 L_1 及插入已组塔段的长度 L_2 的比例为：$L_1:L_2=7:3$；为塔片就位方便，抱杆向受力侧的最大倾角不得大于 10°。

2. 抱杆拉线的布置

抱杆拉线是由 4 根钢丝绳及相应索具组成。拉线的上端通过卸扣固定于抱杆帽，下端用索具或卸扣分别固定于已组塔段 4 根主材的上端，拉线与塔身的连接点应选在分段接头处的水平材附近；上拉线与抱杆夹角应不小于 8°，否则应设置落地拉线。

3. 承托系统的布置

抱杆的承托系统由承托钢丝绳、平衡滑车和双钩等组成，两承托绳和双钩长度应等长。内拉线抱杆位置及承托系统布置如图 3-17 所示。

承托绳由两条钢丝绳穿过各自的平衡滑车，其一端头直接缠绕在已组塔段主材的节点，用卸扣锁定，另一端通过双钩和钢丝绳套固定在塔材主材的节点。当被吊构件在塔的左、右侧起吊时，平衡滑车应布置在抱杆的左、右方向；当被吊构件在塔的前、后侧起吊时，平衡滑车应布置在抱杆的前、后方向；承托绳与抱杆轴线的夹角应不大于 45°。

4. 起吊绳布置

单片组塔时，起吊绳是由被吊构件经朝天滑车、腰滑车、地滑车引到机动绞磨间的钢丝绳；起吊绳同时也是牵引绳，起吊绳的规格应按每次最大起吊质量选取；起吊绳与抱杆轴中心线夹角一般应不大于 20°。

5. 牵引设备的布置

内拉线抱杆组塔时，牵引设备选用 30kN 级机动绞磨。绞磨应尽量顺线路或横线路方

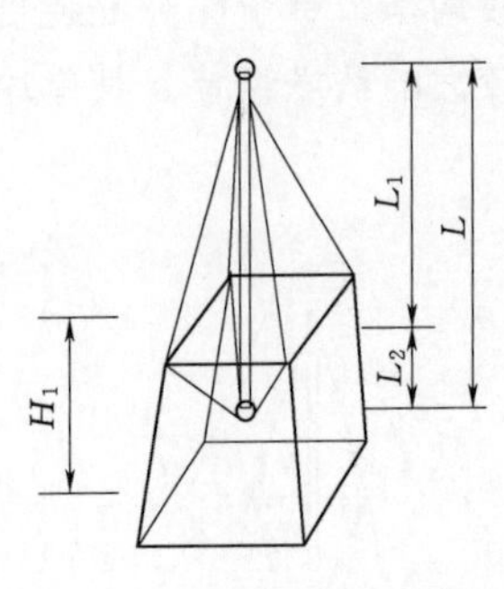

(a) 抱杆在塔上位置示意图

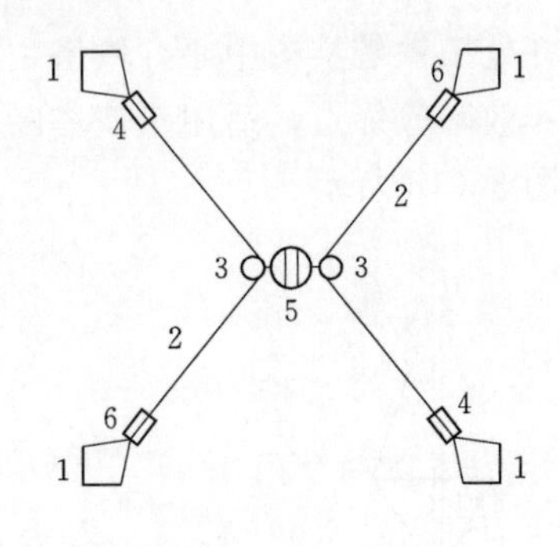

(b) 承托系统布置平面图

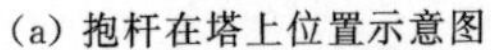

图 3-17　内拉线抱杆位置及承托系统布置图

1—塔段主材；2—承托钢绳；3—平衡滑车；4—双钩；5—抱杆座；6—卸扣

向设置，距塔位的距离应不小于 1.2 倍塔高。

6. 攀根绳和控制绳的布置

绑扎在被吊塔片下端的绳为攀根绳，其作用是控制被吊塔片不与已组塔段相碰。攀根绳与地面夹角的大小直接影响自身的受力，一般要求夹角不大于 45°；当被吊塔片质量在 500kg 及以下，攀根绳可选用 ϕ18mm 棕绳；当构件组装后的根开小于 2m 时，攀根绳可采用一条，用"V"形钢丝绳套与被吊塔片相连接。当构件组装后的根开大于 2m 时，应采两条攀根绳，且按"八"字形布置；绑扎在被吊塔片上端的绳为控制绳，通常选用 ϕ16mm～ϕ18mm 的棕绳，一般选用两条。

7. 地滑车和腰滑车的布置

腰滑车应布置在已组塔段上端接头处（起吊构件对侧）的主材上，固定腰滑车的钢绳套越短越好，以减小抱杆受力；地滑车一般固定在靠近地面的塔腿主材上。

8. 腰环的布置

内拉线抱杆提升过程中，采用上、下两副腰环以稳定抱杆，使抱杆始终保持竖直状态。上腰环布置在已组塔段的最上端，下腰环应布置在抱杆提升后的下部位置，两腰环通过钢丝绳固定在已组塔段的四根主材节点处并适当收紧，两腰环间的垂直距离一般保持在 3m 以上。

3.5.1.2　组塔步骤

1. 塔腿组立

塔腿质量较小，一般采用分件组立法，先组立主材而后逐一装辅材。

先将铁塔底座置放在基础上，拧紧地脚螺栓。当组立塔腿的主材长度在 8m 以下且质量在 300kg 以内时，可以用叉杆将主材立起，使主材与底板相连的螺栓全部装上；当组立塔腿的主材长度大于 8m 且质量超过 300kg 时，应使用小人字抱杆（ϕ100mm×5m）按整体立电杆的方法将主材立起。

2. 竖立抱杆

竖立抱杆之前，应将运到现场的各段抱杆按顺序组合并进行调整，使其成为一个完整而正直的整体，接头螺栓应拧紧，将朝天滑车及抱杆临时拉线与抱杆帽连接，将起吊钢丝绳穿入朝天滑车。利用已组立塔腿起吊抱杆，抱杆根用攀根绳控制，使抱杆慢慢移向塔身内；抱杆立正后，利用抱杆腰环及腰绳调正抱杆，然后拆除立抱杆的牵引绳索；抱杆竖立后，应将塔腿的开口面辅助材补装齐全并拧紧螺栓；将抱杆拉线及承托绳固定在塔腿的规定位置上。抱杆竖立布置如图 3－18 所示。

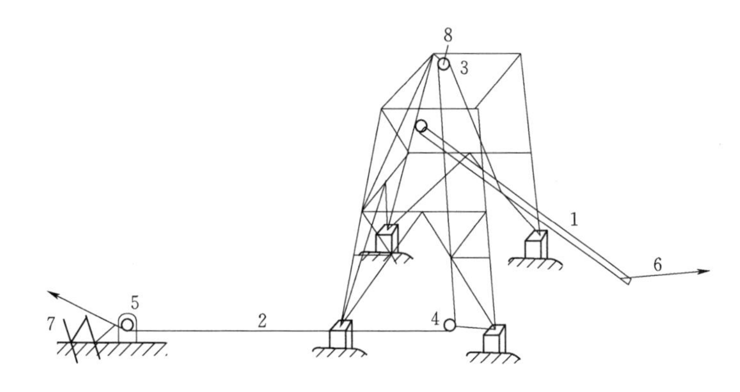

图 3－18　抱杆竖立布置示意图

1—内拉线抱杆；2—牵引绳；3—起吊绳；4—地滑车；5—绞磨；6—攀根绳；7—锚桩；8—起吊滑车

3. 提升抱杆

抱杆提升布置示意图如图 3－19 所示。按照图 3－19 准备一套抱杆提升工器具，将提升抱杆的钢绳一端绑扎在已组装塔段上端的主材节点处，通过抱杆的朝地滑车，再通过腰滑车引至地滑车后直至绞磨。

提升抱杆前，绑扎好上腰环 6 及下腰环 7，使抱杆竖立于铁塔结构中心位置；将 4 条拉线由原绑扎点松开，移到新的绑扎位置上固定。拉线应固定在已组塔段 4 根主材最大端的节点处，各拉线固定方式应相同，拉线呈松弛状态；启动绞磨，收紧提升绳 4，使抱杆提升约 1m 后，将抱杆的承托绳由塔身上解开。继续启动绞磨，使抱杆逐步升高至四条拉线张紧为止；将两条承托绳串联双钩后固定于已组装塔段节点处，收紧承托绳使受力一致；调整抱杆拉线，使抱杆顶向被吊构件侧略有倾斜，松出上腰环、下腰环及提升抱杆工具，做好起吊塔片的准备；抱杆的倾斜度应尽量使抱杆顶的铅垂线接近于塔片就位点，但抱杆倾角不应大于 10°，其最大倾斜值见表 3－31。

表 3－31　　抱杆容许倾斜的水平距离　　单位：m

抱杆高度	8	10	13	15
抱杆倾斜的水平距离	1.4	1.7	2.3	2.6

4. 吊点绳的绑扎

吊点绳由 2 根等长的钢丝绳分别捆绑在塔片的两根主材的对称节点处，合拢后构成“V”形吊点绳，在“V”形绳套的顶点穿一只卸扣与起吊绳相连接；吊点绳呈等腰三角形，其顶点高度应不小于塔身宽度的 1/2，以保证两吊点绳间夹角不大于 90°。不同夹角 α 下的吊点绳受力见表 3－32。

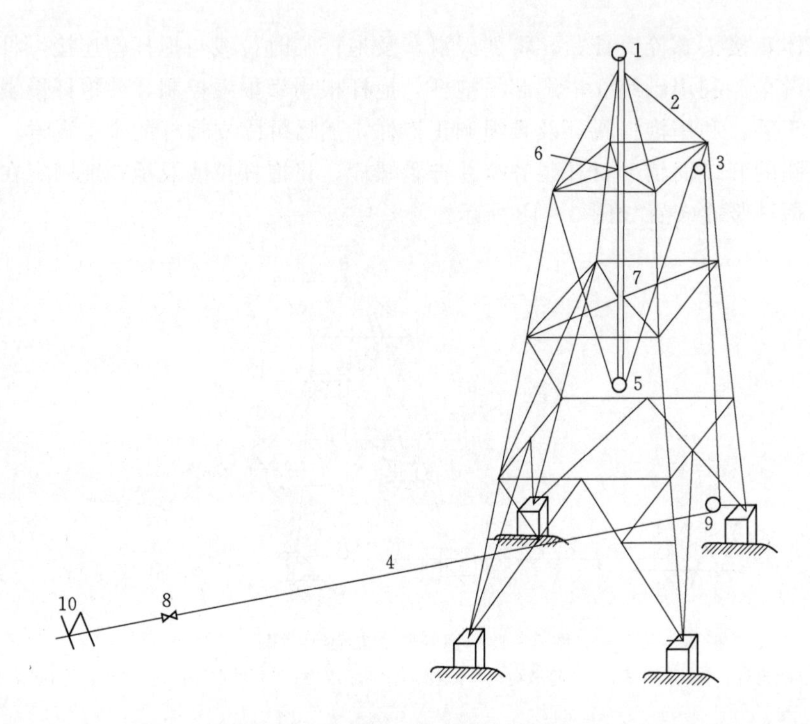

图 3-19 抱杆提升布置示意图

1—抱杆；2—抱杆拉线；3—起吊滑车；4—提升绳；5—朝地滑车；
6—上腰环；7—下腰环；8—绞磨；9—地滑车；10—锚桩

表 3-32 **不同夹角 α 下的吊点绳受力**

被吊构件重力/kN		5	10	15
吊点绳夹角 α/(°)	60	2.89	5.77	8.66
	90	3.54	7.07	10.61
	120	5.00	10.00	15.00

5. 构件吊装的准备

对于已组塔段上端接头处无水平材的，应安装临时水平材，但不应妨碍塔段的连接；已组塔段的各种辅材必须安装齐全，且螺栓应拧紧；当牵引绳可能与水平材相碰时，塔片上端水平材处绑一根补强小圆木，以避免提升绳与水平材相摩擦；待吊塔片的大斜材下端无法与主材连成一体时，应在主材下端各绑一根木杠或圆木接长主材并将大斜材与木杠绑扎成一体，防止起吊伊始状态下大斜材着地受弯变形，塔片离地后拆除补强木杠。

6. 构件吊装过程中的操作

构件开始起吊，攀根绳应收紧，控制绳完全放松。构件着地的一端应设专人看护，以防塔材被挂；起吊过程中，在保证构件不碰已组塔段的前提下，尽量松出攀根绳以减少各部索具受力；构件离地面后，应暂停起吊，进行一次全面检查，检查内容包括：牵引设备的运转是否正常、各绑扎处是否牢固、各处的锚桩是否牢固、各处的滑车是否转动灵活、已组塔段受力后有无变形；检查无异常，方可继续起吊；构件起吊过程中，塔上人员应密切监视构件起吊情况，严防构件挂住塔身。构件下端提升超过已组塔段上端时，应暂停牵引，由塔上作业负责人指挥慢慢松出攀根绳，使构件主材对准已组塔段主材时，再慢慢松出提升绳，直至就位；塔上作业人员应分清塔材的内外位置，固定主材时，先穿入尖头扳手，再连螺栓。主材下落时，应先到位的主材先就位，后到后就位。两主材就位后，安装并拧紧全部接头螺栓，应先两端，后中间。

构件吊装的注意事项。地面工作人员与塔上作业人员要密切配合，统一指挥。塔上作业人员不宜超过 6 人，且应有专人与地面联系；主材接头螺栓安装完毕，侧面的必要斜材已安装，构件已基本组成整体，方准登塔拆除起吊绳、攀根绳、控制绳等作业；塔段的正侧面辅材全部组装完毕方准提升抱杆。

7. 拆除抱杆

在塔顶端做悬挂点拆除抱杆，悬挂点应选在铁塔主材的节点处，挂一只 10kN 单轮起吊滑车；在抱杆上部离杆顶 1/4～1/5 的位置绑扎起吊绳，穿过起吊滑车及地滑车，引至机动绞磨；抱杆根部绑一条 ϕ18mm 棕绳，在塔身适当位置引出塔身外后拉至地面。

拆除抱杆的操作顺序是：收紧起吊绳，拆除抱杆拉线；启动绞磨，将抱杆提升约 0.5m 高度后停止牵引，拆除承托绳；再启动绞磨，松出牵引绳使抱杆徐徐下降，同时拉紧抱杆根部棕绳，将抱杆引出塔身之外。

3.5.1.3 主要工器具的配置

按构件高度 6.0m，塔片质量为 500kg，已组塔段上端至被吊构件间的水平距离为 0.5m，经计算内抱杆组塔工器具配置见表 3-33。

表 3-33　　内抱杆组塔工器具配置表

序号	名称	规格或型号	单位	数量	质量/kg	备注
1	铝合金抱杆	350mm×350mm×10000mm（方形）	副	1	100	
2	腰环	350mm×350mm（方形）	副	2	6	
3	机动绞磨	30kN	台	1	100	
4	地滑车	20kN，单轮，开口	只	2	10	
5	腰滑车	10kN，单轮，开口	只	2	8	
6	承托滑车	20kN，单轮，开口	只	2	10	
7	铝滑车	5kN，ϕ90mm 单轮	只	4	8	
8	双钩	30kN	把	2	20	承托绳用
9	双钩	10kN	把	4	40	
10	卸扣	ϕ20mm	只	10	10	承托绳用
11	卸扣	ϕ18mm	只	10	10	牵引系统用
12	卸扣	ϕ16mm	只	10	10	拉线绳用
13	“U”形挂环	U-10	只	8	4	
14	角钢桩	75mm×8mm×1500mm	根	6	95	
15	花兰螺丝	ϕ22mm	副	4	8	

续表

序号	名称	规格或型号	单位	数量	质量/kg	备注
16	钢丝绳	ϕ7.7mm×6m (6×19)	条	4	5	拉线用
17	钢丝绳	ϕ11mm×3m (6×19)	条	4	5	承托绳
18	钢丝绳	ϕ11mm×2.5m (6×19)	条	4	4	承托绳
19	钢丝绳	ϕ6.2mm×2m (6×19)	条	8	2	腰环用
20	钢丝绳	ϕ11mm×100m (6×19)	条	1	42	绞磨绳
21	钢丝绳	ϕ6.2mm×60m (6×19)	条	1	9	抱杆提升绳
22	钢丝绳	ϕ11mm×2m (6×19)	条	4	4	吊点绳
23	钢丝绳	ϕ11mm×2.5m (6×19)	条	4	4	吊点绳
24	钢丝绳套	ϕ12.5mm×1m (6×19)	条	6	4	
25	钢丝绳套	ϕ9.3mm×0.6m (6×19)	条	6	1	
26	白棕绳	ϕ16mm×50m	条	4	44	控制绳
27	白棕绳	ϕ18mm×50m	条	4	46	控制绳
28	尖头扳手	ϕ16mm×300m	把	8	8	
29	尖头扳手	ϕ20mm×350m	把	8	8	
30	铁锤	7.2kg	把	2	16	
31	铁锤	1.8kg	把	6	12	
32	圆锉	ϕ16mm×0.3m	把	2	2	
33	钢钎	ϕ25mm×1.5m	根	4	30	
34	方垫木	150mm×150mm×800mm (方形)	根	30	300	组装用
35	圆木	ϕ120mm×2m	根	1	12	补强用
36	木杠	ϕ80mm×2m	根	5	15	

3.5.2 外拉线抱杆分解组立

3.5.2.1 现场布置

外拉线抱杆组立铁塔施工布置如图 3-20 所示。

外拉线施工步骤是先把塔腿段组立好并固定在基础上，再将单根抱杆竖立起来。抱杆根部的固定位置为：分片吊装时，绑扎在主材内侧或外侧；整段吊装时，绑扎在主材外侧。绑扎时用小钢丝绳套绑扎在距主材最上部不小于 1.5m 左右处的主材节点上。在抱杆顶部绑扎 4 根落地拉线，分别搭设在塔身主材的对角线方向上。利用抱杆顶端的起吊滑车组进行铁塔分片或整段吊装。提升吊件前抱杆应预先倾斜好，使抱杆顶端对准就位中心。吊件提升或就位时，必须由地面大绳控制。主要工器具说明如下：

1. 抱杆

抱杆一般采用整根杉木制作，其梢径应根据吊件质量进行计算确定。抱杆倾斜角为 10°～15°，长度由塔颈和横担的高度决定，一般可先按铁塔吊装最长一段的 1.2～1.3 倍

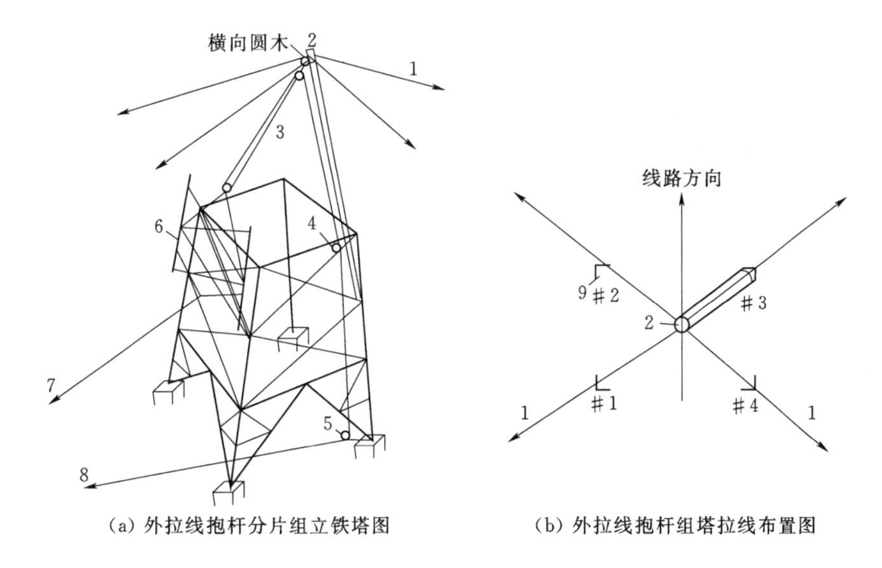

图 3-20　外拉线抱杆组立铁塔施工布置示意图

1—外拉线；2—抱杆；3—起吊绳；4—腰滑车；5—地滑车；6—被吊构件；
7—控制大绳；8—至绞磨；9—已组塔段主材

选定。抱杆位置应在有脚钉的塔身主材上，抱杆提升得越高，构件就位越方便，但抱杆稳定性相对要变差。抱杆顶端需绑扎一段不小于直径 120mm 的圆木，方向与抱杆垂直。

2. 外拉线

4 根外拉线对地夹角一般不大于 45°，4 根拉线的布置是沿线路 45°方向（如图 3-20 所示），如因地形限制达不到要求时，必须相互对称，拉线强度可按受力计算确定。拉线锚桩距塔中心的距离一般不小于 1.2 倍塔高。外拉线上端应固定在横木的上部。

3. 起吊系统

起吊系统由起吊滑车组、腰滑车、地滑车和绞磨组成。起吊滑车组由抱杆顶部定滑车和起吊滑车组成。定滑车可直接用短钢丝绳套将滑车挂在抱杆横木上，滑车绑扎要牢固，转向应灵活，规格应按最大起吊重量和牵引力选择。腰滑车固定在已组塔段固定抱杆的主材上，一般可选择 10kN 滑车。地滑车固定在塔腿，并与腰滑车同主材。滑车规格应受力计算确定。绞磨应设有可靠的锚桩，离塔中心的距离不小于 1.2 倍的塔高。

3.5.2.2　组塔步骤

外拉线组塔与内拉线组塔的方法基本相同，不同之处如下：

1. 抱杆组立

起立抱杆前，先在抱杆上挂好起吊滑车，穿好起吊钢绳，绑扎好四向外拉线，然后进行抱杆起立和就位。木抱杆较轻，用叉杆人力起立或利用已组立好的塔腿，在其主材上端挂一开门滑车牵引起立。

2. 提升抱杆操作步骤

提升抱杆前，应将塔段周围的斜材、辅材全部拧紧。用 ϕ14mm 棕绳将抱杆围拢在主材上端作为腰绳，腰绳不能系太紧，应能使抱杆自由升降，如图 3-21 所示。在腰绳下方的主材上挂一开门滑车，把起吊钢绳拉至抱杆根部，将钢丝绳从中间用抱杆根部的钢绳套绑牢，利用绞磨沿着牵引钢绳提升抱杆徐徐上升。抱杆提升到预定高度后，利用抱杆根部的钢丝绳套将抱杆根部固定在主材上，随后利用四向外拉线进行调整，使抱杆顶端对准预定位置，并将抱杆的腰绳解除，吊装构件时抱杆不得有腰绳。

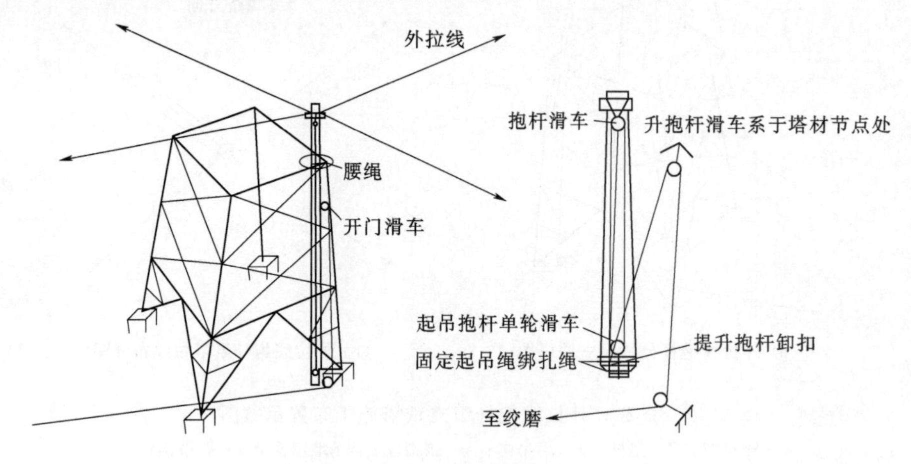

图 3-21　抱杆提升示意图

3. 绑扎调整大绳的要求

起吊腿部、身部、颈部时，应在构件上、下端各绑一根大绳。起吊较宽的塔片和横担时，应在其上、下两端各绑一根大绳，并使两侧尽可能对称。各绑扎点要设在节点上，以免吊装时失去平稳或绳扣滑脱；调整大绳必须绕在牢固的锚桩上，每根大绳设专人控制；起吊构件以前，应在构件着地的端头设专人监护，以免构件被挂住或顶弯变形；调整大绳与地面夹角一般保持在 40°。

4. 起吊钢丝绳与构件绑扎位置

起吊钢丝绳与构件绑扎位置必须在构件重心上和结构中心线上，以防在起吊过程中产生歪斜倾覆。在绑扎处应用软物垫扎，以防割伤钢丝绳。吊件应离开塔身 100～200mm，要用调整大绳调整吊件位置，并设专人在起吊侧面监视，以防塔片被卡住。

5. 塔片就位

塔片在起吊过程中，塔上作业人员应站在塔身内侧的安全位置。当塔片提升到接近就位时，牵引提升速度应减慢。塔片就位时，应先低侧主材，后高侧主材；低侧就位后，在两个螺孔上各插入一个尖头扳手（禁止用手指），然后回松调整另一侧，使主材接头位置达到安装要求，最后将螺栓全部装上拧紧；塔片就位时，若回松过头，不得再提升就位。可先用尖头扳手撬动塔片，使吊件活动，确认没有卡住或拉牢，方可慢慢提升；当构件一侧连接完好后，不得再进行提升，这样会造成起吊绳超载，甚至被拉断，或折断抱杆。

3.5.2.3　主要工器具的配置

按构件高度 6.0m，塔片质量为 500kg，已组塔段上端至被吊构件间的水平距离为 0.4m，经计算外抱杆组塔工器具见表 3-34。

表 3-34　　外抱杆组塔工器具表

序号	名称	规格或型号	单位	数量	质量/kg	备注
1	杉木抱杆	ϕ160mm×8m（δ≮0.8%）	副	1	100	δ为径增率
2	机动绞磨	30kN	台	1	100	
3	铁滑车	10kN，单轮，开口	只	4	18	
4	双钩	10kN	把	4	20	
5	卸扣	ϕ18mm	只	10	10	
6	卸扣	ϕ16mm	只	10	10	
7	“U”形挂环	U-10	只	4	2	
8	角钢桩	75mm×8mm×1500mm	根	8	95	
9	钢丝绳	ϕ7.7mm×45m（6×19）	条	4	5	拉线用
10	钢丝绳	ϕ7.7mm×120m（6×19）	条	1	50	提升绳
11	钢丝绳	ϕ11mm×2.5m（6×19）	条	4	4	吊点绳
12	钢丝绳套	ϕ7.7mm×1m（6×19）	条	6	4	
13	钢丝绳套	ϕ9.3mm×1.2m（6×19）	条	6	4	
14	钢丝绳套	ϕ9.3mm×0.6m（6×19）	条	6	1	
15	白棕绳	ϕ14mm×50m	条	4	44	控制绳
16	白棕绳	ϕ14mm×30m	条	2	46	
17	尖头扳手	ϕ16mm×300mm	把	8	8	
18	尖头扳手	ϕ20mm×350mm	把	8	8	
19	铁锤	7.2kg	把	2	16	
20	铁锤	1.8kg	把	6	12	
21	圆锉	ϕ16mm×0.3m	把	2	2	
22	钢钎	ϕ25mm×1.5m	根	4	30	
23	方垫木	150mm×150mm×800mm	根	30	300	组装用
24	圆木	ϕ120mm×2m	根	1	12	补强用
25	木杠	ϕ80mm×2m	根	5	15	

4 架空线架线技术措施

4.1 架线施工前的准备

4.1.1 技术准备

为了保证架线工程的施工质量，减少返工和差错，必须仔细审查架线施工图，包括电气部分的杆塔明细表、机电安装图、杆上设备安装表及相应的施工说明。检查施工图是否齐全，关联图纸是否有冲突，如有差错应及时向项目负责人提出。

组织对全线进行调查。重点是交叉跨越及障碍物的情况调查，并核对与施工图是否相符，必要时应对挡距和交叉跨越物进行复测，对组立的杆塔的质量进行复检，确定耐张段弧垂观测挡。做好记录，为编制施工方案提供依据。

当被跨越的电力线停电困难时，必须做好现场的勘察工作，做好记录，为编制不停电跨越线路技术措施提供计算依据。

4.1.2 材料准备

架线施工的主要材料有架空线线材、绝缘子、各种金具和杆上设备。根据线材、绝缘子、金具和杆上设备的标准及设计图纸，检查其外观和试验报告是否符合要求，型号是否与设计图纸相符。做好设备材料产品合格证和说明书的保存工作。具体质量检验要求详见第 2 章相关内容。

4.1.3 施工机具准备

根据确定的施工方案，检查各类施工工器具外观、容许荷载、试验周期、数量是否符合要求。牵引及起重工器具均不应以小代大使用。

4.1.4 障碍物清除

清除线路走廊内的障碍物，不仅为线路施工创造有利条件，也为线路投运后的安全运行提供保障。配电线路走廊内的障碍物，主要包括树木、毛竹及按设计要求应拆迁的电力线、通信线等。

在砍伐树木和毛竹时必须注意保护环境，严禁乱砍滥伐。砍伐前应与当地林业部门（或林场或物主）联系，取得同意后再安排砍伐。

涉及拆迁电力线和通信线等，应事先与相关部门办理拆迁协议后，由业主部门负责拆迁。

4.1.5 架空线弧垂计算

架空线弧垂计算和观测是架线工程的重要环节，保障架空线路投运后，其最大运行张力始终在设计范围内，确保线路安全运行。

1. 代表挡距

一般情况下，耐张段中各挡导线在一种气象条件下的水平张力（水平应力）总是相等或基本相等的，这个相等的水平应力称为该耐张段内的代表应力，而这个代表应力所对应的挡距就称为该耐张段的代表挡距，即连续挡耐张段的多个挡距对应力的影响可用代表挡距来等价反映。

当耐张段中各挡悬点高差$\frac{h}{l}<10\%$时，其代表挡距 l_0 为

$$l_0=\sqrt{\frac{\sum l_i^3}{\sum l_i}} \tag{4-1}$$

式中 l_i——耐张段各挡的挡距，m。

当耐张段中各挡悬点高差$\frac{h}{l}\geqslant 10\%$时，其代表挡距 l_0 为

$$l_0=\sqrt{\frac{\sum l_i^3\cos\varphi_i}{\sum\frac{l_i}{\cos\varphi_i}}} \tag{4-2}$$

其中
$$\varphi_i=\arctan\frac{h_i}{l_i} \tag{4-3}$$

式中 φ_i——耐张段各挡架空线悬挂点间高差角，(°)。

h_i——耐张段各挡架空线悬挂点间的高差，m。

2. 架空线的弧垂（也称弛度）

根据耐张段代表挡距 l_0 和当时的施工温度，查弧垂安装曲线或数字表（由设计单位提供），采用插入法计算出代表挡距的弧垂 $f_0(m)$。则观测挡的弧垂换算公式为

观测挡等高$\left(\frac{h}{l}<10\%\right)$时
$$f_c=f_0\left(\frac{l_c}{l_0}\right)^2 \tag{4-4}$$

悬挂点不等高$\left(\frac{h}{l}\geqslant 10\%\right)$时
$$f_c=\left(\frac{l_c}{l_0}\right)^2\frac{f_0}{\cos\varphi_c} \tag{4-5}$$

式中 f_c、l_c——观测挡弧垂和挡距，m；

$\cos\varphi_c$——观测挡的悬点高差角，(°)。

4.2 跨越架安装

4.2.1 跨越架作用和分类

为保证架线工序顺利进行，当架线施工段有障碍物时，应针对障碍物的大小、重要性及其他条件，确定是否需要搭设跨越架和搭设何种型式的跨越架，以保证被跨越物不被损

害。跨越架的分类如下：

1. 按被跨越物分类

有电力线、弱电线、公路、铁路和架空索道等。现行公路和铁路部门要求10kV及以下电力线不容许跨越高速公路和铁路。

2. 按其重要性分类

（1）一般跨越架。高度在15m及以下且被跨越物为10～110kV电力线（停电架线），二级及以下弱电线，除高速公路以外的公路和乡村大道，除电气化铁路的单、双轨铁路。

（2）重要跨越架。高度在15m以上、35m以下；10～110kV电力线不停电架线（指在架线时被跨越电力线带电，搭设或拆除跨越架时被跨电力线应停电）；一级及军用弱电线；高速公路。

（3）特殊重要跨越架。高度在35m以上；搭设、拆除跨越架时，10kV及以上电力线不能停电。

3. 按使用材料分类

有竹杆（或木杆）跨越架、小钢管跨越架、铝合金结构式跨越架和钢绞线或钢丝绳作索道的跨越架等。

10kV架空配电线路主要采用竹杆（或木杆）跨越架和小钢管跨越架。本书主要介绍由该类材料组成的跨越架搭设要求。

4.2.2 跨越架设计与施工要求

跨越架安装前应在现场勘察的基础上进行安装计算，为跨越架施工方案提供依据。计算内容主要包括跨越架高度、宽度和跨越架间的距离等。

1. 跨越高度要求

当跨越架地面与被跨越物地面在同标高时，跨越架高度应满足

$$h \geqslant H_{max} + a + f \tag{4-6}$$

式中 h——跨越架的最小高度，m；

H_{max}——被跨电力线最高点对地高度或封顶杆对公路的安全距离，m；

a——不同电压等级的电力线与封顶架面的最小垂直距离，m；

f——跨越架封顶网的弧垂，m。封顶杆用竹（木）杆时，$f=0$；采用尼龙封顶网时，$f=1\sim2$m（视跨距选择）。

当跨越架地面与被跨越物地面不同标高时，应测出高差距离，进行相应的修正。

2. 跨越架宽度要求

$$b \geqslant \frac{B_1 + 2M}{\sin\beta} \tag{4-7}$$

式中 b——跨越架的宽度，m；

B_1——施工线路的线间距离，即投影到地面最大两相间的距离，m；

M——跨越架顶面超出施工线路的宽度，m；

β——施工线路与被跨越物的交叉角，(°)。

3. 跨越架顶面跨距要求

$$L \geqslant B_2 + 2D \quad (4-8)$$

式中 L——跨越架顶面的最小跨距，m；

B_2——被跨越电力线两边线间的水平距离，m，见表4-2；

D——跨越架内侧主杆或主柱外缘（金属架）至被跨越电力线的最小水平距离，m。

4. 架顶宽度要求

跨越架的中心应与展放的导（地）线重合，架顶宽度应符合下列规定：

（1）停电架线时，宽度应超出展放的导（地）线中心各1.5m。

（2）不停电架线时，宽度应超出展放的导（地）线中心各2m。

（3）三相导线同时采用一组跨越架时，其架顶宽度应超出两边线各1.5～2.0m。

（4）架顶两侧应装设外伸羊角撑杆。

5. 最小安全距离

（1）跨越架与铁路、公路及弱电线的最小安全距离见表4-1。

表4-1　跨越架与被跨越物的最小安全距离　　单位：m

跨越架部位	被跨越物名称		
	铁路	公路	弱电线
与架面水平距离①	3（至路中心）	0.6（至路边）	0.6
与封顶杆垂直距离①	7（至轨顶）	6（至路面）	1.5
与绝缘网垂直距离②	8（至轨顶）	7（至路面）	2.5

① 取自《超高压架空输电线路张力架线施工工艺导则》。

② 由于绝缘网受力后可能下垂，故应比封顶杆增大1.0m（限制跨距在50m以内）。

③ 对铁路和高速公路，10kV架空线路不得跨越。

（2）跨越多排铁路、宽面公路时，跨越架如不能封顶，应增加架顶高度。

（3）跨越架与带电体之间的最小安全距离在考虑施工最大风偏后不得小于表4-2要求。

表4-2　跨越架与带电体最小安全距离

跨越架部位		被跨越电力线电压/kV			
		≤10	35	110	220
架面与导线的水平距离/m①		1.5	1.5	2.0	2.5
无地线时，与带电体垂直距离/m	封顶杆②	2.0	2.0	2.5	3.0
	封顶网③	3.0	3.0	3.5	4.0
有地线时，与带电体垂直距离/m	封顶杆②	1.0	1.0	1.5	2.0
	封顶网③	2.0	2.0	2.5	3.0

① 取自《电力建设安全工作规程》。

② 取自《超高压架空输电线路张力架线施工工艺导则》，比安全规程大0.5m。

③ 取自《架空送电线路施工手册》。

6. 跨越架验收

搭设重要和特殊重要的跨越架，搭设后必须由项目安全负责人组织验收。验收内容包括是否按规定的跨越方案施工，是否符合安全规程的要求，是否设置警告牌等。

4.2.3 竹杆、木杆和小钢管跨越架搭设

1. 基本要求

(1) 竹杆、木杆和小钢管适用于搭设一般跨越架和部分重要跨越架。跨越架高度不宜大于15m，超过15m的跨越架应编制专项跨越施工方案。

(2) 用竹（木）杆搭设跨越架时，竹（木）杆外观检查应无腐烂、横裂等缺陷。用于主杆（即立杆）的弯曲度应小于1%；用于横杆的弯曲度应小于4%。竹杆间、木杆间或竹杆与木杆间的连接一般采用8～10号镀锌铁线绑扎。

(3) 用小钢管搭设跨越架时，其外径应统一规格，使用专用钢管夹头连接，外观检查无严重锈蚀及明显弯曲。

2. 跨越架型式

(1) 单侧单排。适用于弱电线路，380V电力线及乡间公路，如图4-1 (a) 所示。

(2) 双侧单排。适用于重要弱电线路，10kV及以下电力线及乡间公路，如图4-1 (b) 所示。

(3) 单侧双排。适用于35kV及以下电力线路、重要一级弱电线路及公路、铁路，其高度宜限制在10m以下，如图4-1 (c) 所示。

(4) 双侧双排。适用于各种被跨越物，其高度宜限制在15m以下。高度超过15m的毛竹跨越架应为3排及更多排，应专门设计，如图4-1 (d) 所示。

(5) 双侧多排。根据需要设计。

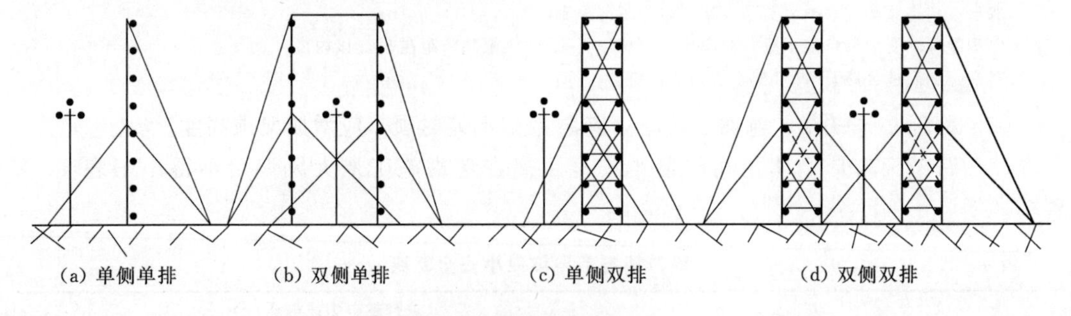

图4-1 跨越架的型式

3. 跨越架的搭设

以搭设双侧单排跨越架为例，具体操作步骤如下：

(1) 根据施工线路导（地）线的展放位置确定跨越架的高度、宽度及双侧间的距离（简称跨距），并注意跨越架与带电体满足表4-2要求，定出主杆的具体位置。

(2) 在主杆位置挖0.5m深的坑，且将坑底夯实后，竖立主杆。主杆采用棕绳拉线临时固定，每1.2m高度绑扎一层大横杆。大横杆与主杆交点处相互绑扎，由下至上进行操作。小横杆与大横杆应呈垂直布置。小横杆两头应与双侧主杆绑扎。

(3) 在接升至第二层主杆前，应在第一层主杆间绑扎交叉支杆及侧向支撑杆，以保持其稳定，如图4-2所示。侧向支撑杆埋入地下深度不小于0.3m，对地夹角不宜大于60°。

(4) 跨越架宽度在6m及以下时，一般设一副交叉支杆（即剪刀撑），大于6m而小于

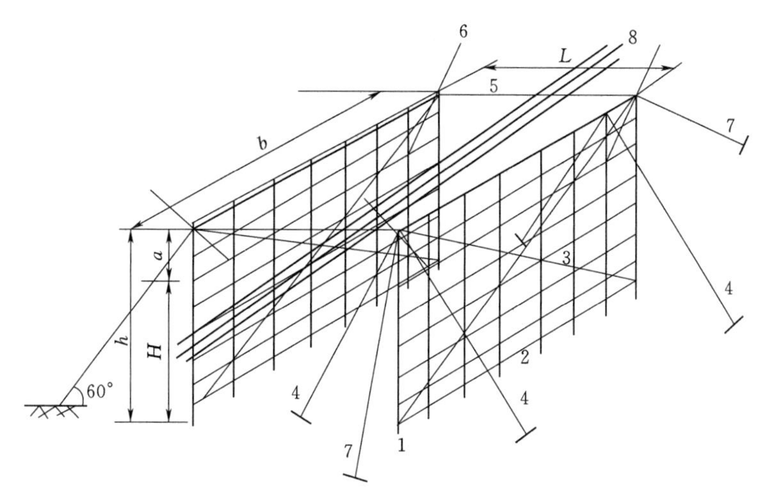

图 4-2　跨越架的搭设示意图

1—主杆（立杆）；2—横杆；3—剪刀撑；4—临时拉线；5—封顶杆；
6—羊角撑；7—侧拉线；8—被跨电力线

12m 时设两副支撑杆，以此类推。

（5）主杆与主杆及横杆与横杆间搭接长度不得小于 2.0m。如果梢径小于 5cm 时，搭接长度应不小于 2.5m。

（6）主杆及大横杆等搭设至设计高度后，如为跨越电力线或弱电线时，应在两侧主杆间绑扎内交叉支撑杆，以保持顺线路方向的稳定。内交叉支撑杆与电力线或弱电线间应满足安全距离要求。

（7）如果需要封顶时，应检查毛竹、木杆的长度能满足跨距要求。竹（木）杆长度不得小于跨距的 1.1 倍。封顶用的竹（木）杆不得搭接。封顶竹（木）杆应垂直大横杆布置，每根主杆不宜少于一根封顶横杆。

（8）封顶横杆绑扎后应在其上方靠近主杆内侧绑扎一根梢径不小于 6cm 的竹杆或梢径不小于 8cm 的木杆，其长度不小于 6m。该杆的作用是方便导（地）线或牵引绳的拖牵。封顶杆的两侧应绑扎羊角外伸支杆。沿被跨越物长度方向的架顶，每侧增设一条 ϕ11mm 钢丝绳且收紧后拉至地面固定。

（9）在跨越架外侧的前后打上临时拉线，拉线采用 ϕ9.3mm 钢丝绳，配置 10kN 双钩调节器，对地夹角不大于 45°、跨越架宽度不大于 3m 时，每侧应设两条拉线；3～6m 时，应设三条拉线，依此类推。

（10）跨越架搭设后应在显著位置悬挂警告牌和经监理单位验收合格的标志牌。

4. 跨越架的材料要求

（1）以毛竹作主杆、横杆及支杆时，小头直径应不小于 5cm；以木杆作主杆、横杆及支杆时，小头直径应不小于 7cm。若直径小于规定时，可取双杆合并或单杆加密使用。

（2）跨越架的主杆、横杆应错开搭接，搭接绑扎时大头压在小头上，绑扎不得少于三圈，绑扎点处如果有两个以上杆件时，应先将其中两根绑绕三圈后，再交叉绑第三根，绑绕不少于三圈。

（3）小钢管跨越架宜用外径为ϕ48～51mm的钢管。主杆、横杆应错开搭接，搭接长度不得小于0.6m。

5. 跨越架搭设的安全要求

（1）各种类别跨越架的主杆、横杆的间距不得大于表4-3的规定。

表4-3　主杆、横杆的间距值　单位：m

跨越架类别	主杆	大横杆①	小横杆②
小钢管	2.0	1.2	1.5
木杆	1.5	1.2	1.0
毛竹	1.5	1.2	1.2

① 顺被跨越物长度方向的横杆为大横杆。

② 垂直于大横杆的横杆为小横杆，其间距值可供参考。

（2）跨越架的主杆应垂直地面。遇松土或无法挖坑时，应绑扫地杆（即紧靠地面固定主杆的支杆）。跨越架的横杆应与主杆成直角搭设。

（3）强风、暴雨后应对跨越架进行安全检查。发现跨越架交叉点松动后应重新绑扎，拉线应重新调整。拉线的锚固若为角钢桩，应视情况确定加深或拔出重打。

（4）拆除跨越架是搭设跨越架的逆程序，应由上而下逐根拆除，先拆横杆，再拆支杆，最后拆主杆，分层进行。严禁主杆、横杆整体推倒，严禁上下层同时拆除。

（5）跨越架的用料估算。单侧单排的毛竹跨越架每平方米约0.5根（适用于10m及以下高度）；双侧单排的毛竹跨越架每平方米约1.1根（适用于12m及以下高度）。

4.2.4　不停电搭设跨越架搭设

架空配电线路跨越电力线一般采用停电跨越的方法。确因停电困难，需要带电跨越电力线，应编制专项跨越方案，经被跨越电力线的运行部门批准后方可实施。

1. 基本要求

（1）跨越10kV及以下电力线路施工前，应编写不停电搭设跨越架的施工技术措施，经施工单位总工程师签名，并经运行部门批准后实施。其措施必须按安全规程的规定，确保高处作业与带电体的最小安全距离符合表4-4规定。

表4-4　高处作业与带电体的最小安全距离　单位：m

项　目	带电体电压等级/kV						
	<1	10～20	35～66	110	220	330	500
工器具、安装构件、导（地）线与带电体的距离	1.5	3.0	4.0	5.0	6.0	7.0	8.5
作业人员的活动范围与带电体的距离	0.7	1.7	2.0	2.5	4.0	5.0	6.0
整体组立杆塔与带电体的距离	应大于杆塔高（自杆塔边缘到带电体的最近侧为杆塔高）						

（2）竹（木）跨越架外缘与带电体（应考虑风偏影响，下同）最小水平距离及各种跨越架的金属拉线与带电体的最小接近距离不得小于表4-4的第一行数据要求。

（3）应在晴朗天气条件下搭设跨越架，绝缘绳的耐压水平必须符合被跨越电力线的电压要求。任何绳、网有可能触及电力线时，其绳、网应选用防潮高强绝缘绳且使用前必须经过耐压试验，合格后方准使用。

(4) 被跨越电力线的重合闸应退出，且运行单位应派员现场监督配合。

(5) 封顶用的竹（木）杆严禁触及电力线，封顶的尼龙绳或绳网在未经耐压试验合格的不准触及电力线。经耐压及绝缘电阻试验合格的防潮绝缘绳、网，也应尽量以最少时间触及电力线。

2. 竹（木）跨越架的搭设

(1) 在地面竖立主杆前，必须丈量竹（木）杆长度，如果长度大于电力线对地距离，则必须顺电力线方向竖立，竖杆不得少于 2 人扶杆。

(2) 竹（木）杆间及与钢管间绑扎用 10 号镀锌铁线（每段长度不宜超过 1m)，且应绕成圈携带登杆，禁止带大捆铁线登杆。

(3) 杆上人员应沿主杆的外侧（内侧是电力线）向上攀登，且应站在主杆外侧进行作业。竹（木）杆往上传递应由外侧向上传递。

(4) 每竖立一根主杆，应立即挂一层防潮绝缘绳临时拉线。主杆竖立好后，应绑扎大横杆，最后绑扎交叉支撑杆及侧向支杆。下面一层主杆及横杆绑扎牢固后方准接长主杆，接长主杆必须由两人操作，一人扶杆，一人绑扎线，禁止一人单独操作接长主杆。

(5) 竹（木）杆接长到规定位置后，应在主杆的适当位置（距电力线保持安全距离）打好前后侧拉线并收紧固定。

(6) 对于双面单排竹、木跨越架除主杆、大横杆之外，还应在两面架体之间连接小横杆及交叉支撑杆，但其高度应满足对电力线安全距离的要求。对于双面双排竹、木跨越架，两排之间应连接小横杆及交叉支撑杆，保持架体稳定。

(7) 竹（木）跨越架的临时拉线应符合下列要求：

1) 竹（木）跨越架原则上只打一层拉线。内侧钢丝绳拉线挂点高度以保持拉线对电力线安全距离为准，外侧拉线挂点应选择在架顶主杆与横杆绑扎点处。

2) 拉线方向应与待展放的导（地）线方向一致。当交叉角大于 45°时，为保持跨越架稳定，应增设两对垂直被跨越电力线的临时拉线，一律设置在架体外侧。

3) 拉线选用 ϕ9.3mm 钢丝绳，下端串接 ϕ20mm 花兰螺丝或 10kN 双钩后，锚固在双联角钢桩上，桩的入土深度不得少于 1.0m，临时拉线对地夹角应不大于 60°。拉线调整好后，花兰螺丝（双钩应取下手柄）须用 10# ～8# 镀锌铁丝封锁牢固，防止花兰螺丝或双钩被拆或松动。

3. 封顶杆搭设

(1) 双侧架面间跨距在 6m 以下，而封顶杆长在 6.5m 以下时，可由 2 人扶杆，将竹杆小头伸向对侧，进行送杆封顶。

(2) 双侧架面间跨距在 6m 以下，但封顶杆长大于 6.5m 时，采用一头用绳拉杆，另一头送杆的办法封顶。

其操作要领为：先将 ϕ2～4mm 绝缘绳一头在一侧架顶固定，另一头拴一重物（如 ϕ16mm 延长环）越过架顶抛向另一侧；再利用该绝缘绳牵拉一根 ϕ10mm 绝缘绳两侧拉紧，利用 ϕ4mm 绝缘绳拴好封顶杆小头，套在 ϕ10mm 绝缘绳上，慢慢传送竹杆；一侧送杆，另一侧收紧绝缘绳拉杆，直到对侧能抓住封顶为止。

(3) 封顶杆的上方用1～2根绝缘绳与其相交叉绑扎固定。

4. 封顶网搭设

(1) 用抛掷法将ϕ2mm绝缘绳以跨越架一侧跨过电力线抛向另一侧跨越架，将绝缘绳拉至架顶并带一定的张力。

(2) 用ϕ2mm牵ϕ6mm绝缘绳，再用ϕ6mm牵ϕ20mm绝缘绳，经张拉在架顶两端固定形成滑道绳。

(3) 然后利用滑道绳将封顶网从一侧慢慢牵拉至另一侧，并固定在主杆与横杆交叉点处。

5. 拆除跨越架

带电拆除跨越架原则上是由原安装人员拆除，按安装跨越架的逆程序由上至下进行。如果拆除工作更换人员时，必须经安全技术交底后再上岗。拆除工作和搭设工作具有相同的危险性，同样应执行施工组织设计的有关规定。

4.3 非张力放线

4.3.1 放线前的准备工作

检查线路通道内的障碍物清除和跨越架搭设验收情况，准备直线杆塔安装绝缘子及放线滑车、导线布置及放线架架设等。

1. 绝缘子及放线滑车安装

架空配电线路绝缘子和放线滑车吊装，因其质量在15kg以下，可通过ϕ14mm棕绳用人力吊装。

放线滑车固定在横担上或采用ϕ6.3mm钢丝绳固定在横担上，检查放线滑车转动灵活，滑车开口处保险完好，放线滑车轮径及材质与导线相匹配。

绝缘子应逐个将表面清理干净并检查表面是否有破损，不符合要求严禁使用。绝缘子串及金具的组装必须符合设计图纸，检查碗头、球头与弹簧销之间的间隙，配合适当。

2. 导线布置

根据到货的导线和施工复测情况，做好导线的分段布置工作，并应遵循以下原则：

(1) 布置的导线应当接头最少，余线较小。紧线后的直线连接管不得在不容许接头的挡内出现。

(2) 放线段内的布线长度可根据地形，按放线段总长度的1.03～1.1倍控制。一般情况下，平地取1.03倍，丘陵地取1.05倍，山区取1.1倍。

(3) 放线点尽量选择在放线段的地势较高处且地形较平坦的地方。

3. 放线架架设

放线架应牢固可靠，转动灵活，支撑线盘的轴杠应水平，并与牵引方向垂直。线轴出线应对准相应线别的方向，距牵引方向第一基杆塔不应小于导线悬挂点高度的2.5倍。放线架应设置简易的制动装置，导线出口从线盘下方引出。

4.3.2 人力放线

人力放线中应设专人在前面领线。负责引导拖线人员对准线路方向拖线，不得转弯或绕道；负责与放线后方（放线场及护线人员）的通信联系；负责按施工方案将导线安全翻过跨越架；负责配合每基杆塔杆上人员，将导线穿过滑车。

人力放线的人员组织，应根据导线型号、放线长度和地形情况，以及同时展放导线的根数，计划好放线人员的数量（按估算牵引力计算）。

每拖到一基杆塔时，导线应超过杆塔 20～30m 后停止拖动，杆上人员通过棕绳将导线放入开口滑车槽，并锁紧保险扣后，通知领线人继续拖线。

当沿线护线人员发现导线展放过程中有异常时，应及时通知领线人停止拖线，障碍消除后再行放线。

4.3.3 机动牵引放线

山区架空配电线路因地形复杂、起伏大、植被茂盛，为保护环境和提高放线效率，采用机动牵引放线。

机动牵引放线是指用机动绞磨作为牵引动力，利用防扭钢丝绳作为牵引绳来牵拉导线，以达到展放导线的目的。机动牵引放线，宜每次牵一条导线，展放一条完毕再展放另一条导线。同时牵引两根导线时，要随时检查线位，防止交叉和打绞。

机动牵引放线前，应用人力在放线段内展放 ϕ10mm 防扭钢丝绳。牵引绳通过放线滑车的操作方法与人力放线相同。牵引绳与导线间用旋转连接器及网套连接器连接。

机动牵引放线前应选择机动绞磨安置场地，尽量布置在线路中心线上，以满足牵引各相导线时位置不变。如果地形限制也可设置转向滑车进行拐向牵引，机动绞磨应根据牵引力设置角钢桩或地锚固定。

机动牵引过程中各部位应保持通信畅通。

4.3.4 放线牵引力估算

非张力放线的牵引力受架空线自重、放线长度、悬挂点间高差、地形、滑车磨阻系数及挡距大小等许多因素影响。按拖线长度计算牵引力的估算公式为

$$T_D=(K_D L\pm\sum h)W \tag{4-9}$$

式中 K_D——拖地放线段长度的磨阻系数，取值为：$L=0.5\sim0.7$km，$K_D=0.6$；$L>0.7\sim1.0$km，$K_D=0.7$；$L>1.0\sim1.2$km，$K_D=0.8$；$L>1.2\sim1.5$km，$K_D=0.9$；$L>1.5$km，$K_D=1.0$。

L——放线段长度，即放线段的各挡距之和，m；

W——架空线的单位长度重量，N/m；

$\sum h$——放线段累计高差，牵引端高时取“＋”，反之取“－”，m。

4.4 架空线紧线施工

4.4.1 紧线前的准备工作

架空配电线路紧线施工一般采用非张力架线的紧线法。其紧线施工一般是以设计给定

的耐张段作为紧线段。耐张段一端的耐张杆塔用来紧线操作者，称为操作杆塔；另一端的耐张杆塔用来挂线操作者，称为锚线杆塔。

1. 临时拉线布置要求

（1）不论是操作杆塔还是锚线杆塔，紧线前都必须设置临时拉线。临时拉线的作用是平衡部分紧线水平张力，达到对耐张杆塔（含横担）进行加固的目的；预防耐张杆塔变形影响弧垂；对某些带拉线转角杆塔可以增强其稳定性。

（2）带拉线的耐张、转角混凝土电杆以及钢管杆和角钢塔，每相导线都要打设一根临时拉线，打设位置应在相应的导线延长线方向，对地夹角一般不大于45°，并用双钩调节装置。

（3）耐张杆塔临时拉线的张力，一般按平衡导（地）线紧线张力的50%计算。临时拉线布置如图4-3所示。

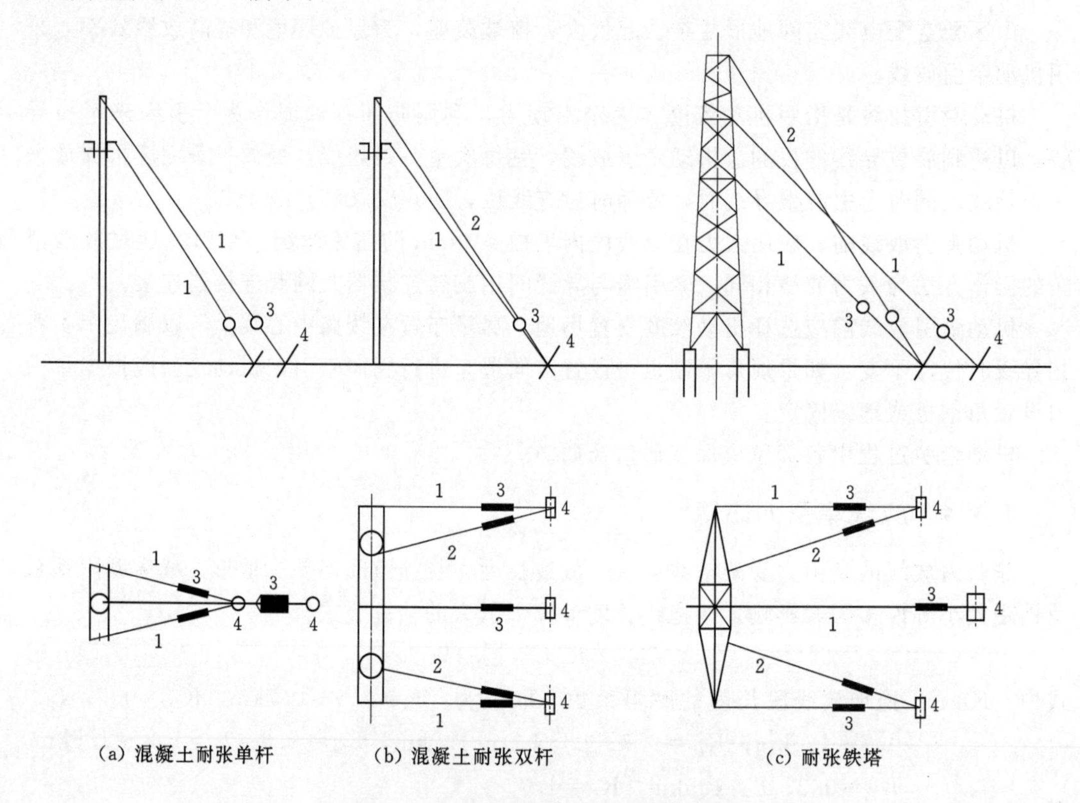

图4-3　耐张杆塔临时拉线布置示意图

1—导线临时拉线；2—地线临时拉线；3—双钩；4—钢锚或地锚

图中1、2临时拉线应采用经检验合格的钢丝绳；图中3双钩应采用经检验合格的可调节双钩紧线器；图中4钢锚或地锚应采用角钢桩（圆钢桩）或埋入地下的地锚。其强度要求应经计算后确定，具体计算详见第8章8.2节。

（4）临时拉线固定。临时拉线上端应靠近挂线点且缠绕横担主材后用卸扣拴牢。当为平面或立体桁架横担时，应缠绕下平面两根主材一圈后再拉至横担非挂线侧拴牢，缠绕的钢丝绳应不妨碍挂线操作。临时拉线的下端应串接双钩，以便随时收紧拉线，临时拉线固定锚桩，应根据受力和土质情况，经计算确定采用角钢桩或地锚。

(5) 凡是耐张杆塔一侧的导（地）线已紧线，另一侧再挂线前不必再设临时拉线。如果其中一侧先挂线，使横担承受不平衡张力时，则必须在另一侧装设临时拉线。

2. 过牵引控制要求

为防止紧线施工过程中，杆塔的过牵引力过大。挂线时对孤立挡、较小耐张段过牵引长度，应符合设计提出的控制要求；设计无要求时，应符合以下要求：

(1) 耐张段长度大于 300m 时，过牵引长度不宜超过 200mm。

(2) 耐张段长度为 200～300m 时，过牵引长度不宜超过耐张段长度的 0.5‰。

(3) 耐张段长度小于 200m 时，过牵引长度应根据导线的安全系数不小于 2 的规定进行控制，变电所进出口挡除外。

4.4.2 紧线施工的步骤

紧线施工就是将展放在施工耐张段内杆塔放线滑车内的导线和地线，按设计提供的张力或弧垂把导地线收紧，悬挂在杆塔上，使导线保持一定的对地或交叉跨越物的距离，以保证线路在任何情况下都能安全运行。

紧线的顺序为先紧地线，后紧导线。三相导线水平排列时，先紧中导线，后紧边导线。如为双回路且垂直排列时，应先上导线，再紧中导线，最后紧下导线，应左右交错进行。

导地线的紧线施工包括紧线的现场布置，直线杆塔过线，锚线杆塔上挂线，操作杆塔收紧余线，观测导地线弧垂，操作杆塔上画印，割线安装耐张线夹及绝缘子串，操作杆塔上挂线等。架空配电线路紧线有高处画印紧线和地面画印紧线法。

4.4.3 高处画印紧线

1. 紧线的现场布置

紧线布置在操作杆塔上，其单线紧线布置如图 4-4 所示。

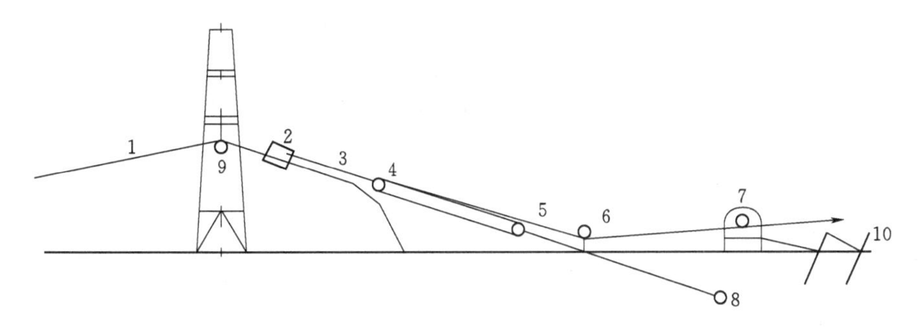

图 4-4 单线紧线布置示意图

1—导线；2—导线卡线器；3—总牵引绳；4—起重滑车；5—绞磨绳；6—地滑车；7—机动绞磨；8—地锚；9—画印滑车；10—钢管或角钢桩

(1) 紧线牵引侧的地锚出土点与操作杆塔之间水平距离应不小于挂线点高度的 2 倍，且与被紧导（地）线的方向成一直线。

(2) 机动绞磨应安置在较平坦的场地，牵引锚桩的位置，对直线耐张杆塔应设置在线路中心线上，对转角杆塔应设置在紧线挡中相导线延长线上。牵引绳对地夹角不宜大于

20°（相当于牵引绳长不小于挂线高度的2倍），绞磨必须用桩锚或地锚固定。

（3）紧线总牵引绳、地锚和牵引滑车应根据导线最大紧线张力并考虑过牵引后选择确定；绞磨绳、转向滑车和桩锚应根据滑轮组牵引力确定。具体计算详见第8章。

2. 紧线及画印

（1）将锚线塔的临时拉线适当收紧，使横担挂点向受力侧偏斜30～50mm，三相导线的永久拉线应同时调整，使其受力基本平衡。

（2）启动绞磨，收紧导（地）线的同时，应通知弧垂观测人员做好观测准备。当观测挡的弧垂接近设计弧垂时应停止牵引，待导（地）稳定后再观测弧垂，直至达到设计要求为止。

（3）当观测挡的弧垂符合要求后，操作杆塔上的人员进行高空画印。画印方法为：对准挂线孔中心吊一垂球，使垂球投影到导（地）线上，用红铅笔在投影点处画记号。画印后，松出导（地）线，使其缓慢落地。如在杆塔上安装耐张线夹，画印后即可确定割线位置，然后安装耐张线夹。

（4）在操作杆塔约50m处安装卡线器，其尾部连接一条ϕ12.5mm钢丝绳临时固定于地锚或铁塔基础上，防止导（地）线松下后落至山沟下方，不便绝缘子串与其连接。

（5）根据画印点计算割线位置，然后组装绝缘子串及耐张线夹。

4.4.4 地面画印紧线

地面画印紧线区别于高处画印紧线之处是紧线中的画印操作移至地面或低处（在塔腿处）进行，大大减少了高处作业，以免松线过多，造成割线、安装耐张线夹等操作困难。地面画印紧线一般用于大挡距山区配电线路和输电线路施工。

地面画印的操作程序为：抽余线、紧线、画印、松线、安装耐张线夹、挂线。

1. 画印滑车布置

画印滑车有两种布置方式：一种是布置在挂线孔投影的地面处，用角铁桩或地锚固定；另一种是布置在塔腿上或电杆根部近地面处。前一种布置方式可以简化计算，但画印滑车不易固定，一般使用后一种布置方式。当操作杆塔为水泥杆和铁塔时，其画印滑车布置分别如图4-5和图4-6所示。当操作杆塔为水泥杆时，画印滑车应绑扎在距地面约1m处的电杆杆身上。当操作杆塔为铁塔时，画印滑车布置在距地面1.5m的铁塔腿上。

2. 地面画印操作注意事项

（1）地面画印紧线前，必须调查紧线挡内有无障碍物。如果有电力线、通信线等悬空障碍物，导（地）线可在被跨越线的下方或上方穿过，但应验算对电力线的安全距离；如果操作挡内有突起的障碍物，应验算导（地）线最小悬挂高度，确保弧垂观测时导（地）线离开障碍物。

（2）地面画印紧线施工计算需要现场实测数据和画印滑车挂设假设高度，为避免出现误差，画印滑车位置必须按施工设计要求布置。

（3）画印记号应垂直线路方向，对正电杆轴心线或对准铁塔主材边缘的导（地）线上画印。

（4）应尽可能在导（地）线本身上画印。如果在牵引的钢丝绳上画印，导线应在拉紧状态下与钢丝绳上印记比量进行移印。

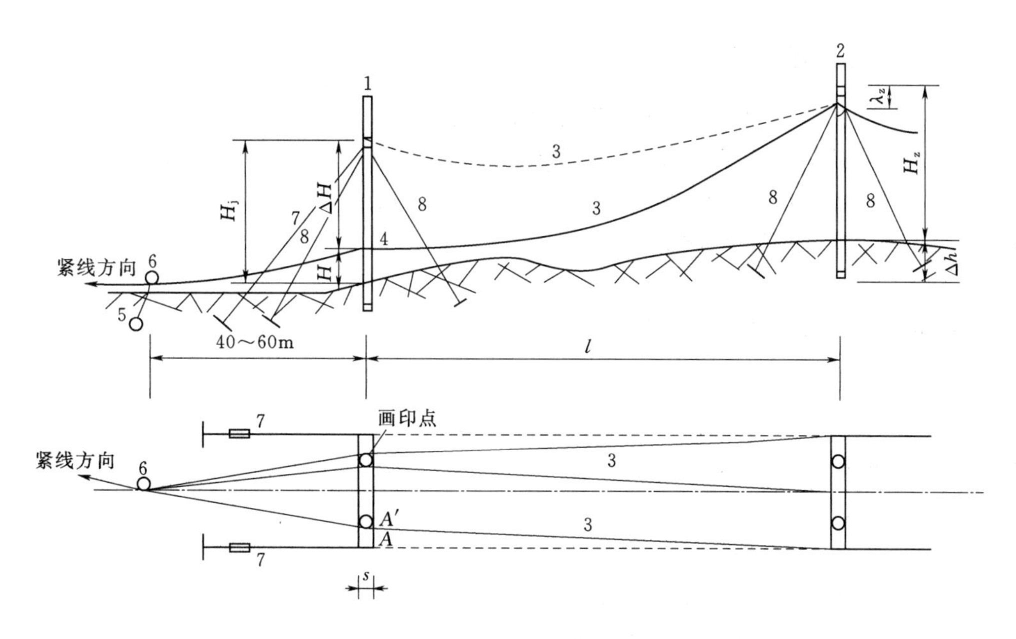

图 4-5　操作杆塔为水泥杆的画印滑车布置图

1—操作杆；2—相邻直线杆；3—架空线；4—画印滑车；5—紧线地锚；
6—转向滑车；7—紧线临时拉线；8—永久拉线（按设计配置）

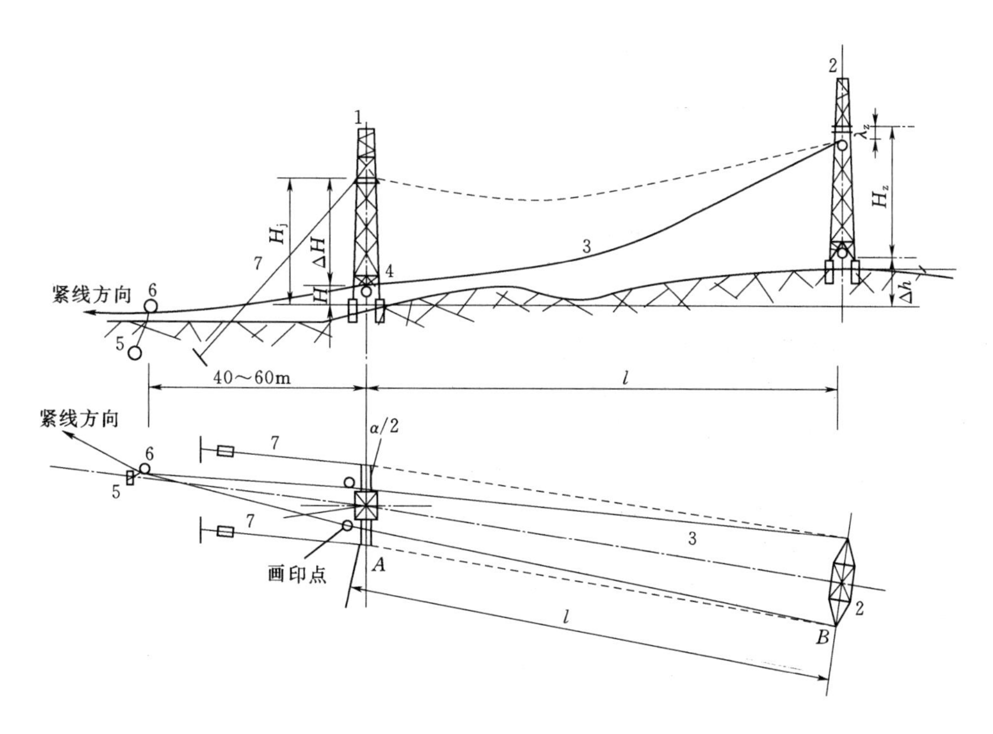

图 4-6　操作杆塔为铁塔的画印滑车布置图

1—操作塔；2—相邻直线塔；3—架空线；4—地面画印滑车；
5—紧线地锚；6—转向滑车；7—施工临时拉线

4.4.5 紧线施工计算

非张力放线的紧线施工计算包括临时拉线的选择、牵引绞磨的选择、锚桩的选择、紧线工具的选择和地面画印割线长度的计算等。对临时拉线的选择主要是确定其静张力（需承担紧线的平衡力）计算；对牵引绞磨的选择主要是确定耐张段导线的牵引力计算；锚板和紧线工具（双钩）根据荷载按第8章内容计算。

1. 临时拉线的静张力

按临时拉线平衡导（地）线紧线张力的50%计算，计算简图如图4-7所示，其计算公式为

$$P=\frac{0.5H}{\cos\beta\cos\gamma} \tag{4-10}$$

式中 P——临时拉线的静张力，N；

β——临时拉线对地面夹角，(°)；

γ——临时拉线与导（地）线的水平夹角，(°)；

H——导（地）线紧线的最大水平张力，N；考虑气象条件、过牵引等因素后取设计最大张力代替最大紧线张力。

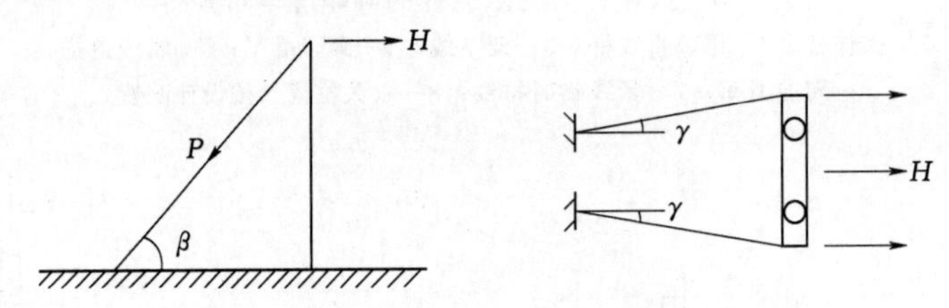

图4-7 临时拉线受力分析图

2. 单根导（地）线紧线时的牵引力计算

(1) 设耐张段架空线的紧线应力为σ_1，相应的牵引力P_1应为

$$P_1=\varepsilon(\sigma_1\varepsilon^n+g_1h_n)S \tag{4-11}$$

式中 ε——放线滑车的摩擦系数，一般取值为1.015；

σ_1——耐张段的架空线紧线应力，N/mm²；

n——远弛度观测挡至操作杆塔的放线滑车数；

h_n——紧线操作挡架空线最低点对操作杆塔架空线悬挂点的垂度（即高差），m；

S——架空线的截面积，mm²。

g_1——导（地）线自重比载，N/(m·mm²)。

(2) 若考虑架空线过牵引影响时，其挂线牵引力的计算式为

$$P_2=\varepsilon(\sigma_2\varepsilon^n+g_1h_n)S \tag{4-12}$$

其中

$$\sigma_2^3+\left(\frac{g_1^2l_{db}^2E_{db}}{24\sigma_1^2}-\frac{\Delta lE_{db}}{\sum\frac{l}{\cos\varphi}}-\sigma_1\right)\sigma_2^2=\frac{l_{db}^2g_1^2E_{db}}{24} \tag{4-13}$$

$$E_{db}=\frac{\sum\frac{l}{\cos\varphi}}{\sum\frac{l}{\cos\varphi^2}}E \tag{4-14}$$

式中　E——导线综合弹性系数，N/mm^2；

l_{db}——耐张段的代表挡距，m；

E_{db}——架空线的代表弹性系数，N/mm^2，当各挡悬挂点近似等高时，$E_{db}=E$；

Δl——架空线的最大过牵引长度，一般不超过200mm。

令
$$a=\left(\frac{g_1^2 l_{db}^2 E_{db}}{24\sigma_1^2}-\frac{\Delta l E_{db}}{\sum\frac{l}{\cos\varphi}}-\sigma_1\right),\quad b=\frac{l_{db}^2 g_1^2 E_{db}}{24}$$

则有
$$\sigma_2^3+a\sigma_2^2=b \tag{4-15}$$

即
$$\sigma_2^2(\sigma_2+a)=b \tag{4-16}$$

采用试凑法或公式解法求得架空线的过牵引应力σ_2。也可按设计图纸查出最大过牵引张力。

3. 紧线工器具配置举例

例：10kV架空配电线路，设其导线型号为JL/G1A-240/30，安全系数$k=4.5$。

按一个紧线段考虑，其直接收线法的施工机具配置见表4-5；采用滑轮组收线法的施工机具配置见表4-6。

表4-5　紧线机具配置表（直接收紧导线法）

分部	序号	机具名称	规　格	单位	数量	备　注
临时拉线部分	1	钢丝绳	ϕ11mm×25m	条	4	临时拉线
	2	钢丝绳套	ϕ12.5mm×1m	条	4	
	3	钢丝绳套	ϕ12.5mm×1.2m	条	4	
	4	双钩	20kN	把	4	临时拉线用
	5	滑车	10kN单开口	只	1	拉线用
	6	棕绳	ϕ14mm×40m	条	2	传递工器具用
	7	角钢锚桩	75mm×8mm×1600mm	根	6	
	8	卸扣	ϕ20mm	只	5	连接用
紧线部分	9	钢丝绳	ϕ12.5mm×50m	条	1	挂线总牵引
	10	钢丝绳	ϕ12.5mm×5m	条	1	锚线用
	11	钢绳套	ϕ12.5mm×1m	条	2	
	12	钢绳套	ϕ12.5mm×1.2m	条	4	
	13	棕绳	ϕ14mm×40m	条	2	控制用
	14	机动绞磨	20kN	台	1	牵引用
	15	挂线滑车	20kN单轮	只	多只	牵引用
	16	滑车	20kN单开口	只	1	牵引用
	17	角钢桩	75mm×8mm×1600mm	根	5	锚固用
	18	铁锤	8.2kg	把	2	
	19	卸扣	ϕ20mm	只	3	连接用
	20	紧线器	LGJ-240	只	2	

表 4-6　　　　紧线机具配置表（滑轮组收紧导线法）

分部	序号	机具名称	规格	单位	数量	备注
临时拉线部分	1	钢丝绳	ϕ11mm×25m	条	4	临时拉线
	2	钢丝绳套	ϕ12.5mm×1m	条	4	
	3	钢丝绳套	ϕ12.5mm×1.2m	条	4	
	4	双钩	20kN	把	4	临时拉线用
	5	滑车	10kN 单开口	只	1	拉线用
	6	棕绳	ϕ14mm×40m	条	2	传递工器具用
	7	角钢锚桩	75mm×8mm×1600mm	根	6	
	8	卸扣	ϕ20mm	只	5	连接用
紧线部分	9	钢丝绳	ϕ6.2mm×80m	条	1	挂线总牵引
	10	钢丝绳	ϕ12.5mm×5m	条	1	锚线用
	11	钢绳套	ϕ12.5mm×1m	条	2	
	12	钢绳套	ϕ12.5mm×1.2m	条	4	
	13	棕绳	ϕ14mm×40m	条	2	控制用
	14	机动绞磨	10kN	台	1	牵引用
	15	挂线滑车	20kN 单轮	只	多只	牵引用
	16	滑车	20kN 双轮	只	2	牵引用
	17	滑车	10kN 单开口	只	2	牵引用
	18	角钢桩	75mm×8mm×1600mm	根	4	锚固用
	19	铁锤	8.2kg	把	2	
	20	卸扣	ϕ20mm	只	3	连接用
	21	紧线器	LGJ-240	只	2	

4. 地面画印的施工计算

(1) 计算原理。采用地面画印的紧线方法，必须计算紧线操作挡地面画印时架空线的线长与该挡挂线后的架空线线长之差，设两种状态的线长差为 ΔL。计算原理图如图 4-8 所示。

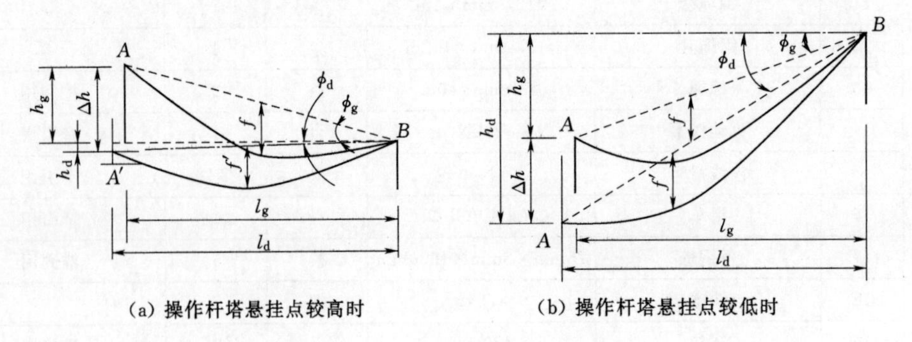

(a) 操作杆塔悬挂点较高时　　(b) 操作杆塔悬挂点较低时

图 4-8　地面画印计算原理图

则有

$$\Delta L=L_d-L_g \tag{4-17}$$

其中
$$L_d=\frac{l_d}{\cos\varphi_d}+\frac{g_1^2 l_d^3}{24\sigma^2}\cos\varphi_d,\quad L_g=\frac{l_g}{\cos\varphi_g}+\frac{g_1^2 l_g^3}{24\sigma^2}\cos\varphi_g$$

$$\varphi_d=\arctan\frac{h_d}{l_d},\quad \varphi_g=\arctan\frac{h_g}{l_g}$$

式中 L_d——紧线操作挡地面画印时的架空线线长，m；

L_g——挂线后操作挡的架空线线长，m；

l_d——操作挡架空线在地面画印位置的水平距离，m；

l_g——操作挡架空线在挂线位置的水平距离，m；

h_d——操作挡架空线在地面画印位置的悬挂点间高差，m；

h_g——操作挡架空线在挂线位置的悬挂点间高差，m；

φ_d——操作挡架空线在地面画印位置的高差角，(°)；

φ_g——操作挡架空线在挂线位置的高差角，(°)。

将上述公式整理得

$$\Delta L=\frac{l_d}{\cos\varphi_d}-\frac{l_g}{\cos\varphi_g}+\frac{g_1^2}{24\sigma^2}(l_d^3\cos\varphi_d-l_g^3\cos\varphi_g) \tag{4-18}$$

根据实际工程计算经验，上述右侧第3项数值极小，忽略不计对施工计算产生的误差在容许范围内，由此可得两种状态下线长差的近似公式为

$$\Delta L=\frac{l_d}{\cos\varphi_d}-\frac{l_g}{\cos\varphi_g} \tag{4-19}$$

具体线长差计算与操作杆塔的杆型有关。

(2) 当操作杆塔为直线型杆塔时。

1) 直线耐张铁塔。操作杆塔为直线耐张铁塔的架空线位置如图4-9所示。

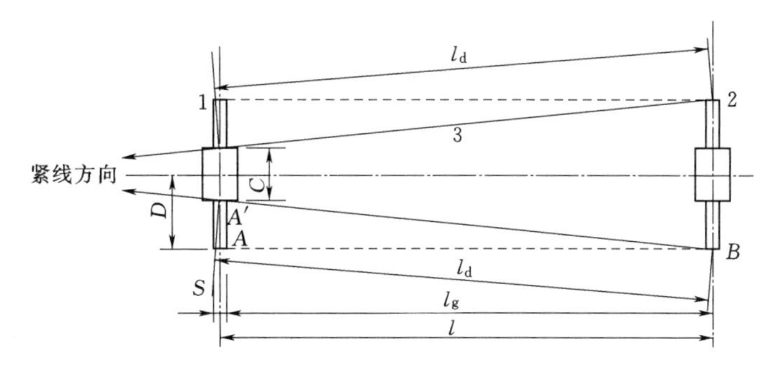

图4-9 操作杆塔为直线耐张铁塔的架空线位置

1—操作杆塔；2—相邻直线塔；3—架空线

对于两边线：
$$l_d=\sqrt{l^2+\left(D-\frac{C}{2}\right)^2},\quad l_g=l-\frac{S}{2} \tag{4-20}$$

对于中相线：
$$l_d=\sqrt{l^2+\left(\frac{C}{2}\right)^2},\quad l_g=l-\frac{S_z}{2} \tag{4-21}$$

式中　l——操作挡挡距，m；

S_z——中相线挂点处的横担宽度，m；

D——操作塔中心至横担两边线挂点间在垂直线路方向的水平距离，m；

C——地面画印点断面处的塔身宽度，m；

S——两边线挂点处的横担宽度，m。

2）直线耐张混凝土水泥杆。地面画印布置如图 4-10 所示。

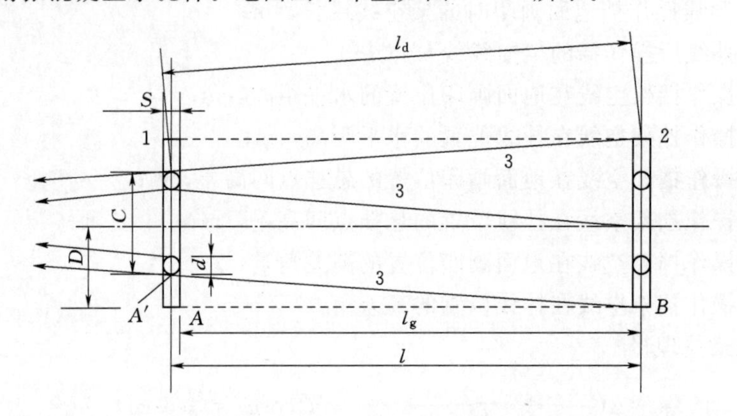

图 4-10　操作杆塔为直线耐张混凝土水泥杆的地面画印布置图

1—操作耐张杆；2—相邻直线杆；3—架空线

对于两边线：$$l_d=\sqrt{l^2+\left(D-\frac{C}{2}\right)^2},\quad l_g=l-\frac{S}{2}\tag{4-22}$$

对于中相线：$$l_d=\sqrt{l^2+\left(\frac{C}{2}-d\right)^2},\quad l_g=l-\frac{S_z}{2}\tag{4-23}$$

式中　d——画印滑车悬挂处耐张混凝土电杆外径，m；

C——两电杆外缘间的水平距离，m；

S_z——操作杆中相线挂点间的横担宽度，m。

(3) 当操作杆塔为转角杆塔时。

1）转角耐张铁塔。地面画印布置如图 4-11 所示。

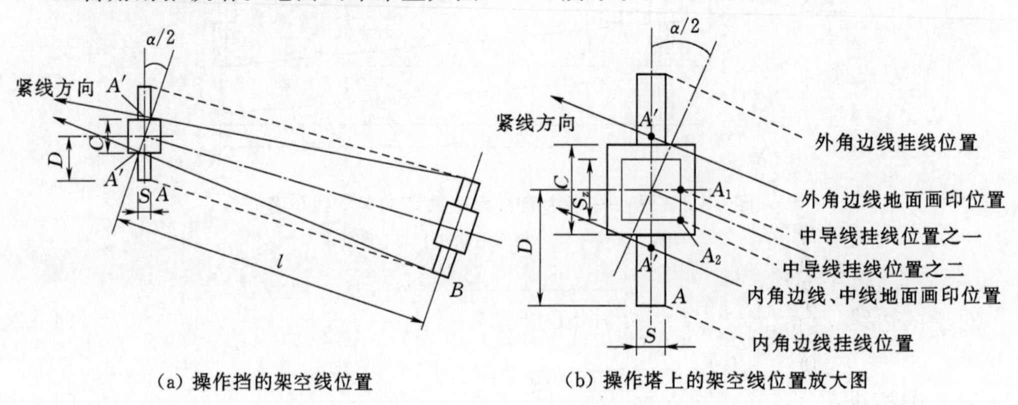

(a) 操作挡的架空线位置　　(b) 操作塔上的架空线位置放大图

图 4-11　操作杆塔为转角铁塔的地面画印布置图

对于外角边导线，有

$$l_{du}=l+\left(\frac{C}{2}+\frac{C}{2}\tan\frac{\alpha}{2}\right)\sin\frac{\alpha}{2} \tag{4-24}$$

$$l_{gu}=l+\left(D\sin\frac{\alpha}{2}-\frac{S}{2}\cos\frac{\alpha}{2}\right) \tag{4-25}$$

式中　α——线路水平转角，(°)。

对于内角边导线，有

$$l_{dn}=l-\left(\frac{C}{2}+\frac{C}{2}\tan\frac{\alpha}{2}\right)\sin\frac{\alpha}{2} \tag{4-26}$$

$$l_{gn}=l-\left(D\sin\frac{\alpha}{2}+\frac{S}{2}\cos\frac{\alpha}{2}\right) \tag{4-27}$$

中相导线的挂线及画印示意图如图 4-12 所示。

当挂线点在塔中心 A_1 点时

$$l_{dz}=l-\left(\frac{C}{2}+\frac{C}{2}\tan\frac{\alpha}{2}\right)\sin\frac{\alpha}{2} \tag{4-28}$$

$$l_{gz1}=l-\frac{S_z}{2}\cos\frac{\alpha}{2} \tag{4-29}$$

当挂线点在塔身边缘 A_2 点时

$$l_{dz}=l-\left(\frac{C}{2}+\frac{C}{2}\tan\frac{\alpha}{2}\right)\sin\frac{\alpha}{2} \tag{4-30}$$

$$l_{gz2}=l-\frac{S_z}{2}\left(\cos\frac{\alpha}{2}+\sin\frac{\alpha}{2}\right) \tag{4-31}$$

2）转角耐张混凝土杆。地面画印布置如图 4-13 所示。

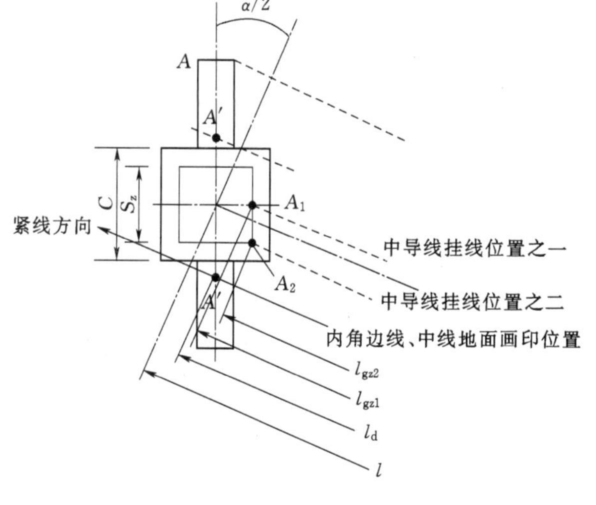

图 4-12　操作塔的中相导线挂线及画印位置

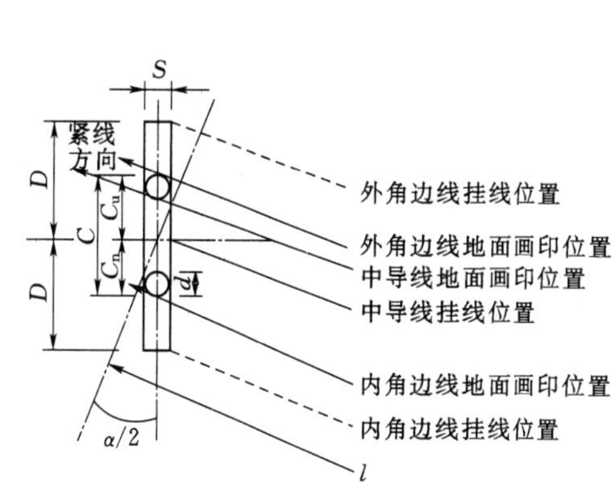

图 4-13　操作杆塔为转角混凝土电杆的地面画印布置

对于外角边导线，有

$$l_{du}=l+C_u\sin\frac{\alpha}{2} \tag{4-32}$$

$$l_{gu}=l+\left(D\sin\frac{\alpha}{2}-\frac{S}{2}\cos\frac{\alpha}{2}\right) \tag{4-33}$$

对于内角边导线，有

$$l_{dn}=l-C_n\sin\frac{\alpha}{2} \tag{4-34}$$

$$l_{gn}=l-\left(D\sin\frac{\alpha}{2}+\frac{S}{2}\cos\frac{\alpha}{2}\right) \tag{4-35}$$

对于中相导线，有

$$l_{dz}=l-(C_u-d)\sin\frac{\alpha}{2} \tag{4-36}$$

$$l_{gz}=l-\frac{S}{2}\cos\frac{\alpha}{2} \tag{4-37}$$

5. 割线长度的计算

地面画印紧线的割线长度为

$$\Delta L'=\Delta L+\lambda-\lambda_1 \tag{4-38}$$

式中 λ——耐张绝缘子串及金具的长度，m；

λ_1——预留跳线的长度，m；当为压接式耐张线夹时，$\lambda_1=0$。

4.4.6 弧垂的观测与调整

4.4.6.1 弧垂计算和观测挡选择

1. 观测挡弧垂计算和误差标准

(1) 按设计提供的安装弧垂表，先计算出代表挡距弧垂，然后将代表挡距弧垂换算到观测挡弧垂，具体计算公式详见式（4-4）和式（4-5）。

(2) 紧线弧垂在挂线后应随即在该观测挡检查，10kV 及以下配电线路弧垂容许偏差为±5%。跨越通航河流的跨越挡弧垂容许偏差为±1%，其正偏差不应超过 1m。各相间弧垂的相对偏差最大值应不超过 50mm。

2. 弧垂观测挡的选择

弧垂观测挡的选择应符合下列规定：

(1) 紧线段在 5 挡及以下时，靠近中间选择一挡；紧线段在 6～12 挡时，靠近两端各选择一挡；紧线段在 12 挡以上时，靠近两端及中间各选择一挡。

(2) 观测挡宜选择挡距较大和悬挂点高差较小及接近代表挡距的线挡；弧垂观测挡的数量可以根据现场条件适当增加，但不得减少。

(3) 观测挡应具有代表性。如连续倾斜挡的高处和低处，较高悬挂点的前后两侧，相邻紧线段的结合处，重要跨越物附近的线挡应设观测挡。

(4) 宜选择对邻近线挡监测范围较大的塔号作测站。不宜选择邻近转角塔的线挡作为观测挡。

4.4.6.2 等长法观测弧垂

等长法又称平行四边形法。在条件许可时，应优先选用等长法。等长法观测弧垂布置如图 4-14 所示。

等长法观测弧垂应同时满足下列要求

$$h<20\%l \tag{4-39}$$

$$f\leqslant h_a-2 \tag{4-40}$$

$$f\leqslant h_b-2 \tag{4-41}$$

式中 h——观测挡导线悬挂点间的高差，m；

f——观测挡挡距的中点弧垂，m；

h_a——测站端导线悬挂点至基础面的距离，m；

h_b——视点端导线悬挂点至基础面的距离，m。

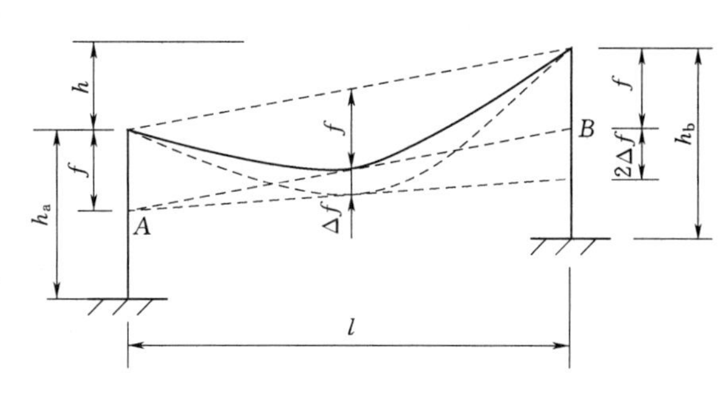

图 4-14　等长法观测弧垂布置图

气温变化时的弧垂调整。在测量导（地）线弧垂时，若气温变化导致架空线温度发生变化，此时应调整观测的弧垂。其方法：保持测站端弧垂板不动，在视点端调整弧垂板；气温升高时，将弧垂板向下移一小段距离 Δa；气温降低时，将弧垂板向上移一小段距离 Δa，Δa 为

$$\Delta a=2\Delta f \tag{4-42}$$

式中 Δa——视点端因气温变化而应上下移动的距离，m；

Δf——因气温变化观测挡弧垂的变化值，m。

4.4.6.3　异长法观测弧垂

观测挡两端弧垂板绑扎位置不等高进行弧垂观测，即为异长法，异长法适用于观测挡架空线悬挂点高差较大情况，能保证视线切点靠近弧垂最低点，减少观测误差。其观测弧垂的布置如图 4-15 所示。

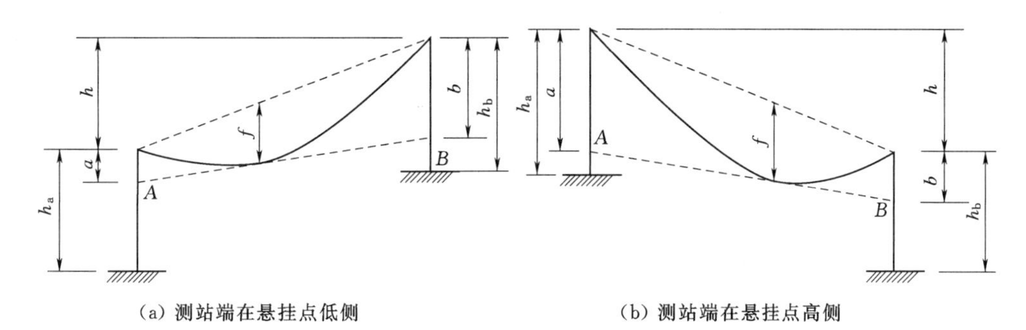

图 4-15　异长法观测弧垂布置图

两端弧垂板绑扎距离与弧垂的关系为

$$b=(2\sqrt{f_c}-\sqrt{a})^2 \tag{4-43}$$

式中 a——测站端导线悬挂点至弧垂板绑扎点的距离，m；

b——视站端导线悬挂点至弧垂板绑扎点的距离，m；

f_c——观测挡在施工气温下的架空线弧垂，m，f_c 计算见式（4-4）或式（4-5）。

操作方法为：先选择一适当的 a 值，根据观测挡弧垂 f 值，利用上述关系式求出

b 值。

异长法观测或检查弧垂应同时满足下列要求：

$b \leqslant h_b - 2$，且 $\frac{1}{4} \leqslant \frac{a}{f_c} \leqslant \frac{9}{4}$；或 $\frac{a}{f_c} = 0.408 \sim 1.83$。

气温变化时的弧垂调整和检查。

（1）调整方法。保持测站端弧垂板不动，在视点端调整弧垂板移动一段距离 Δa，$\Delta a = 2\Delta f \sqrt{\frac{a}{f_c}}$。

（2）检查方法。在观测挡相邻两杆塔上测得 a、b 值后，计算挡距中点弧垂 $f = \frac{1}{4}(\sqrt{a} + \sqrt{b})^2$。

4.4.6.4　角度法观测弧垂

应用经纬仪观测弧垂，即为角度观测法。适用于大挡距观测弧垂，用目视观测架空线切点比较模糊时，角度法观测准确、安全方便。一般分挡端、挡内、挡外 3 种情况，示意图如图 4－16 所示。

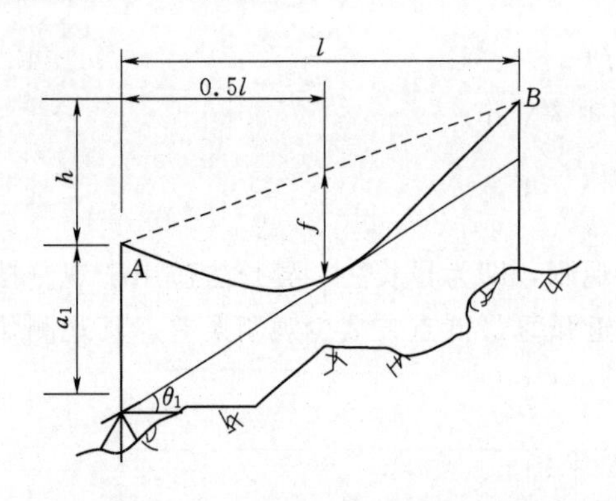

(a) 经纬仪挡端角度法观测弧垂示意图

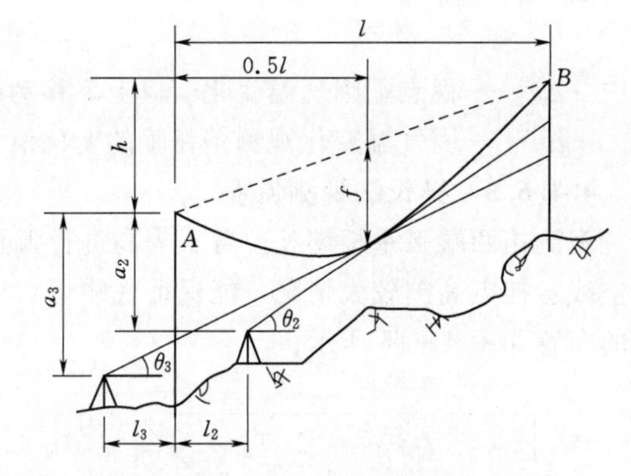

(b) 经纬仪挡内、挡外角度法观测弧垂示意图

图 4－16　经纬仪角度法观测弧垂示意图

1. 观测角和弧垂计算关系

（1）挡端（悬挂点下方）测角法。低悬挂点（仪器摆放位置点，下同）为

$$\theta_1 = \arctan\left(\frac{h}{l} + \frac{4\sqrt{fa_1} - 4f}{l}\right) \tag{4-44}$$

高悬挂点为

$$\theta_1 = \arctan\left(\frac{-h}{l} + \frac{4\sqrt{fa_1} - 4f}{l}\right) \tag{4-45}$$

已知观测角，可换算到观测弧垂为

$$f = \frac{1}{4}\left(\sqrt{a_1} + \sqrt{a_1 - l\tan\theta_1 \pm h}\right)^2 \tag{4-46}$$

式中　θ_1——观测挡弧垂的角度观测值，(°)。正值为仰角，负值为俯角；

h——观测挡架空线悬挂点之间的高差，m；

l——观测挡的挡距，m；

f——观测挡的弧垂，m；

a_1——望远镜中心至近悬挂点间的垂直距离，m。

（2）挡内测角法。

$$\theta_2=\arctan\left[\frac{\pm h+a_2-(2\sqrt{f}-\sqrt{a_2+l_2\tan\theta_2})^2}{l-l_2}\right] \tag{4-47}$$

$$f=\frac{1}{4}[\sqrt{a_2+l_2\tan\theta_2}+\sqrt{a_2-(l-l_2)\tan\theta_2\pm h}]^2 \tag{4-48}$$

仪器在低悬点侧 h 为正值，高悬点侧为负值。

（3）挡外测角法。

$$\theta_3=\arctan\left[\frac{\pm h+a_3-(2\sqrt{f}-\sqrt{a_3-l_3\tan\theta_3})^2}{l+l_3}\right] \tag{4-49}$$

$$f=\frac{1}{4}[\sqrt{a_3-l_3\tan\theta_3}+\sqrt{a_3-(l+l_3)\tan\theta_3\pm h}]^2 \tag{4-50}$$

式中 θ_2、θ_3——分别为挡内、外观测弧垂的角度观测值，（°）。正值为仰角，负值为俯角；

l_2、l_3——分别为挡内、外法仪器与近悬挂点杆塔的水平距离，m；

a_2、a_3——分别为挡内、外法望远镜中心与近悬挂点的垂直距离，m；

其他符号同上。

仪器在低悬点侧 h 为正值，高悬点侧为负值。

2. 弧垂观测点的选择

为保证观测精度，弧垂观测点即观测视线与导线的相切点，应尽量设法切在弧垂最大处或附近（一般在挡距中央）。利用仪器观测时，切点仰角或俯角不宜过大，以保证弧垂有微小改变也能引起仪器读数的明显变化，一般限制在10°以下，且视角应尽量接近高差角。观测挡的挡距、悬点高差等有关涉及弧垂观测的数据，必须按照施工测量精度进行测量和核算，确保测量结果正确。

3. 弧垂检查和调整

架线工序完成后，复查架空线弧垂时，原则上应在观测挡进行复查。仪器尽可能放在原来观测弧垂时的位置；调平经纬仪后，调整经纬仪的垂直度盘，使望远镜的视线与架空线的轴线相切，读出观测角 θ，再利用观测角与弧垂的关系，推算出弧垂值 f；再将推算弧垂值 f 与设计弧垂比较确定误差率。

4.4.6.5 验收弧垂计算

新建架空配电线路导线架设后，往往要经过一段时间后才进行架线弧垂的验收和核测。在这段滞后的时间内，电线在悬挂应力的作用下，会产生塑性伸长使弧垂增大（设气温保持架线气温）。工程中常常难以了解这段滞后时间内产生塑性伸长的量值，因而难以判断架线弧垂是否正确。为此，首先应掌握架线中考虑的最终塑性伸长 ε_e（或 Δt_e）在架线后应力作用下短期时间内（如10～1000h）所产生塑性伸长率的量值或占的百分数，从而计算验收弧垂的增量是否正确，具体计算详见第8章8.2节。本节叙述验收计算弧垂与实测弧垂的比较和处理方法。

1. 验收计算弧垂（可接受的理论计算弧垂）

根据第 8 章 8.2 节公式，算出验收弧垂的应力 σ_a 后，即可算出验收计算弧垂 $f_a=\dfrac{g_1 l^2}{8\sigma_a \cos\beta}$。

2. 验收计算弧垂与实际弧垂的比较和处理

与验收计算弧垂相同的气温 t_a 和架线后运行应力为 σ_a、运行 T_a 小时后现场实测挡距 l 的弧垂为 f_{as}，它与验收计算弧垂 f_a 之差值作为判定与处理。

（1）$\Delta f_a = f_{as} - f_a$，其正负值在验收规范容许之内者为合格。

（2）Δf_a 为负值且超过规定范围，表示架线弧垂过小，应放松弧垂；当 Δf_a 为正值且超过规定范围，表示架线弧垂过大，应收紧弧垂。

3. 配电线路大挡距弧垂验收观测步骤

（1）复测观测挡的挡距、悬点高差和仪器与杆位的距离，并与设计图纸进行核对，如误差超过施工测量规定要求，应重新测量，确保原始数据正确。

（2）根据现场地形情况，选择挡端、挡内、挡外的其中一种方法，保证观测角在 10°以内，确认仪器中丝与导线相切后正确读取观测角度，做好观测角和观测时温度的记录。

（3）根据观测角度，计算出观测挡的实际弧垂 f。

（4）根据验收时与架线安装完毕后的时间间隔和验收气温，按照第 8 章 8.2 节相关公式，计算出验收时理论计算弧垂 f_a，该项工作可事先做好。

（5）比较验收时理论计算弧垂 f_a 和实际弧垂 f，按本节要求判定架线弧垂是否符合要求，并提出弧垂调整验收意见。

4. 弧垂调整的线长变化量 ΔL 计算

详见第 8 章 8.2 节内容。

4.5 架空线的连接

架空线连接有液压、爆压和钳压管连接等多种方法，配电线路一般采用钳压管连接法（简称钳压法）。钳压法是导线搭接后中间通过铝衬垫穿入钳压管，然后利用专用钳压器按规定顺序和模数压接成型。

4.5.1 钳压法的准备工作

（1）对钳压管的规格应进行检查，并做好清洗与衬垫的调直工作。如果钳压管上无压模印记，应根据规定模数及间距画印，使用的钳压钢模应与导线型号相符。

（2）钳压机应放置在平整的地方，调整止动螺丝，使两钢模间圆槽的长径比钳压管压后标准直径小 0.5～1.0mm。

（3）切割导线时，两头应分别用 20 号镀锌铁丝绑扎，端头应齐整。

（4）导线的钳接部分、钳压管的内壁和外壁及衬垫均用汽油清洗干净。导线的洗擦长度为钳接长度的 1.5 倍。汽油清洗后，应在导线钳压部分的表面涂上一层导电脂，并用钢丝刷在其表面轻轻擦刷，随后连带导电脂一并压接。

(5) 清洗后的导线头从钳压管两端相对插入。线端露出管外为15～20mm，线头用20号铁丝扎紧。对于钢芯铝绞线，管内两导线间必须加铝衬垫，衬垫的两端外露长度应相等。两线头插入钳压管的方向必须正确，即线头端应与管口第一个压模印记在同一侧。

4.5.2 钳压操作

将穿线后钳压管置于钢模之间，端平两侧导线，即可按压模印记压接。当上、下两钢模合拢后，应停20～30s后，才能松去压力，转入下一模施压。钳压管压模要交错按规定顺序施压。

(1) 铝绞线的压模，应从一端开始，依次向另一端上、下交错进行压接。

(2) 钢芯铝绞线的压模，应从钳压管中间向两端进行压接，压完一端再压另一端。

(3) 钳压LGJ-240型钢芯铝绞线时，用两只钳接管首尾串联，两钳压管之间的距离不应小于15mm。每只钳接管的压接顺序由管内端向外端交错进行。

(4) 在压接过程中，应随时检查钳压模数及其间距，不能多压或少压。每侧最后两模（指钢芯铝绞线）或最后一模（指铝绞线）必须位于导线切断的一侧。非切断端的最后一模，压后标称外径应略大于标准值，但不宜超过正误差。压接后钳压管的弯曲度不得大于2%，如超过，容许用木锤敲打校直。

4.6 附件和杆上设备安装

4.6.1 附件安装

配电线路导线的附件安装包括悬垂金具、耐张杆塔的跳线金具、防振锤以及绝缘导线使用的验电接地环的安装。

1. 悬垂金具

导线紧线完成后，配电线路直线杆柱式绝缘子或悬式绝缘子串的导线安装，一般采用人力肩扛法，山区挡距大可采用双钩紧线器提升法或地面牵引提升法。

(1) 人力肩扛法。人力肩扛法提升架空导线的操作，单人肩扛质量不宜超过50kg，双人操作不宜超过80kg。肩扛架空导线前应在肩上垫以衬垫，附件安装人员必须站在跳板或其他可靠的构件上，人肩高度应略高于架空线就位点。

(2) 双钩紧线器提升法。双钩紧线器提升架空导线的操作，附件安装人员应在导线上做好画印后方可收紧双钩，使导线缓缓离开放线滑车。以画印点为中心，向导线前后侧量出1/2线夹槽体长度加5cm并画两个印。铝包带在画印间缠绕，其端头应返回线夹中间。双钩提升导线的布置示意图如图4-17所示。

(3) 地面牵引提升法。地面牵引提升法一般用于大截面导线及大挡距导线的附件安装。配电线路直线杆横担不考虑双倍提升导线的工作状态，为此地面牵引提升导线时，在近杆身处应设一个转向滑车，将受力传递到杆身。提升导线前，同样在放线滑车垂直中心线上画印，其他与双钩紧线器提升法操作相同。地面牵引提升导线布置示意图如图4-18所示。

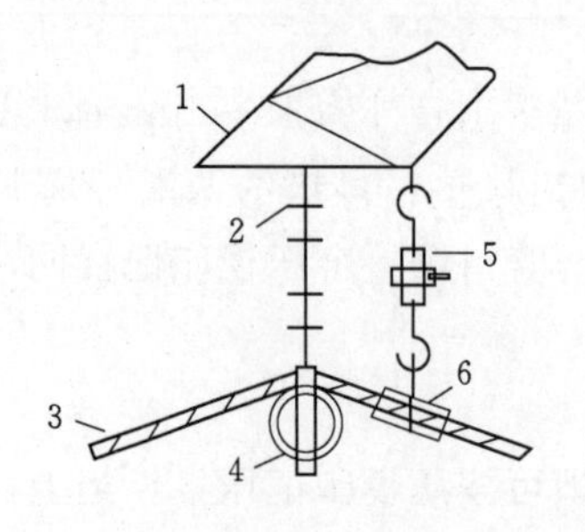

图 4-17　双钩提升导线布置示意图

1—横担；2—悬式绝缘子串；3—导线；4—放线滑车；5—双钩；6—胶管

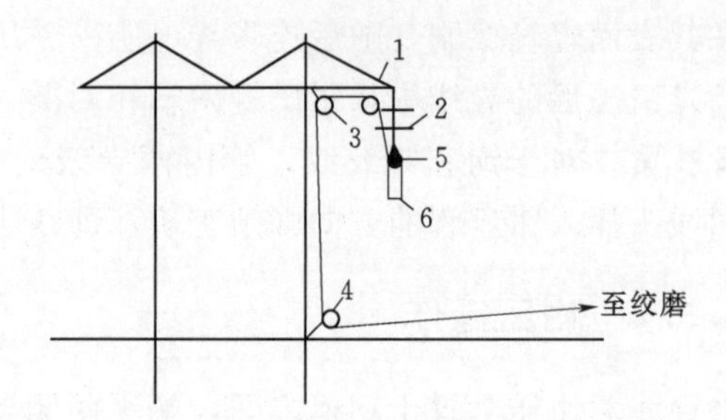

图 4-18　地面牵引提升导线布置示意图

1—横担；2—悬式绝缘子串；3、4—转向滑车；5—导线；6—放线滑车

2. 耐张杆塔的跳线金具

耐张杆跳线安装前，应检查连接线夹是否与图纸相符，与导线相匹配。跳线安装前应先预安装，然后测量跳线与接地部位及相间的距离是否满足要求，确认后剪断余线。跳线连接的并沟线夹安装要到位，确保接触良好。三相跳线的弧度应保持一致。

3. 防振锤

防振锤的安装距离应按图纸提供的数据进行，安装完毕应再检查一次距离是否符合要求。防振锤与导线固定处应缠绕铝包带。

4. 验电接地环

绝缘导线上安装验电环时，应确保验电环与导线保持良好的接触，安装位置严格按图纸要求进行，必要时可根据运行部门的要求增加或调整验电环安装位置。

4.6.2　杆上设备安装

杆上设备安装一般采用杆上人力吊装和汽车吊装两种方法。人力吊装应用于质量轻可以直接吊装的杆上设备，如避雷器、跌落式熔断器等。汽车吊装应用于质量较大无法人工直接吊装的杆上设备，如变压器、断路器、负荷开关、隔离开关等。

4.6.2.1　杆上设备安装的一般规定

(1) 使用起重设备安装杆上设备时，要使用合格的起重设备，起吊绳要采用多股钢丝绳；使用人力吊装的杆上设备，应使用直径不小于12mm的棕绳。

(2) 设备支架安装应牢固可靠，安装尺寸应符合设计规定，水平度和垂直度误差不应大于1%。

(3) 电气连接应采用专用的连接金具，应与设备桩头和连接导体相匹配且接触紧密，接触面应涂导电脂，不同金属连接应有可靠的过渡措施。

(4) 配电线路每相的过引线、引下线与邻相的过引线、引下线或导线之间的净空距离，不应小于下列数值：

1) 1～10kV为0.3m。

2) 1kV以下为0.15m。

3) 1～10kV引下线与1kV以下的配电线路导线间距离不应小于0.2m。

(5) 配电线路的导线与拉线、电杆或构架间的净空距离，不应小于下列数值：

1) 1～10kV 为 0.2m。

2) 1kV 以下为 0.1m。

(6) 电气设备的相别标志与实际电源相位一致。

(7) 接地连接可靠，接地电阻值符合设计规定。

4.6.2.2 杆上变压器的安装规定

(1) 变压器台的水平倾斜不应大于台架根开的 1%。

(2) 变压器安装平台对地高度不应小于 2.5m。

(3) 二次引线应采用绝缘导线，导线排列整齐、绑扎牢固。高、低压桩头绝缘罩安装应齐整、紧密，相色一致。

(4) 油枕、油位应正常，外壳应洁净。

(5) 套管表面应光洁，不应有裂纹、破损等现象。

(6) 验电接地环安装应排列整齐、方向正确。

4.6.2.3 跌落式熔断器的安装规定

(1) 跌落式熔断器水平相间距离应符合设计规定。

(2) 跌落式熔断器支架应避免探入行车道路，对地距离不小于 5m，无行车碰触的郊区农田可降低至 4.5m。

(3) 熔丝规格正确，熔丝两端压紧、弹力适中，不应有损伤现象。

(4) 转轴光滑灵活，铸件不应有裂纹、砂眼、锈蚀。

(5) 熔丝管不应有吸潮膨胀或弯曲现象。

(6) 熔断器应安装牢固、排列整齐，熔管轴线与地面的垂线夹角为 15°～30°。

(7) 操作时应灵活可靠、接触紧密。合熔丝管时上触头应有一定的压缩行程。

(8) 动、静触头应可靠扣接。

(9) 熔管跌落时不应危及其他设备及人身安全。

4.6.2.4 断路器、负荷开关的安装规定

(1) 操作方便灵活可靠，分、合闸位置指示应正确、清晰可见、便于观察。

(2) 带隔离刀闸的断路器，操作机构联锁应正常，符合产品技术文件要求。

(3) 负荷开关的动作应准确，灭弧装置完好。

(4) 外壳接地应正确可靠，接地电阻值符合设计要求。

(5) 开关分、合闸时应正确可靠，三相联动的合、分闸不同期值应符合产品技术文件要求。

4.6.2.5 隔离开关的安装规定

(1) 分相安装的隔离开关水平相间距离应符合设计文件要求，排列应整齐、高低一致。

(2) 操作机构应动作灵活，合闸时动、静触头应接触紧密，分、合闸时可靠到位。

(3) 引流线的接线端子应与设备端子相匹配且连接紧密可靠。

4.6.2.6 杆上无功补偿装置的安装规定

(1) 一次、二次线布线应整齐、连接紧密，接线正确。

（2）进、出线在入口处应有滴水弯，进出线孔洞应有防水封堵。

（3）箱内元器件安装牢固、排列整齐，无功补偿控制装置的手动和自动投切功能应正确可靠。

（4）10kV 无功补偿装置的安装高度不得低于 2.5m。

4.6.2.7　杆上低压交流配电箱的安装规定

（1）低压熔断器和开关的安装应牢固并便于操作。

（2）各连接部位接触应紧密，弹簧垫圈应压平。

（3）低压保险丝、片应无弯折、压偏、伤痕，不得用线材代替。

4.6.2.8　杆上互感器的安装规定

（1）一次、二次接线应正确可靠，二次线引下时应穿保护管，进入端子箱应有防水措施。

（2）电压互感器的二次侧熔断器应齐全，规格正确。

（3）电压互感器的二次侧严禁短路。电流互感器的二次侧严禁开路，备用的二次绕组也必须短接接地。

（4）互感器的各个二次绕组均必须有可靠的接地，且只容许有一个接地点，接地点和接地电阻应符合设计要求。

（5）互感器的二次线截面和材质符合设计的要求。

（6）电压互感器、电流互感器的接线应正确，极性无误，连接牢固。

4.6.2.9　杆上配电自动化终端的安装规定

（1）杆上配电自动化终端安装应考虑防尘、防水的要求。

（2）终端设备的外接电源和进、出线应穿保护管。

（3）配电自动化终端应有独立的保护接地端子，接地螺栓直径应不小于 6mm，并应与外壳和大地牢固连接。

（4）固定支架的安装应牢固并便于操作，安装高度符合设计文件要求。

（5）设备周边应无静电放电、脉冲磁场、辐射电磁场等强烈干扰源。

5 施工安全措施

5.1 杆塔施工

5.1.1 作业人员和机具的基本要求

1. 作业人员基本要求

(1) 符合《电力安全工作规程》(配电部分) 相关要求。

(2) 对本工种的操作具有良好的技能水平。

(3) 特殊工种 (电工、金属焊接与切割、高处作业、起重、机械操作、爆破、压接等应具有本工种的有效资格证书。

(4) 施工人员在作业区内必须正确佩戴安全帽及正确使用防护用品。

(5) 严禁违章作业、违章指挥、违反劳动纪律；对违章作业的指令有权拒绝；有权制止他人违章行为；施工人员严禁酒后作业。

2. 机具基本要求

(1) 施工机具必须经有资质的部门检测合格，附有检验合格标志，并在检测周期内使用。

(2) 移动电动机具必须按规定装设泄漏电流保护器。

5.1.2 材料运输的安全措施

(1) 大件运输必须严格遵守中华人民共和国道路交通法规。运输前应了解运输道路情况，对新修补的道路应空车行驶一次，然后再重车行驶。

(2) 运送绝缘子等易碎货物时，应在车箱底部垫杂草等软物，包装箱应完好，堆放应整齐，装好货物后应用棕绳在车厢栏杆间绑扎牢固，防止绝缘子碰损。运送绝缘子的汽车在高低不平道路上行驶时应注意减速慢行。

(3) 抬运多个小捆线材时，应设一人指挥并监护安全，抬运人应步调一致，同起同落。抬运物件在中途休息时，应选择在直道上且宜将物件置于路边，以利于行人通过。

(4) 雨雪后人力抬运物件时，运输人员应穿防滑的胶鞋、草鞋等，对于泥泞地段应垫以土、草袋或碎石。

5.1.3 接地工程的安全措施

(1) 配电线路杆上电气装置的下列金属部分，均应接地：

1) 变压器、断路器、负荷开关、闸刀、配电箱和无功补偿设备等的金属底座和外壳。

2) 电气设备的传动装置。

3）电力电缆的接头盒、终端头和膨胀器的金属外壳和电缆的金属护层、可触及的电缆金属保护管和穿线的钢管。

4）装有避雷线的电力线路杆塔。

5）在非沥青地面的居民区内，无避雷线的小接地电流架空电力线路的金属杆塔和钢筋混凝土杆塔。

（2）在地下不得采用裸铝导体作为接地体或接地线。

（3）接地线应防止发生机械损伤和化学腐蚀。在与公路、铁路或管道等交叉及其他可能使接地线遭受损伤处，均应用管子或角钢等加以保护；有化学腐蚀的部位应采取防腐措施。

（4）接地体间连接必须可靠。除设计规定的断开点可用螺栓连接外，其余应用焊接或液压、爆压方式连接。

（5）接地槽土石方开挖的安全措施参照基础工程土石方开挖部分；接地体焊接的安全措施参照杆塔工程排杆焊接部分。

5.1.4 基础工程的安全措施

1. 土石方的人工开挖

（1）挖坑前，应与有关地下管道、电缆等设施的主管单位取得联系，明确地下设施的确切位置，做好防护措施。

（2）在下水道、煤气管线、潮湿地、垃圾堆或有腐质物等附近挖坑时，应设监护人。在挖深超过 2m 的坑内工作时，应采取安全措施，如戴防毒面具、向坑中送风和持续检测等。监护人应密切注意挖坑人员，防止煤气、硫化氢等有毒气体中毒及沼气等可燃气体爆炸。

（3）在居民区及交通道路附近开挖的基坑，应设坑盖或可靠遮拦，加挂警告标示牌，夜间挂红灯。

（4）人工开挖基坑时，应先清除坑口的浮土等。在超过 1.5m 深的基坑内作业时，向坑外抛掷土石应防止土石回落伤人，并做好防止土层塌方的临边防护措施。

（5）坑底面积超过 $2m^2$ 时，可由两人同时挖掘，但不得面对面作业。坑上应设一人监护并负责将土石运到距坑口边 0.5m 以外的场地。

（6）坑深超过 3m 时，挖掘人员向坑外送土应使用箩筐或吊篮；坑内、坑外人员应保持联络，互相配合。上、下坑应用爬梯。

（7）施工人员不得在坑内或陡坡上休息或用餐。

（8）一般土坑的开挖，为防止坑壁塌方，应根据土质类别、地下水位和坑深，确定其开挖坡度。

（9）开挖泥水坑或流沙坑。施工前应准备抽水机械和挡土木板、木桩。根据地下水位情况安装挡土板，并随时检查其有无变形或断裂现象。不得站在挡土板支撑上传递土方或在支撑上搁置传土工具，更换挡土板应先装后拆。泥水坑、流沙坑的挖掘应连续作业，基坑挖好后应立即支撑及浇灌混凝土。

2. 土石方的机械开挖

土石方的机械开挖除遵循人工开挖相应的安全措施外，还应符合以下要求：

(1) 机械操作人员和机械设备应持有相应的有效证件。

(2) 机械开挖相对人工开挖，具有作业范围大（包括平面和空间），作业前应勘察周边作业环境，确认作业危险点，并做好相应的防范措施；确认余土的堆放场地，尽量减少植被的破坏。

(3) 在电力线路和弱电线路周边作业时，应事先与运行单位取得联系，确保操作过程的安全距离符合要求。

(4) 在居民区和人员密集区开挖基坑时，除作业区域设置围栏外，应减少一次作业的开挖深度，开挖过程中遇到阻碍，应查清障碍物情况，避免损坏地下管线。

3. 土石方的爆破作业

(1) 爆破材料存放与保管。爆破材料必须放置在专用仓库内，附近易燃物应清除。库内禁止吸烟、用电炉。库内电器设备应防止发生电火花，库房应通风良好，能防漏、防潮。爆破材料的库房距住人建筑物的安全距离为：炸药为 2t 时，不少于 300m；炸药为 16t 时，不少于 450m；炸药为 32t 时，不少于 500m。炸药与雷管必须分库存放，并相隔一定距离。库房应有警戒和专人看守，并应有消防和防雷击的设施。爆破器材必须专人管理，使用时必须建立严格的领用、退库登记制度，严禁将爆破器材送人、转让或在非工程中使用。

(2) 爆破材料的装卸和运输。必须指派熟悉爆破材料性能的技工负责组织装卸和押运，且应办理爆破材料运输证。炸药和雷管不得同车、同船或同一人运输。运输中应装在专用箱（袋）内，人力运输时，每人只准背运一箱，人员之间距离应大于15m。雷管、黑火药、胶质炸药应特别注意防震，不得用拖车、自卸车运输。雷管不得用自行车或两轮摩托车运送。往工地运送爆破材料不得委托他人代送，也不准将爆破材料转交他人。

(3) 打孔。人工打孔时，打锤人不得戴手套，并应站在扶扦人的侧面，严禁对面打锤。用凿岩机或风钻打孔时，操作人员应戴口罩和风镜。使用凿岩机或风钻前应熟悉使用说明书并执行有关操作的规定。使用凿岩机或风动工具打孔时，操作者使用前应对机器进行检查，不合格的机器不得使用。凿岩机启动后，应先空转 1min，再开始钻孔；在同一地点一次起爆的炮眼，应全部打完炮眼后再装药。

(4) 炮孔装药操作。装药应由专业的爆破工负责。装药前应对爆破材料进行检查，确认合格后再使用。对于长期存放的电雷管，在使用前应逐只进行电阻测定，并符合以下要求：测定电流不得超过 50mA，雷管应放遮蔽处或埋入土中 5～10cm，在地面测定时安全距离不小于 30m。向炮孔内装炸药和雷管，应轻填轻送，不得猛力冲压或挤压。炮眼或药壶装药捣实及堵塞，必须用木制、竹制或塑料炮棍，严禁使用金属工具捣送炸药。炮孔装药后需用泥土填塞孔口，填塞深度为：孔深 0.4～0.6m 时为 0.3m；孔深 0.6～2.0m 时为孔深的 1/2 以上；孔深 2m 以上时，不得小于 1.0m。填塞炮孔不得使用石子或易燃材料，必须注意保护导火索或电雷管脚线。

(5) 起爆前的准备工作。爆破施工之前，必须对爆破点周围环境进行调查，危险警戒线的范围应根据爆破方法和炮口方向按表 5－1 确定。导火索使用前须做燃速试验，并根据地形确定其长度，但最短不得小于0.5m。同一坑内多炮，其导火索长度不得相同，以便识别瞎炮。电雷管的接线长度不得小于安全距离，并应在接线前短接；在强电场内严禁使用电雷管，引爆用的干电池应装在有开关的盒内，起爆器须在充电完毕后方可起爆，并由起爆人员携带及保管；切割导爆索、导火索应用锋利小刀，严禁用剪刀或钢丝钳剪夹。严禁切割接上雷管的导爆索；导火索与火雷管的连接应用胶布黏牢，严禁用牙咬或敲击；点炮前须将现场所有剩余爆破器材运出危险区。除操作和监护人员外，其余所有人员必须撤到安全区隐蔽。严禁在悬崖下及大石后面隐蔽。点炮后，点炮人和监护人应立即撤到安全区。在居民区、电力线、通信线、公路、铁路及其他建筑物或构筑物附近进行爆破时，只容许用松动爆破法，并在炮眼上方加以覆盖。

表5-1　　爆破危险区范围

爆破方法	顺抛掷爆破	反抛掷爆破	表面爆破	松动爆破
危险区范围（直径）/m	200	100	400	100

（6）点火放炮。火雷管的装药与点火、电雷管的接线与引爆必须同一人担任；相邻基坑不得同时点炮。使用火雷管时，在同一基坑内不得同时点燃四个以上炮眼的雷管；在基坑内点火时，坑深超过1.5m，上下应使用梯子。严禁用脚踩已点燃的导火索，坑上应设监护人。引爆电雷管应使用绝缘良好的导线，电雷管接线前，其脚线必须短接。点火放炮（或引爆）后应仔细倾听，数清响声，判断有无盲炮。

（7）点火放炮（或引爆）后的检查处理。无盲炮时，从最后一炮的响声算起经5min后方可进入爆破区；有盲炮或数不清时，用火雷管起爆的，必须经20min后方可进入爆破区检查。对电雷管必须先断电源并短路，待5min后检查；处理盲炮时，严禁从炮孔内掏取炸药和雷管，应重新打孔爆破将哑炮带响。重新打的炮孔应与原孔平行，且新孔距盲孔不得小于0.3m（浅孔时），距药壶边缘不得小于0.5m（深孔时）。

4. 混凝土三盘的安装

（1）人力安装三盘。人力往坑内下落三盘时，应用滑杠和绳索溜放，不得直接将其翻入坑内；人力往坑内溜放底盘时，坑内不得有人。坑内调整底拉盘方位时，应使用钢钎或撬杠。往坑内传递安装部件时应直接传递，严禁抛扔；溜放三盘时的操作人员（拉绳人及撬杠人）都必须站在三盘后侧用力，不得站在三盘前侧或坑边危险处。

（2）吊装法安装三盘。三脚架根部应视土质情况与坑口保持不小于0.5m的距离，根部应挖小坑（坑深约0.2m）并埋土固定，防止受力后滑移；三盘吊起时应设控制绳，预防三盘离地碰撞抱杆。三盘吊至坑口时，坑内不得有人。作业人员不得站在吊起的三盘上下坑操作；在坑内进行三盘找正时，作业人员应站在三盘侧面。

5. 现浇混凝土基础

（1）混凝土基础施工。现场人员应分工明确，互相配合。多人工作时必须明确安全负责人，负责现场的安全监督。机电设备使用前应全面检查，确认机电装置完整，绝缘良好，接地可靠，方准使用。根据现场环境，应设置工作范围的警戒线，避免非工作人员进入施工现场。坑内、坑外同时作业时，坑外必须设专人对坑内作业监护。坑外工作人员不得向坑内抛掷材料或工具。

（2）吊装钢筋笼及模板。利用三脚架吊装钢筋笼或模板时，对三脚架及绳索等工具进行检查，应符合技术方案要求。三脚架的安装必须牢固，三脚架体与铅垂线间的夹角不得大于30°。用人力拉动绳索起吊模板时，绳尾应围到木桩或角铁桩上，防止绳索在缓松时突然滑跑。在吊装过程中严禁施工人员踩在钢筋笼或模板上。

（3）模板安装。模板应支撑牢固，立柱模板上端应固定在抬木或抬架上，中部应用方木呈内高外低、对称支撑。下端或架于抬木或用钢绳悬吊。高于坑口的模板根据其高度或用斜支撑或搭设支架，使其不致倾覆或晃动。模板支撑完毕后，下坑作业（包括捣固）可利用抬木，但不应踩支撑木，以防支撑脱落和模板变形。拆除模板应自上而下进行，拆下的模板禁止抛掷，应集中堆放。木模板外露铁钉应拔掉或打弯。

（4）人工浇制混凝土。混凝土搅拌的平台必须搭设牢固，竹踏板不得悬空摆设。运送材料的手推车便道应平整，且无急转弯。如果地面泥泞或雨后施工，地面应铺设垫草袋。向混凝土内投放大块石时，应听从坑内捣固人员的指挥，不得乱抛。坑口边缘1.0m以内不得堆放材料和工具。手推车运送混凝土时，倒料平台应设挡车措施，倒料时严禁撒把。扛送水泥和搅拌人员应戴防护帽和口罩。

（5）机械浇制混凝土。搅拌机应设置在平整坚实的地基上。安装后应使支架受力，不得以轮胎代替支架。搅拌机在运转中，严禁将工具伸入滚筒内扒料。加料斗升起时，料斗下方不得有人。使用电动振捣器时，电源橡皮线应绝缘良好。振捣器运转过热或暂停使用时应切断电源。

5.1.5 杆塔工程的安全措施

1. 排杆焊接

（1）杆段横向或顺向移动时，应保持杆段有两个支点，支点处两侧应随时用木楔掩牢。

（2）滚动杆段时应有一个指挥，统一行动，滚动前方不得有人。

（3）滚动电杆的前方为下坡或陡坎时，必须有制动措施，例如用绳带住或前进方向设置木桩阻拦等。

（4）用撬棍拨动杆段时，应防止滑脱伤人。不得将铁撬棍插入预埋孔转动杆身。杆段对接调整焊缝间隙时，严禁用手置于两段的钢圈之间。

（5）焊接人员作业时应穿戴专用劳动保护用品。作业点5m内的易燃易爆物应清除干净。对两端封闭的混凝土电杆，应先在其一端凿排气孔，然后施焊。

（6）瓶装氧气、乙炔要轻装轻卸，不得同车运输。氧气瓶严禁与油料同车运输。乙炔瓶必须竖立使用，离焊接点或高温点应在10m以上，禁止乙炔瓶放在人员来往的过道上或人员休息处。氧气瓶离焊接点、高温点在5m以上，气瓶与乙炔瓶间距离一般应大于5m，氧气瓶严禁烈日暴晒。气瓶内的气体不得用尽，氧气瓶应留有不少于0.2MPa的剩余压力，乙炔气瓶必须留有0.05～0.3MPa的剩余压力。点火时应先开乙炔阀，后开氧气阀，嘴孔不得对人，熄火时顺序相反，发生回火或爆鸣时，应先关乙炔阀，再关氧气阀。

2. 电杆组立

（1）遵守施工组织纪律，做到一切行动听指挥。遵守劳动纪律，做到坚守岗位，精神集中，尽心尽责完成本岗位工作。遵守技术纪律，坚持按安全规程、验收规范、设计图纸、施工工艺设计施工，对施工质量做到精益求精，对安全工作做到预防为主。

(2) 现场布置应严格遵守技术措施的要求，并注意地锚和锚桩应结合现场地形、地质条件进行加固。

(3) 电杆头部离地 0.5m 应停止牵引，做冲击试验，检查无误后方可继续起吊，立杆至 80°～85°时，应放慢牵引速度，杆根进洞后松出牵引绳直至电杆根部就位。

(4) 电杆立正后的调整、安装永久拉线、回填土等工作，必须有专人监护。

(5) 遇有雷电、暴雨、浓雾及六级以上大风天气不得进行杆塔起吊工作。

(6) 现场布置未经立杆指挥人或立杆安全监督人的检查，不准立杆；不准用麻绳作立杆临时拉线；不准用不可靠的露出地面的岩石或树桩作立杆锚桩；不准未打好临时拉线就拆换永久拉线；耐张杆塔未打好临时拉线和永久拉线，不准紧线。

(7) 抱杆拉线的布置应不妨碍电杆的起吊和就位。先立的电杆临时拉线应不阻碍后起吊的电杆。

(8) 抱杆的位置及倾斜度应在立杆前调整到规定位置，不得在立杆过程中调整抱杆拉线；需要转动电杆时，应先将其临时拉线适度调松并固定后再转动，不得边旋转电杆边调拉线。

3. 铁塔组立

(1) 参加组塔人员必须做到“三熟悉”，即熟悉铁塔安装图、熟悉立塔方法、熟悉安全措施。

(2) 立塔指挥人应掌握抱杆、锚桩和各部绳索的受力情况，起吊操作不得超过施工技术的规定。

(3) 各部位的工具，应按施工技术要求进行布置。各绳索的穿向应正确，连接应可靠，安全监督人在吊塔前应做一次全面检查。

(4) 固定绞磨的地锚或角钢桩必须牢固。埋设深度应对照土质情况符合施工技术的规定。角钢桩打在斜坡上时，应视斜坡情况适当调整对地夹角。

(5) 被吊构件应绑扎牢固。如果钢绳与角钢直接绑扎时，应在角钢侧垫方木，外侧缠绕麻带，防止割断钢绳和角钢磨损。

(6) 在带电体附近高空作业时，距带电体的最小安全距离必须满足表 4-4 的要求。

(7) 离地面 2m 以上的工作均属高处作业。高处作业应遵守安全规程有关规定。

(8) 绞磨应安置在地势平坦的位置，所在地面应平整，距离铁塔基础应在 1.2 倍塔高之外。机动绞磨的机手必须经培训合格持证上岗。

(9) 严禁将辅助材浮放在塔上，以免误抓误踩酿成事故。

(10) 不论何种分解组塔方法，在起吊过程中，严禁将手脚伸进吊件的空隙内或在吊件上作业。

(11) 塔上作业应尽量和地面组装作业交叉进行。如必须同时进行时，在构件起吊过程中地面应停止作业，防止发生高空物体坠落伤人事故。

(12) 塔腿组立后，应及时将铁塔接地装置与塔腿连接，避免雷害事故。

(13) 进入立塔现场的人员必须戴安全帽。组塔过程中，严禁非工作人员到塔高范围内参观逗留，工作人员不应在吊起的构件下方穿越逗留。

(14) 塔片吊离地面时应暂停牵引，检查各部位工具受力是否有异常。

(15) 铁塔起吊过程中，指挥员应站在起吊方向的侧面，监视被吊塔片与塔身间的距离，一般应控制在0.2～0.5m范围内，严防塔片挂住塔身。

(16) 提升抱杆时，内抱杆腰环的拉绳应固定在已组塔段的塔身上，严禁以人力控制拉线系统或腰环拉绳；两腰环间的垂直距离应尽可能大一些，以利抱杆稳定；4条内拉线按顺序长度呈松弛状态绑在铁塔4根主材顶端的节点上，作为抱杆防倾倒的后备保护。

(17) 在保证被吊塔片能就位的前提下，内拉线抱杆插入已组塔段的深度尽可能大一些，不得小于抱杆高度的1/4，且不得小于塔身断面宽度。

(18) 内拉线抱杆起吊构件时，腰环拉绳不得受力。抱杆的内拉线、承托绳与主材连接处均应垫麻布和方木。

(19) 单侧塔片吊装完毕，其内外侧宜有临时拉线固定后，方准登塔解开起吊绳。

(20) 应设专人监视抱杆外拉线及锚桩。

(21) 起吊构件或提升抱杆时除由一人指挥外，必须有一名助手在指挥人垂直方向协助观看，以防构件挂住塔身。连接主材时，塔上操作人员应站在安全位置，然后再操作。

(22) 用压外拉线的方法调整抱杆倾角时，应缓慢加力，不得冲击。同时，应监视拉线连接处及锚桩变化情况。

5.2 架空线架设

5.2.1 非张力放线的安全措施

1. 一般规定

(1) 放线过程中的通信联络必须迅速、清晰、畅通。

(2) 跨越大江、大河或船只来往频繁的河流，应事先制定施工方案，并与有关单位取得联系，施工期间应请航监部门派人协助封航。

(3) 跨越公路时，应根据公路的等级要求，按相关规定事先向公路管理部门提出申请(附施工跨越方案)，得到批复后方可实施，必要时应请交警部门协助指挥交通，确保车辆通行安全。

(4) 线盘架应稳固、转动灵活、制动可靠。线盘或线圈展放处，应设专人传递信号。

(5) 作业人员不得站在线圈内操作。线盘或线圈接近放完时，应减慢牵引速度。

(6) 低压线路或弱电线路需要开断时，应事先征得有关单位的同意。开断低压线路必须遵守停电作业的有关规定，开断时应有防止杆子倾倒的措施。

(7) 架线时，除应在杆塔处设监护人外，对被跨越的房屋、路口、河塘、裸露岩石及越线架和人畜较多处应派人监护。导线、地线被障碍物卡住时，作业人员必须站在线弯的外侧，并使用棍棒处理，不得直接用手推拉。

(8) 穿越滑车的引绳应根据导地线规格选用，引绳与导线头的连接应牢固。穿越时，施工人员不得站在导地线的垂直下方。

2. 人力放线

(1) 领线人由技工担任，并随时注意后方信号；拉线人员应走在同一直线上，相互间保持适当距离。

(2) 通过河流或沟渠时，应由船只或绳索引渡。

(3) 通过陡坡时，应防止滚石伤人；遇悬崖险坡应采取先放引绳或设扶绳等措施。通过竹林区时，应防止竹桩尖扎脚。

5.2.2 架空线连接的安全措施

1. 钳压机压接

(1) 手动钳压器应有固定设施，操作时放置平稳；两侧扶线人应对准钢模位置，手指不得伸入压模内。

(2) 切割导线时线头应扎牢，并防止线头回弹伤人。

2. 液压机压接

(1) 使用前应检查液压钳体与顶盖的接触口，液压钳体有裂纹者严禁使用。

(2) 液压机启动后先空载运行检查各部位运行情况，正常后方可使用；压接钳活塞起落时，人体不得位于压接钳上方。

(3) 放入顶盖时，必须使顶盖与钳体完全吻合；严禁在未旋转到位的状态下压接。

(4) 液压泵操作人员应与压接钳操作人员密切配合，并注意压力指示，不得过荷载。

(5) 液压泵的安全溢流阀不得随意调整，并不得用溢流阀卸荷。

5.2.3 紧线施工的安全措施

1. 紧线的准备工作

按施工技术措施的规定进行现场布置及选择工器具。杆塔的部件应齐全，螺栓应紧固，紧线杆塔的临时拉线和补强措施以及导、地线的临锚准备应设置完毕。牵引锚桩距紧线操作杆塔的水平距离应满足安全施工技术的规定；锚桩布置与受力方向一致。

2. 紧线作业

(1) 紧线前应通信畅通。

(2) 埋入地下或临时绑扎的导、地线必须挖出或解开；导、地线应压接、升空完毕。

(3) 障碍物以及导、地线跳槽应处理完毕，各交叉跨越处的安全措施可靠。

(4) 紧线过程中，不得站在悬空导、地线的垂直下方。

(5) 展放余线的人员不得站在线圈内或线弯的内角侧。

(6) 不得跨越将离地面的导线或地线。监视行人不得靠近牵引中的导线或地线。

(7) 紧线用卡线器的规格必须与导、地线规格相匹配，不得代用。卡线器应设置备用保护，防止跑线。

3. 耐张线夹安装

(1) 高处安装螺栓式线夹时，必须将螺栓装齐拧紧后方可松牵引绳。

(2) 高处安装导、地线的耐张线夹时，必须采取防止跑线的可靠措施。

(3) 在杆塔上割断的线头应用绳索放下。

（4）地面安装时，导、地线的锚固应可靠，锚固工作应由技工担任。

（5）挂线时，当连接金具接近挂线点时应停止牵引，然后作业人员方可从安全位置到挂线点操作。挂线后应缓慢回松牵引绳，在调整拉线的同时应观察耐张金具串和杆塔的受力变形情况。

5.3 杆上设备安装的安全措施

杆上设备安装的安全措施应符合下列规定：

（1）杆上、地面工作人员必须佩戴安全帽，杆上人员必须使用安全带，安全带应拴在牢固构件上，工作转位时不得失去安全带保护。

（2）工作人员登杆前应检查杆根、登高工具及安全工器具。

（3）必须使用合格的在试验周期内的起重工器具，严禁超载使用。

（4）采用汽车吊吊装，汽车起重机操作员必须由获得资格的人员担任，严禁其他人代为操作。

（5）工作负责人应和汽车起吊驾驶员统一指挥信号，起重机操作员应服从工作负责人统一指挥。

（6）采用汽车吊的支撑腿必须全部伸出，安置牢固及平稳，有防止支撑腿受力下沉的措施。

（7）汽车吊的吊臂回旋范围内如有带电线路，应保证和带电线路的安全距离，并设专人监护。

（8）起吊设备下严禁工作人员逗留和通过。

5.4 环境保护和文明施工

5.4.1 环境保护

（1）施工测量时，发现线路路径通过国家批准的自然保护区的核心区和缓冲区，或通过军事设施、大型工矿企业及重要设施，或通过风景名胜古迹区等，应及时联系设计单位。

（2）杆位处于不良地质地带和采动影响区，应及时联系设计单位。

（3）基础开挖过程中，发现地下文物时，应及时报告当地文物管理部门处理；发现地下管线或不明物体时，应及时联系设计单位。

（4）杆塔组立和放紧线施工过程中，若需砍伐树木、毛竹等，应事先联系当地政府和专业管理部门，得到批准后方可实施。

（5）山区进行配电线路施工，严禁乱丢烟蒂，烟蒂要丢进现场设置的专业小铁桶内（桶内存放一定的水）；排杆焊接等使用气焊时，应事先清理作业区内的杂草，严防发生山火事件。

（6）施工过程中重点防止燃料、废旧泥浆、油漆、垃圾的泄漏或排放。

(7) 在居民区进行施工作业时，要进行施工噪声的监测工作，填写建筑施工现场地噪声测量记录表，凡超过《建筑施工场界噪声限值》(GB 12523—2011) 的，要及时对施工现场噪声超标的有关因素进行调整，达到施工噪声不扰民的目的，增强全体施工人员防噪声扰民的自觉意识。

(8) 项目部设一名兼职管理人员，认真贯彻执行当地环保政策、法规和制度，编制施工期间的环境保护程序，并积极宣传、贯彻执行。

5.4.2 文明施工

(1) 现场施工作业人员饭后杂物严禁乱丢、乱弃，统一堆放集中处理，施工工地必须做到工完料尽。在施工工程中严禁与当地村民发生冲突，如有情况必须向上一级领导反映，严禁斗殴。

(2) 施工时，被破坏的沟堤、坎等，施工结束后，立即恢复到施工前的地貌，防止水流失和土壤污染。

(3) 对施工区域以外的场地，不得随意进行挖掘、填埋、丢弃废物、建临时设施。如果确实需要利用施工区域以外的场地，则必须报业主和地方政府的有关部门批准。

(4) 严格按规程要求履行班前、班后制度，并做好签名记录。

(5) 工器具、材料无损坏，符合要求。

(6) 对在施工过程中被损坏的树木、毛竹等材料，应做好记录，并按规定进行赔偿。

6 施工“三措方案”编制

接受配电线路施工任务后，项目负责人要组织相关人员进行现场勘察，核对图纸，查明作业现场存在的交叉跨越线路以及临近带电设备和带电线路，了解现场条件、工作地点和设备名称及编号，分析不安全因素。然后，制定施工的组织、技术和安全措施，简称“三措方案”。方案中必须履行审批程序，作业前对全体施工人员进行施工方案交底并签名确认。特殊工种（焊工、起重司机、起重司索、起重指挥、高处作业人员等）持证上岗。

6.1 编 制 说 明

主要说明“三措方案”中所引涉及架空配电线路施工的国家或行业规程规范（有效版本）、施工图文件、项目施工委托书、现场勘察和施工图会检记录等情况。10kV 架空配电线路施工所涉及的主要规程目录如下：

（1）《电气装置安装工程 66kV 及以下架空电力线路施工及验收规范》(GB 50173—2014)。

（2）《电气装置安装工程接地装置施工及验收规范》（GB 50169—2016）。

（3）《环形混凝土电杆》（GB/T 4623—2014）。

（4）《电力建设安全工作规程（第 2 部分：电力线路）》（DL 5009.2—2013）。

（5）《电力安全工作规程（线路部分）》（国家电网公司）。

（6）《电力建设安全工作规程（配电部分）》（国家电网公司）。

（7）《电力安全工作规程（配电部分）》（国家电网公司）。

（8）《基建安全管理规定》（国家电网公司）。

6.2 工 程 概 况

工程概况主要说明本工程的性质（如新建、改建和技术改造）、导线型号、线路长度、杆塔型式（如采用水泥杆、钢管杆或角钢塔）和基础型式等。描述各类杆塔的型号及数量、全线地形、土质的分类及占比等情况。描述主要交叉跨越、交通运输和气象条件等情况。并明确建设、设计、施工、监理和运行单位。

6.3 施 工 组 织 措 施

（1）明确施工人员组织安排。施工人员组织安排包括业主项目负责人、现场监理负责人、施工单位项目经理、施工单位现场总负责人、施工单位现场工作班组成和停电联系人等的姓名和联系方式。

（2）明确装置性材料供应计划。根据现场勘察、施工图设计文件和工程进度安排，要求甲方按计划供应装置性材料。杆塔工程装置性材料供应计划见表 6－1；架线工程装置性材料供应计划见表 6－2。

表 6－1　　杆塔工程装置性材料供应计划表

序号	材料名称	型号规格	单位	数量	计划供应时间	备　注
1	钢筋混凝土电杆	ϕ190mm×12m，M 级	根	10	×月×日	填写送达地点
2	拉线盘	LP8	块	6	×月×日	填写送达地点
⋮	⋮	⋮	⋮	⋮	⋮	

表 6－2　　架线工程装置性材料供应计划表

序号	材料名称	型号规格	单位	数量	计划供应时间	备　注
1	架空绝缘导线	JKLYJ－70/AC10kV	km	1.0	×月×日	乙方到甲方指定地点领用
2	杆上断路器	AC10kV/630A/25kA（真空/有隔离闸刀/户外）	台	2	×月×日	
3	盘形悬式瓷绝缘子	U70B/146，255，146，320	只	20	×月×日	
4	配电变压器	S11－10/0.4/400kVA（普通/硅钢片/油浸）	台	1	×月×日	
5	镀锌钢绞线	35（1×7－7.8－1270－B）	吨	0.1	×月×日	
⋮	⋮	⋮	⋮	⋮	⋮	

（3）明确施工计划安排。根据本项目施工现场勘察、施工图现场核对、施工交底、人员组织和材料准备等情况，编制施工计划安排。杆塔工程施工计划安排见表 6－3；架线工程施工计划安排见表 6－4。

表 6－3　　杆塔施工计划安排表

序号	施工时间段	施工内容	计划工作时间	停电配合情况			施工班组
				停役设备名称	停电联系人	停复役计划时间	
1	×月×日—×月×日	现场勘察、材料准备和编制施工方案					业主负责人、施工单位总负责人等
2	×月×日—×月×日	施工交底					建设、设计、监理、运行、施工单位相关人员
3	×月×日—×月×日	施工测量					施工单位技术人员
	×月×日—×月×日	基础施工和大件运输（×号～×号杆）					项目××班
4	×月×日—×月×日	基础施工和大件运输（×号～×号杆）					项目××班
	⋮	⋮					⋮

续表

序号	施工时间段	施工内容	计划工作时间	停电配合情况			施工班组
				停役设备名称	停电联系人	停复役计划时间	
5	×月×日—×月×日	基础工程验收、消缺					运行、监理、施工单位相关人员
6	×月×日—×月×日	杆塔组立（×号～×号杆）					项目××班
	×月×日—×月×日	杆塔组立（×号～×号杆）					项目××班
	×月×日—×月×日	杆塔组立（×号～×号杆）					项目××班
	×月×日—×月×日	杆塔组立（×号～×号杆）					项目××班
	⋮	⋮					⋮
7	×月×日—×月×日	杆塔施工部分验收、消缺					运行、监理、施工单位相关人员

注 涉及当天需恢复送电的杆塔组立工程，应在恢复送电前由运行、监理、施工单位组织验收工作，并做好记录。

表6-4　　架线施工计划安排表

序号	施工时间段	施工内容	计划工作时间	停电配合情况			施工班组
				停役设备名称	停电联系人	停复役计划时间	
1	×月×日—×月×日	现场勘察、材料准备和编制施工方案（可与杆塔施工同步进行）					业主负责人、施工单位总负责人等
2	×月×日—×月×日	施工交底（可与杆塔施工同步进行）					建设、设计、监理、运行、施工单位相关人员
3	×月×日—×月×日	施工测量（大挡距弧垂观测点现场数据测量）					施工单位技术人员
4	×月×日—×月×日	大件运输和临时拉线锚固（×号～×号杆）					项目××班
	×月×日—×月×日	大件运输和临时拉线锚固（×号～×号杆）					项目××班
	⋮	⋮					⋮
5	×月×日—×月×日	跨越架搭设及验收					运行、监理、施工单位相关人员

续表

序号	施工时间段	施工内容	计划 工作时间	停电配合情况			施工班组
				停役 设备名称	停电 联系人	停复役 计划时间	
6	×月×日— ×月×日	导线架设或拆除、附件安装（×号～×号杆）					项目××班
	×月×日— ×月×日	导线架设或拆除、附件安装（×号～×号杆）					项目××班
	⋮	⋮					⋮
7	×月×日— ×月×日	架线施工部分验收、消缺					运行、监理、施工单位相关人员

注　涉及当天需恢复送电的架线工程，应在恢复送电前由运行、监理、施工单位组织验收工作，并做好记录。

6.4　施 工 技 术 措 施

6.4.1　配电线路设备材料检查

根据施工图纸和本书第2章相关设备材料的检验标准，检查本工程全部设备材料，确保设备材料符合设计要求，产品合格，试验报告齐全，并做好记录。

6.4.2　杆塔施工技术措施

根据施工现场勘察情况，按照本书第3章内容，将本工程所涉及的施工技术要求逐一进行描述。对涉及有关技术计算本章未提供数据的，可参照第8章内容进行必要的计算后，提出适合本工程技术数据。具体分材料运输、基础工程、接地工程、杆塔组立工程进行编制。

6.4.3　架线施工技术措施

根据施工现场勘察情况，按照本书第4章内容，将本工程所涉及的施工技术要求逐一进行描述。对涉及有关技术计算本章未提供数据的，可参照本书第8章内容进行必要的计算后，提出适合本工程技术数据。具体分架线准备、跨越架搭设、放紧线施工、附件和杆上设备安装进行编制。

6.5　施 工 安 全 措 施

6.5.1　杆塔施工安全措施

根据施工现场勘察情况，按照本书第5章5.1节的内容，将本工程所涉及的施工安全要求逐一进行描述。

6.5.2 架线施工安全措施

根据施工现场勘察情况，按照本书第5章5.2节的内容，将本工程所涉及的施工安全要求逐一进行描述。

6.5.3 杆上设备安装安全措施

根据施工图纸和设备说明书，按照本书第5章5.3节的内容，将本工程所涉及的施工安全要求逐一进行描述。

6.5.4 环境保护和文明施工

根据现场勘察和施工技术要求，按照本书第5章5.4节的内容，将本工程所涉及的环境保护和文明施工要求逐一进行描述。

6.6 危险点分析和对应措施

根据工程现场勘察结果，对涉及本工程的重要危险点分析和对应的管控措施按表6-5进行描述。主要针对防高空坠落、防倒杆（抱杆）、防触电和防公共伤害等，提出可操作和针对性强的管控措施。

表6-5 重要危险点分析和对应的管控措施表

序号	危险点分析		危险点管控措施	防控责任单位和责任人	防控配合单位和责任人
	危险点位置	危险点情况描述			
一	基础工程				
二	杆塔工程				
三	架线工程				
四	拆除工程				

6.7 简图及附件

6.7.1 简图

根据现场勘察情况和线路平面走向图，按实际情况修正线路交叉跨越情况，标注正确齐全的被跨越（或穿越）物，形成符合架线实际情况的线路平面走向图。

6.7.2 附件

（1）工程开工报告，详见表6-6。

（2）工程开工报审表，详见表6-7。

（3）施工组织设计（方案）报审表，详见表6-8。

表6-6　　配网工程开工报告

编号：

<table>
<tr><td>项目名称</td><td colspan="2"></td><td>电压等级
/kV</td><td></td><td>项目批准
文号</td><td colspan="2"></td></tr>
<tr><td>建设单位</td><td colspan="7"></td></tr>
<tr><td>设计单位</td><td colspan="7"></td></tr>
<tr><td>施工单位</td><td colspan="7"></td></tr>
<tr><td>监理单位</td><td colspan="7"></td></tr>
<tr><td>开工日期</td><td colspan="2"></td><td colspan="2">计划竣工日期</td><td colspan="3"></td></tr>
<tr><td colspan="8">工程内容及工程量：</td></tr>
<tr><td colspan="8">1. 开工准备情况：
□“三措方案”已审批　　□劳动力安排就绪并已进场
□施工图纸已会审并完成交底　　□其他开工条件已具备
□开工所需的材料、设备、机具已进场
填写时逐项打“√”。
2. 其他需说明的情况：</td></tr>
<tr><td colspan="3">施工单位意见（盖章）：

签名：
日期：　年　月　日</td><td colspan="3">监理单位意见（盖章）：

签名：
日期：　年　月　日</td><td colspan="2">建设单位意见（盖章）：

签名：
日期：　年　月　日</td></tr>
</table>

表 6-7　　　　**工 程 开 工 报 审 表**

工程名称：　　　　　　　　　　　　　　　　　　　　　　　　编号：

<table>
<tr><td>
致________________监理项目部：
我方承担的____________________工程项目，已完成了开工前的各项准备工作，特申请于____年____月____日开工，请审查。
□ 项目管理实施方案（施工组织设计）已审批；
□ 施工图会检已完成；
□ 各项施工管理制度和相应的作业指导书已制定，并审查合格；
□ 施工技术交底已进行；
□ 施工人力和机械已进场，施工组织已落实到位；
□ 物资、材料、设备准备能满足连续施工的需求；
□ 计量器具、仪表、安全工器具经法定单位检验合格；
□ 特种作业人员能满足施工需求，并持有有效的证件。

施工项目部（盖章）：
项 目 经 理（签名）：
日　　期：　　年　　月　　日
</td></tr>
<tr><td>
监理项目部审查意见：

监 理 项 目 部（盖章）：
总监理工程师（签名）：
日　　期：　　年　　月　　日
</td></tr>
<tr><td>
建设管理单位审批意见：

建设单位项目部（盖章）：
项　目　经　理（签名）：
日　　期：　　年　　月　　日
</td></tr>
</table>

表 6-8　　　　　　　　　施工组织设计（方案）报审表

工程名称：　　　　　　　　　　　　　　　　　　　　　　　　　　编号：

<table>
<tr><td>致________监理项目部：
我方已根据施工合同的有关规定，完成了____________工程施工组织设计（方案）的编制，并经我单位主管领导批准，请予以审查。
附件：________工程施工组织设计（方案）

施工项目部（盖章）：
项 目 经 理（签名）：
日　　期：　　年　　月　　日</td></tr>
<tr><td>监理项目部审查意见：

监 理 项 目 部（盖章）：
总监理工程师（签名）：
日　　　期：　　年　　月　　日</td></tr>
<tr><td>建设管理单位审批意见：

建设单位项目部（盖章）：
项　目　经　理（签名）：
日　　　期：　　年　　月　　日</td></tr>
</table>

6.8 10kV 羊岭支线改造施工“三措方案”编制实例

以 10kV 羊岭支线改造为例，详细介绍施工“三措方案”的编制和具体措施。

6.8.1 编制说明

10kV 羊岭支线电源接自 10kV 洋浦 8025 线 57# 杆，10kV 羊岭支线全线 3.47km，共 25 基杆。其中 9#～12# 段位于高山大岭，毛竹生长茂盛，遇大风、雨雪冰冻天气，经常发生毛竹压线而引起线路故障，供电可靠性差。结合年度大修计划，并根据项目批复、施工委托书、施工图设计和会检纪要，特编制本施工方案。

根据现场勘察，施工“三措方案”内容遵循以下规程要求：

（1）《电气装置安装工程 66kV 及以下架空电力线路施工及验收规范》(GB 50173—2014)。

（2）《电气装置安装工程接地装置施工及验收规范》（GB 50169—2016）。

（3）《环形混凝土电杆》（GB/T 4623—2014）。

（4）《电力建设安全工作规程（第 2 部分：电力线路）》（DL 5009.2—2013）。

（5）《电力建设安全工作规程（配电部分）》（国家电网公司）。

（6）《电力安全工作规程（配电部分）》（国家电网公司）。

（7）《基建安全管理规定》（国家电网公司）。

6.8.2 工程概况

1. 工程性质

10kV 羊岭支线 8#～13# 段属技术改造，列入运行单位的年度大修计划。

2. 线路路径

自 10kV 羊岭支线 9# 杆小号 20m 处，左转 27°30′沿羊岭公路左侧行进 442m，右转 74°20′沿公路右侧山坡行进 553m，至原线路 12# 杆大号侧 10m 处接上原线路，具体详见线路平面走向图（图 6-2）。

3. 主要工程量

10kV 羊岭支线原导线型号为 JL/GA1-150/20（K=4.0），根据项目批文改造段导线型号为 JL/GA1-150/20，线路改造全长 975m，共两个耐张段，其中：G_1～G_6 杆段，线路长 442m；G_6～G_{12} 杆段，线路长 533m。杆塔采用普通钢筋混凝土电杆（M 级），其中：ϕ190mm×12m 杆 7 根，ϕ190mm×15m 杆 5 根（两段法兰连接）。G_2～G_7 杆位于公路边约 2m，G_1 杆位于公路右侧 60m 处，G_8～G_{12} 杆位于公路右侧 80m 内，地形较为平坦，地面植物为杂树和小面积松树。全线地质除 G_1 和 G_{12} 为风化岩石外，其他为坚土。G_2～G_3 杆挡和 G_6～G_7 杆挡跨越两条通信光缆，高度为 5m；G_1～G_2 杆挡和 G_7～G_8 杆挡跨越羊岭村公路各一次。G_2～G_7 段材料可通过汽车运输直接到达杆位；G_1、G_8～G_{12} 段材料汽车运输后，采用人力运输到达杆位，平均人力运距约 50m。最高气温+40℃，最低气温-10℃，最大风速 30m/s，最大覆冰厚度 10mm。根据设计图纸在 G_6 杆安装一台杆上断路器，型号为 ZW－12G/630－20；安装避雷器 3 只，型号为 HY5WS－17/50；安装接地装置 1 组，接地电阻要求不大于 10Ω。

4. 相位布置

根据现场勘察和运行单位核实，面向线路大号方向从左到右相序排列为 A、B、C。改造段内无分支线接出，不需考虑分支线的相序问题。

5. 参建单位

（1）建设单位：某省电力公司某供电公司。

（2）设计单位：某电力设计有限公司。

（3）施工单位：某电力工程有限公司。

（4）监理单位：某电力监理有限公司。

（5）运行单位：某供电公司检修分公司配电运检室。

6.8.3 施工组织措施

6.8.3.1 杆塔施工部分

1. 施工人员组织安排

（1）业主项目负责人：__________ 电话：__________

（2）现场监理负责人：__________ 电话：__________

（3）施工单位项目经理：__________ 电话：__________

（4）施工单位现场总负责人：__________ 电话：__________

施工单位现场技术员：__________ 电话：__________

施工单位现场安全员：__________ 电话：__________

（5）施工单位现场工作班组成：

1）项目一班：

负责人：__________（电话：__________）；成员：__________，共____人；需要民工____人。负责 G_2～G_7 杆组立、杆上组件和拉线制作安装工作，采用汽车起重机组立杆塔的方法。

2）项目二班：

负责人：__________（电话：__________）；成员：__________，共____人；需要民工____人。负责 G_1、G_8～G_{12} 杆组立、杆上组件和拉线制作安装工作，采用人字抱杆组立杆塔的方法。

（6）停电联系人。

单　　位：某供电公司配电运检室运检二班

联系人姓名：__________ 电话：__________

2. 装置性材料供应计划

根据现场勘察、施工图设计文件和工程进度安排，要求甲方按表 6－9 供应装置性材料。

表 6-9　　10kV 羊岭支线改造杆塔工程装置性材料供应计划表

序号	材料名称	型号规格	单位	数量	计划供应时间	备　注
1	钢筋混凝土电杆	ϕ190mm×12m，M 级	根	7	6 月 10 日前	甲方送达羊岭公路 G_6 杆附近
		ϕ190mm×15m，M 级	根	5		
2	拉线盘	LP8	块	2		
		LP10	块	6		
		LP12	块	2		
3	高压横担	HD6-1500	块	18	6 月 3 日	乙方到甲方指定地点领用
		HD7-1500	块	8		
4	双杆顶瓷瓶架	SDM6-190	副	9		
5	单杆顶瓷瓶架	DDM8-190	副	3		
6	横担抱箍	HBG6-200	副	9		
		HBG8-200	副	2		
		HBG8-205	副	1		
		HBG8-210	副	1		
7	拉线抱箍	BG6-190	副	1		
		BG6-200	副	4		
		BG6-210	副	1		
8	连接铁	LP6-350P	块	27		
		LP8-560P	块	8		
9	拉线棒	LB18-3.0	根	8		
		LB16-2.5	根	2		
10	拉线 U 形环	LPU-20	副	10		
11	钢绞线	GJ-35	kg	10		
		GJ-50	kg	25		
12	楔型线夹	NX-1	只	2		
		NX-2	只	10		
13	UT 型线夹	NUT-1	只	2		
		NUT-2	只	10		
14	杆上断路器	ZW-12G/630-20	台	1		
15	接地装置	JD12-20	副	1		
16	螺栓	M16×45	只	75		
		M16×70	只	65		

注　杆上开关配安装支架，并经相应试验合格（附试验报告）。

3. 杆塔施工计划安排

根据本项目施工现场勘察、施工图现场核对、施工交底、人员组织和材料准备等情况，杆塔部分施工计划做如下安排，详见表 6-10。

表 6-10　　10kV 羊岭支线改造杆塔施工计划安排表

序号	施工时间段	施工内容	计划工作时间/(时：分)	停电配合情况			施工班组
				停役设备名称	停电联系人	停复役计划时间	
1	6月2—5日	现场勘察、材料准备和施工方案编制和报批					业主负责人、施工单位总负责人等
2	6月6日	施工交底	8：30—10：00				建设、设计、监理、运行、施工单位相关人员
3	6月2—3日	施工测量	8：30—17：00				施工单位技术人员
4	6月7—12日	基础施工：G_2～G_7杆洞、拉线洞和接地槽开挖，G_6杆拉线盘和接地装置安装； 大件运输：G_2～G_7电杆和拉线盘汽车运输和人力运输，到达杆位	8：30—17：00				项目一班（具体分工详见当天施工作业票）
		基础施工：G_1、G_8～G_{12}杆洞和拉线洞开挖；拉线盘安装； 大件运输：G_1、G_8～G_{12}电杆和拉线盘汽车运输和人力运输，到达杆位	8：30—17：00				项目二班（具体分工详见当天施工作业票）
5	6月13日	基础工程验收、消缺	8：30—12：00				运行、监理、施工单位相关人员
6	6月14—15日	杆塔组立：G_2～G_7杆汽车吊组立电杆，杆上组件、拉线制作和G_6杆断路器安装	8：30—17：00				项目一班（具体分工详见当天施工作业票）
		杆塔组立：G_8～G_{11}杆人字抱杆组立电杆，杆上组件和拉线制作	8：30—17：00				项目二班（具体分工详见当天施工作业票）
7	6月16日	杆塔组立：G_1、G_{12}杆人字抱杆组立电杆，杆上组件和保证恢复送电的临时柱式绝缘子安装，导线固定	7：30—17：00	拉开10kV洋浦8025线57#杆羊岭支线跌落式熔断器	姓名： 电话：	7：20—17：30	项目二班（具体分工详见当天工作票）
8	6月17日	杆塔施工部分自验收、消缺	8：30—17：00				施工单位
9	6月18日	杆塔施工部分业主验收、消缺	8：30—12：00				运行、监理、施工单位相关人员

注　6月16日G_1、G_{12}杆组立完成，导线在新杆上用柱式绝缘子固定，当天需恢复送电。在恢复送电前由运行、监理、施工单位组织验收工作，合格后方可恢复送电。

6.8.3.2 架空线施工部分

1. 施工人员组织安排

(1) 业主项目负责人：__________ 电话：__________

(2) 现场监理负责人：__________ 电话：__________

(3) 施工单位项目经理：__________ 电话：__________

(4) 施工单位现场总负责人：__________ 电话：__________

施工单位现场技术员：__________ 电话：__________

施工单位现场安全员：__________ 电话：__________

(5) 施工单位现场工作班组成：

负责人：__________ （电话：__________）；成员：________________，共____人；需要民工____人。负责 G_1～G_{12} 架设、G_1、G_{12} 杆原线路开耐张和 G_6 杆断路器、避雷器、接地装置安装工作，采用人力放线和机动绞磨紧线的方法。

(6) 停电联系人。

单　　位：某供电公司配电运检室运检二班

联系人姓名：__________ 电话：__________

2. 装置性材料供应计划

根据现场勘察、施工图设计文件和工程进度安排，要求甲方按表 6-11 供应装置性材料。

表 6-11　　10kV 羊岭支线改造架线工程装置性材料供应计划表

<table>
<tr><th>序号</th><th colspan="2">材料名称</th><th>型号规格</th><th>单位</th><th>数量</th><th>计划供应时间</th><th>备　注</th></tr>
<tr><td>1</td><td colspan="2">钢芯铝绞线</td><td>JL/GA1-150/20</td><td>kg</td><td>1680</td><td rowspan="16">6月15日</td><td rowspan="16">乙方到甲方指定地点领用</td></tr>
<tr><td rowspan="2">2</td><td colspan="2" rowspan="2">架空绝缘导线</td><td>JKLYJ-150/10kV</td><td>m</td><td>20</td></tr>
<tr><td>JKLYJ-35/10kV</td><td>m</td><td>10</td></tr>
<tr><td rowspan="2">3</td><td colspan="2" rowspan="2">铝接线端子</td><td>DL-150</td><td>只</td><td>6</td></tr>
<tr><td>DL-35</td><td>只</td><td>3</td></tr>
<tr><td>4</td><td colspan="2">柱式绝缘子</td><td>R5ET105L</td><td>只</td><td>36</td></tr>
<tr><td>5</td><td colspan="2">悬式绝缘子</td><td>U70BP 玻璃</td><td>片</td><td>36</td></tr>
<tr><td rowspan="7">6</td><td rowspan="7">金具</td><td>直角挂板</td><td>Z-7</td><td>只</td><td>18</td></tr>
<tr><td>球头挂环</td><td>QP-7</td><td>只</td><td>18</td></tr>
<tr><td>碗头挂扳</td><td>W-7B</td><td>只</td><td>18</td></tr>
<tr><td>耐张线夹</td><td>NLD-3</td><td>只</td><td>18</td></tr>
<tr><td>并沟线夹</td><td>JB-3</td><td>只</td><td>24</td></tr>
<tr><td>异型并沟线夹</td><td>JBL-16-150A</td><td>只</td><td>3</td></tr>
<tr><td>铝包带</td><td>1×10</td><td>m</td><td>40</td></tr>
<tr><td>7</td><td colspan="2">避雷器</td><td>HY5WS-17/50</td><td>只</td><td>3</td></tr>
</table>

3. 架线施工计划安排

根据本项目施工现场勘察、施工图现场核对、施工交底、人员组织和材料准备等情况，架线部分施工计划作如下，安排详见表 6-12。

表 6-12　　10kV 羊岭支线改造架线施工计划安排表

序号	施工时间段	施工内容	计划工作时间/(时：分)	停电配合情况			施工班组
				停役设备名称	停电联系人	停复役计划时间	
1	6月2—5日	现场勘察、材料准备和施工方案编制和报批					业主负责人、施工单位总负责人等
2	6月6日	施工交底	8：30—10：00				建设、设计、监理、运行、施工单位相关人员
3		施工测量：本工程无大挡距（略）					
4	6月18日	大件运输：导线运抵 G_6 杆临时拉线锚固；G_6 杆临时拉线制作	8：30—12：00				项目班（具体分工详见当天施工作业票）
5	6月18日	跨越架搭设及验收：G_1 杆大号方向靠公路右侧和 G_8 杆小号方向靠公路右侧山上搭设单排跨越架，两侧做好临时拉线，高度不小于5m	8：30—16：00				施工负责人：G_1 杆侧×××；G_8 杆侧×××。 验收：运行、监理、施工人员
6	6月19日	放线：放线点设 G_6 杆，从两侧展放导线。G_1 侧过跨越架后至 G_1 杆附近，用紧线器锚固后固定在临时地锚桩，放线侧固定在紧线地锚桩上，保持 G_1～G_2 杆导线与公路距离满足要求的情况下尽量松弛（完成两相导线预展放工作）；同样在 G_{12} 杆侧预展放两相导线	8：3—17：00				项目班（具体分工详见当天施工作业票）
7	6月20日	拉线制作：G_1、G_{12} 杆永久拉线和临时制作； 紧线：G_1、G_{12} 杆两边相挂线；G_6 杆紧线工作； 放紧线：中相导线展放和紧线工作； 开耐张：G_1、G_{12} 杆原线路开耐张； 弛度观测：G_3～G_4 杆；G_8～G_9 杆。 复线和耐张杆引流线搭接：直线杆复线、耐张杆引流搭接、G_6 杆断路器和避雷器接线安装。 原线路拆除：G_1 杆小号侧耐张开断后，拆除大号方向至原9# 杆的三相导线，并在原9# 小号侧做好临时拉线补强措施；G_{12} 杆大号侧耐张开断后，拆除小号方向至原12# 杆的三相导线，并在原12# 大号侧做好临时拉线补强措施	7：30—17：30	拉开10kV洋浦8025线57# 杆羊岭支线跌落式熔断器	姓名： 电话：	7：20—18：00	项目班（具体分工详见当天工作票和工作任务单）

续表

序号	施工时间段	施工内容	计划工作时间/(时：分)	停电配合情况			施工班组
				停役设备名称	停电联系人	停复役计划时间	
8	6月20日	架线施工部分验收、消缺和送电	16：30—18：00				运行、监理、施工单位相关人员
9	6月21—22日	旧线路拆除：拆除原9#～12#段导线和拔除9#～12#电杆	8：30—17：00				项目班（具体分工详见当天施工作业票）
10	6月23—24日	竣工资料整理移交和废旧物资退回；工程结算	8：30—17：00				运行、监理、施工单位相关人员

注 6月20日改造段架设完成需当天投运，应在恢复送电前由运行、监理、施工单位组织验收工作，并做好记录。

6.8.4 施工技术措施

本工程杆塔组立采用汽车起重机和人字抱杆两种方法；架空线架设采用人力放线和杆上紧线方法。技术措施编写按照本章6.4节模板，参照第3、4章内容，将涉及本工程相关的技术措施进行编制即可。限于篇幅，这里仅对汽车起重机、人字抱杆组立工器具和紧线施工工器具选择进行描述，其他不作罗列。

6.8.4.1 汽车起重机选择

1. 起吊荷载计算

（1）ϕ190mm×12m电杆。查表8-1得水泥杆重量为1100kg；杆上铁附件重量约200kg；起重机主副钩重量约120kg。则起吊重量$G=1.2\times(1100+200+120)=1704(kg)$。

（2）ϕ190mm×15m电杆。查表8-1得水泥杆重量为1500kg；杆上铁附件重量约200kg；起重机主副钩重量约120kg。则起吊重量$G=1.2\times(1500+200+120)=2184(kg)$。

2. 起吊重心和最小起升高度确定

（1）ϕ190mm×12m电杆。查表8-1得水泥杆重心为5.27m，横担等铁件重量为200kg，距杆顶1.0m，则起吊重心离杆根距离H为

$$H=\frac{\sum M}{\sum G}=\frac{200\times11+1100\times5.27}{200+1100}=6.15(m)$$

起吊钢丝绳套有效长度为1.0m，起重机钢丝绳起升裕度为0.5m。起吊时保证电杆下部重量大于上部，有利于电杆就位，考虑吊点位置从重心位置上移2m。

则起重机的最小起升高度为

$$h_{min}=6.15+2+1+0.5=9.65(m)$$

（2）ϕ190mm×15m电杆。查表8-1得水泥杆重心为6.46m，横担等铁件重量为200kg，距杆顶1.0m，则起吊重心离杆根距离H为

$$H=\frac{\sum M}{\sum G}=\frac{200\times14+1500\times6.46}{200+1500}=7.35(m)$$

起吊钢丝绳套有效长度为1.0m，起重机钢丝绳起升裕度为0.5m。起吊时保证电杆下部重量大于上部，有利于电杆就位，考虑吊点位置从重心位置上移2m。

则起重机的最小起升高度为

$$h_{min}=7.35+2+1+0.5=10.85(m)$$

3. 起重机工作幅度

根据现场勘察 G_2～G_7 杆起吊的最大工作幅度为4.5m。

4. 起重机型号选择

根据ϕ190mm×15m电杆的起吊重量2184kg，最小起升高度10.85m和工作幅度4.5m。查附表C.1（QY8B.5型汽车起重机作业性能参数表）可知，该型号起重机伸中长臂（13.4m），在工作幅度4.5m状态下，能起吊3600kg，最大起升高度为13.7m，可见能满足施工要求。为此，本工程采用汽车起重机组立电杆，选择QY8B.5型汽车起重机。汽车起重机组立电杆工器具配置见表6-13。

表6-13　　10kV羊岭支线改造汽车起重机组立电杆工器具表

序号	名　称	规格或型号	单位	数量	质量/kg	备　注
1	汽车起重机	QY8B.5型	辆	1		
2	卸扣	ϕ20mm	只	1	0.5	
3	卸扣	ϕ18mm	只	2	2	
4	钢丝绳套	ϕ14mm×1.5m(6×19)	条	2	3	起吊绳
5	脚扣	SC-400	副	2		
6	安全带	全身式	副	2		
7	白棕绳	ϕ16mm×50m	条	2	22	控制绳
8	白棕绳	ϕ14mm×20m	条	1	8	传递绳
9	铁锤	7.2kg	把	1	8	
10	铁锤	1.8kg	把	1	2	
11	钢钎	ϕ25mm×1.5m	根	2	15	
12	枕木	300mm×300mm×1500mm	根	4	80	
		300mm×300mm×1000mm	根	4	60	
		200mm×300mm×1000mm	根	4	40	
13	安全警示牌	落地式	块	2		
14	安全围栏		套	1		

注　序号1～6工器具需经有资质单位检验合格，检验周期在有效范围内。

5. 汽车起重机作业面布置

根据现场勘察，公路宽度为5.5m，吊机布置靠公路外侧，公路内侧留足3.0m宽供车辆通行，作业区两侧设置“前方电力施工，单向慢速通行”的安全警示标志，作业区域设置安全围栏，并设专人看守。公路外沿2m范围内地基坚实稳固，采用侧方区作业，作业简图如图6-1所示。

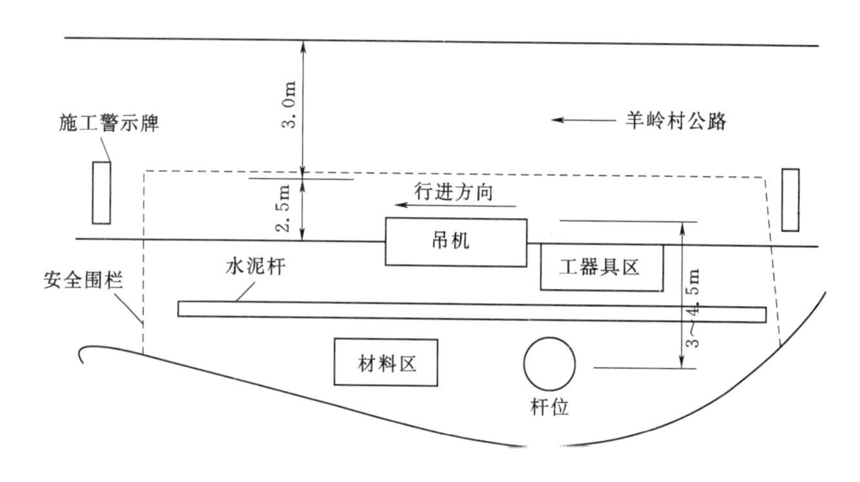

图6-1　侧方区作业简图

6.8.4.2　人字抱杆组立工器具选择

本工程G_1、G_8～G_{12}杆组立和原9#～12#杆（高度均为12m）拔除，采用人字抱杆组立和拔除，土质为坚土。按照ϕ190mm×15m电杆的起吊重量，参照第8章相关内容进行配置人字抱杆组立的工器具，配置方法如下：

（1）起吊滑车组。查表8-2得，上部选择H2×2L（20kN，双轮带圆环），下部选择H2×2G（20kN，双轮带挂钩）。

（2）主牵引绳。查表8-5得，选择ϕ7.7mm×65m（6×19股）。

（3）抱杆缆风绳。查表8-6得，选择ϕ9.3mm×20m（6×19股）。

（4）起吊绳。查表8-7得，选择ϕ14mm×1.5m（6×19股）。

（5）转向滑车和滑车钢丝绳套。查表8-8得，转向滑车选择H1×1G（10kN，单轮带挂钩）；钢丝绳套选择ϕ7.7mm×1m（6×19股）。

（6）机动绞磨和绞磨钢丝绳套。查表8-5得，绞磨钢丝绳套选择ϕ7.7mm×1.5m（6×19股）；机动绞磨选择JM-20B（T_n=20kN，扬州机具厂）。

（7）人字抱杆。查表8-13得，木质抱杆可选择长度为9m，增径率不小于0.8%，梢径为150mm的杉木；查表8-14得，钢管抱杆可选择长度为10.5m，壁厚为5mm，梢径为150mm。

（8）临时锚桩。查表8-21得，临时拦风锚桩选择角钢桩（75mm×8mm），双桩，埋深不小于1.2m；查表8-8和表8-19得，抱杆根部转向滑车临时锚桩，选择ϕ50mm×1.8m圆钢桩，单桩布置，埋深不小于1.5m。

根据以上配置原则，本工程人字抱杆组立、拔除电杆的工器具选择见表6-14。所有工器具应经有资质单位检验合格后，方可使用。

表 6-14　　　　10kV 羊岭支线改造人字抱杆组立电杆工器具表

序号	名称	规格或型号	单位	数量	质量/kg	备　注
1	人字抱杆	$L=9$m，$d_1=150$mm $\delta=0.8\%$，木质	副	1	280	单根抱杆受压力 $N_n=20$kN
2	机动绞磨	20kN	台	1	100	
3	双轮滑车	20kN，双轮，带圆环	只	1	15	
4	双轮滑车	20kN，双轮，带挂钩	只	1	15	
5	单轮滑车	5kN，单轮，开口	只	1	8	
6	卸扣	ϕ20mm	只	1	0.5	抱杆顶连接用
7	卸扣	ϕ18mm	只	2	2	
8	卸扣	ϕ16mm	只	6	6	
9	双钩	10kN	把	2	10	备用
10	钢丝绳	ϕ7.7mm×65m（6×19 股）	条	1	50	牵引绳
11	钢丝绳	ϕ9.3mm×20m（6×19 股）	条	2	40	缆风绳
12	钢丝绳套	ϕ14mm×1.5m（6×19 股）	条	2	3	起吊绳
13	钢丝绳套	ϕ6.2mm×1m（6×19 股）	条	2	1	转向滑车用
14	钢丝绳套	ϕ7.7mm×1m（6×19 股）	条	2	1	机动绞磨用
15	钢丝绳套	ϕ9.3mm×1.5m（6×19 股）	条	2	3	临时缆风双联桩连接用
16	脚扣	SC-400	副	1		
17	安全带	全身式	副	1		
18	角钢桩	75mm×8mm×1.5m	根	6	95	临时缆风和绞磨用
19	圆钢桩	ϕ50mm×1.8m	根	1	10	抱杆根部用
20	白棕绳	ϕ16mm×50m	条	2	22	控制绳
21	白棕绳	ϕ14mm×20m	条	1	8	传递绳
22	铁锤	7.2kg	把	2	16	
23	铁锤	1.8kg	把	1	2	
24	钢钎	ϕ25mm×1.5m	根	2	15	

注　序号 1～17 的工器具需经有资质单位检验合格，检验周期在有效范围内。

6.8.4.3　紧线施工工器具选择

本工程共 2 个耐张段，耐张段长度分别为 442m 和 533m，耐张段长度较小，紧线侧设在 G_6 杆，G_1、G_{12} 杆为挂线侧，紧线采用人工收余线和机动绞磨紧线的方法。紧线时导线张力按导线最大使用张力估算，横担两侧各设置 1 根临时拉线的布置计算受力情况，具体计算见第 8 章内容。本工程紧线机具配置见表 6-15。

表 6-15　　　　　　　　**10kV 羊岭支线改造紧线机具配置表**

分部	序号	机具名称	规　　格	单位	数量	备　注
临时拉线部分	1	钢丝绳	ϕ9.3mm×25m（6×19 股）	条	8	临时拉线
	2	钢丝绳套	ϕ12.5mm×1m（6×19 股）	条	4	
	3	钢丝绳套	ϕ12.5mm×1.2m（6×19 股）	条	4	采用双桩时用
	4	双钩	20kN	把	8	临时拉线用
	5	滑车	10kN 单开口	只	1	拉线用
	6	卸扣	ϕ20mm	只	5	连接用
	7	棕绳	ϕ14mm×40m	条	2	传递工器具用
	8	角钢锚桩	75mm×8mm×1800mm	根	4	单桩配置（1.4m 深）
	9	角钢锚桩	75mm×8mm×1500mm	根	8	双桩配置（1.0m 深）
紧线部分	10	钢丝绳	ϕ9.3mm×50m（6×19 股）	条	1	挂线总牵引
	11	钢丝绳	ϕ9.3mm×25m（6×19 股）	条	1	锚线用
	12	钢绳套	ϕ12.5mm×1m（6×19 股）	条	2	
	13	钢绳套	ϕ12.5mm×1.2m（6×19 股）	条	2	
	14	钢绳套	ϕ7.7mm×400m（6×19 股）	条	20	固定放线滑车用
	15	机动绞磨	20kN	台	1	牵引用
	16	放线滑车	单轮开口铝滑车	只	20	牵引用
	17	滑车	10kN 单开口	只	4	牵引用
	18	紧线器	LGJ-150	只	4	
	19	卸扣	ϕ20mm	只	5	连接用
	20	角钢锚桩	75mm×8mm×1500mm	根	4	绞磨双桩 1.0m 深；地滑车单桩 1.0 深
	21	角钢锚桩	75mm×8mm×1800mm	根	1	锚线桩单桩 1.4m 深
	22	铁锤	8.2kg	把	2	
	23	棕绳	ϕ14mm×40m	条	2	控制用
	24	镀锌铁丝	20#（ϕ0.914mm）	kg	3	

注　序号 1～6、10～19 工器具需经有资质单位检验合格，检验周期在有效范围内。

6.8.5　施工安全措施

本工程杆塔组立采用汽车起重机和人字抱杆两种方法；架空线架设采用人力放线和杆上紧线的方法。安全措施编写按照本章 6.5 节模板，参照第 5 章内容，将涉及本工程相关的安全措施进行编制即可。限于篇幅和重复，这里不作罗列。

6.8.6　危险点分析和对应措施

本工程经现场勘察，重要危险点分析和对应的管控措施见表 6-16。

表 6-16　　10kV 羊岭支线改造重要危险点分析和对应的管控措施表

序号	危险点分析		危险点管控措施	防控责任单位和责任人	防控配合单位和责任人
	危险点位置	危险点情况描述			
一	基础工程				
1	G_1、G_{12}杆基础开挖	土质为风化岩石，需采用爆破开挖，飞石可能伤及原带电导线	采用放小炮逐层开挖，药量每次不大于半节，炮眼不得朝正上方，在洞口用树枝遮盖严实，最上层加盖尼龙网（网眼不大于 80mm），四角固定牢固	工程公司：×××	爆破专业队伍：×××
2	G_1、G_6、G_{10}、G_{12}拉线盘安装	拉线盘就位时，拉线棒回弹伤人	拉线盘采用滑板就位方式，拉线棒用绳子固定后随拉盘慢慢下滑就位	工程公司：×××	
二	杆塔工程				
1	G_2～G_7 杆组立	采用汽车起重机组立法，防止汽车起重机外侧脚下沉	羊岭公路宽度约 5.5m，汽车起重机摆放后能保证单侧车辆通行，汽车起重机每次作业均需做试吊，并观测四脚稳固后，方可进行组立工作；起重机两侧设安全警示标志，设专人看守。具体要求详见施工技术和安全措施	工程公司：×××（电话：　　）	工程公司：×××
2	G_1、G_8～G_{12}杆组立	采用人字抱杆组立法，防止倒抱杆、倒杆	G_1、G_8～G_{12}位于山上，杆位地形较平坦，抱杆和临时锚桩布置严格按施工技术和安全措施执行	工程公司：×××（电话：　　）	工程公司：×××
3	G_1、G_{12}杆组立	杆位位于原线路正下方，防止作业人员触电	G_1、G_{12}杆位于原线路正下方，该两基杆必须停电，严格履行验电、接地手续，并得到运行部门的许可后方可进行组立电杆	工程公司：×××（电话：　　）	配电运检二班：×××
三	架线工程				
1	G_1～G_{12}杆	防止高空坠物伤人	杆上作业人员上下传递物件必须采用绳索，物件绑扎牢固；杆上作业人员严禁将工器具、材料等浮搁在杆上；放线滑车、紧线器具固定牢固，保险扣齐全。特别是 G_2～G_7 杆位于公路边，行人、车辆较多，严格按施工技术和安全措施进行操作	工程公司：×××（电话：　　）	全体施工人员
2	G_1～G_2、G_6～G_7 杆挡	防止导线对公路安全距离不足，伤及行人和车辆	跨越架严格按施工技术和安全措施进行搭设，采用单侧单排跨越架，使用毛竹杆搭设，高度不小于 5m，宽度不小于 2.5m，与线路方向垂直，两侧各设置临时接线 2 根，侧面各设置临时拉线 1 根，并经监理单位验收合格；放紧线时这 2 挡公路上和跨越架处必须设专人看守，并与紧线点保持通信畅通；导线未完成紧线工作需过夜时，两侧导线要固定牢固，跨越公路处的安全距离满足对公路 6.5m 的要求	工程公司：×××（电话：　　）	工程公司：×××、×××

续表

序号	危险点分析		危险点管控措施	防控责任单位和责任人	防控配合单位和责任人
	危险点位置	危险点情况描述			
四	拆除工程				
1	原9#、12#杆	G_1、G_{12}杆原线路开耐张后，防止发生旧线路倒杆	G_1、G_{12}杆原线路开耐张前，应在原9#杆小号侧和原12#杆大号侧做好临时拉线；严禁采用突然剪断导线的方法拆除导线	工程公司：×××（电话：　　）	配电运检二班：×××
2	原9#～12#杆	防止倒杆和触电	原9#～12#杆导线采用机动绞磨慢慢松出；旧电杆采用人字抱杆拔除。严格按施工技术和安全措施进行操作。原9#、12#杆与新架G_1、G_{12}杆较近，在进行拆除工作时，要认真核对线路双重命名，防止误登杆而引发触电伤人事件	工程公司：×××（电话：　　）	配电运检二班：×××

6.8.7 环境保护和文明施工

（1）本工程G_1～G_2杆段和G_7～G_{12}杆段，需砍伐少量的树木、毛竹，施工测量时已与羊岭村的村委会联系，并与村民协商好赔偿价格。

（2）山区进行配电线路施工，严禁乱丢烟蒂，烟蒂要丢进现场设置的专业小铁桶内（桶内存放一定的水），严防发生山火事件。

（3）施工过程中重点防止燃料、泥浆、油漆、垃圾的泄漏或排放。

（4）现场施工作业人员饭后杂物严禁乱丢、乱弃，统一堆放集中处理，施工工地必须做到工完料尽。在施工工程中严禁与当地村民发生冲突，如有情况必须向上一级领导反映，严禁斗殴。

（5）施工时，被破坏的沟堤、坎等，施工结束后，立即恢复到施工前的地貌，防止水流失和土壤污染。

（6）对施工区域以外的场地，不得经意进行挖掘、填埋、丢弃废物、建临设施。

（7）严格按规程要求履行班前、班后制度，并做好签名记录。

（8）工器具、材料无损坏，符合要求。

（9）对在施工过程中被损坏的树木、毛竹等，应做好记录，并按规定进行赔偿。

6.8.8 简图及附件

1. 简图

10kV羊岭支线原8#～13#段改造线路走向平面示意图，如图6-2所示。

2. 附件

（1）工程施工组织设计（方案）封面，如图6-3所示。

（2）工程施工组织设计（方案）签名页，如图6-4所示。

（3）工程开工报告，见表6-17。

（4）工程开工报审表，见表6-18。

（5）施工组织设计（方案）报审表，见表6-19。

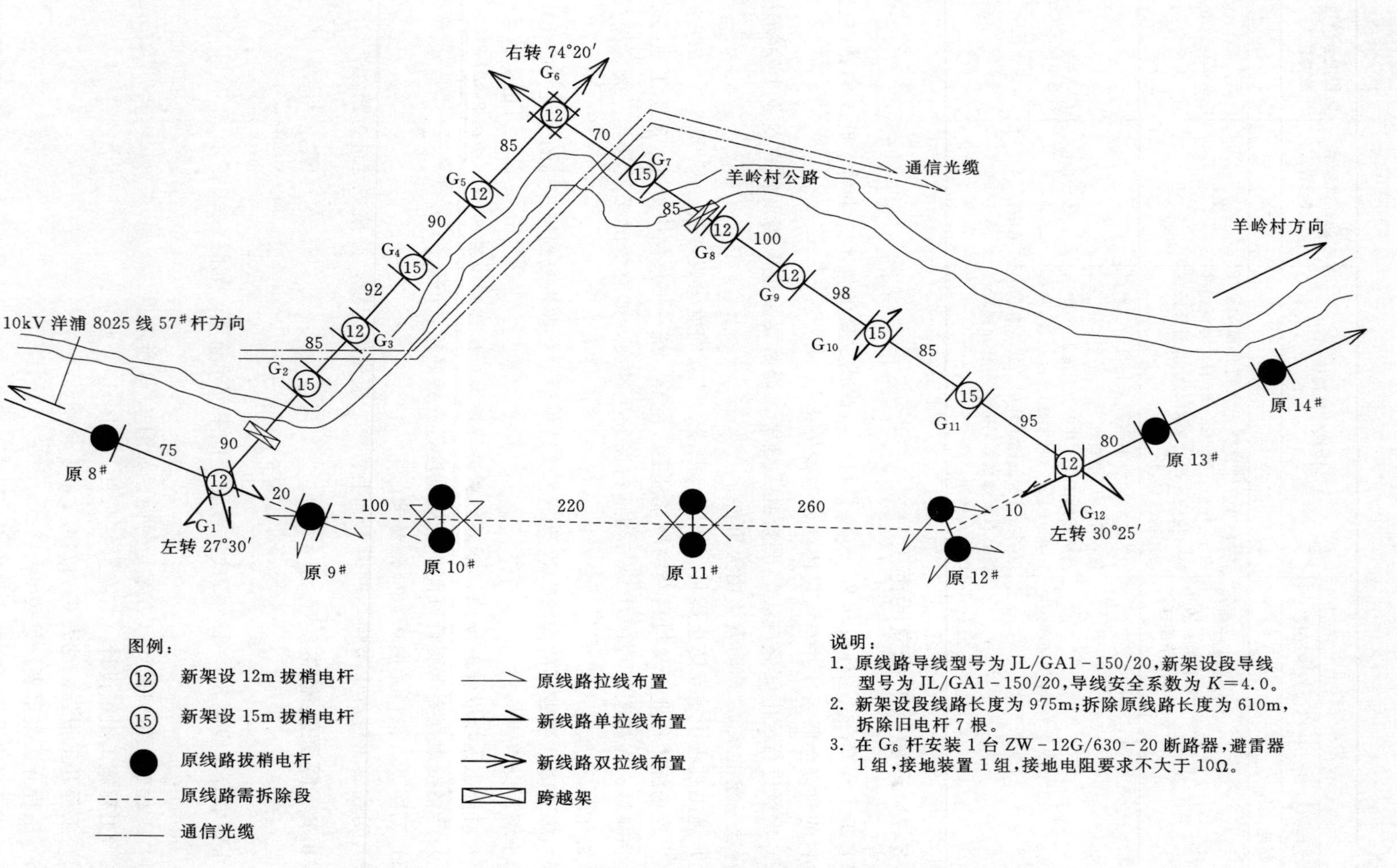

图 6-2　10kV 羊岭支线原 8# ～13# 段改造线路走向平面示意图

工程施工组织设计（方案）
编号：SZS－2016－067

10kV羊岭支线原$8^{\#}$～$13^{\#}$杆改造工程
施工组织设计
（施工“三措方案”）

某电力工程有限公司
年　　月　　日

图6－3　工程施工组织设计（方案）封面

10kV羊岭支线原$8^{\#}$～$13^{\#}$杆改造工程
施工组织设计
（施工“三措方案”）

批准（签名）：×××（总工程师）
审核（签名）：×××（配网部主任）
校核（签名）：×××
编制（签名）：×××

图6－4　工程施工组织设计（方案）签名页

表6－17　　**配网工程开工报告**

编号：PS－2016－028

<table>
<tr><td>项目名称</td><td colspan="2">10kV羊岭支线原$8^{\#}$～$13^{\#}$杆改造工程</td><td>电压等级/kV</td><td>10</td><td>项目批准文号</td><td>ZYCZ16028</td></tr>
<tr><td>建设单位</td><td colspan="6">×××电力公司××供电公司</td></tr>
<tr><td>设计单位</td><td colspan="6">×××电力设计有限公司</td></tr>
<tr><td>施工单位</td><td colspan="6">×××电力工程有限公司</td></tr>
<tr><td>监理单位</td><td colspan="6">×××电力建设监理有限公司</td></tr>
<tr><td>开工日期</td><td colspan="2">2016年6月6日</td><td colspan="2">计划竣工日期</td><td colspan="2">2016年6月24日</td></tr>
<tr><td colspan="7">工程内容及工程量：
1. 本工程新立电杆12基，采用普通钢筋混凝土电杆（M级），其中：ϕ190mm×12m杆7根，ϕ190mm×15m杆5根（2段法兰连接）。
2. 原10kV羊岭支线导线型号为JL/GA1－150/20（K＝4.0），根据项目批文改造段导线型号为JL/GA1－150/20，线路改造全长975m，共2个耐张段（G_1～G_6杆段，线路长442m；G_6～G_{12}杆段，线路长533m）。
3. 拆除原$9^{\#}$～$12^{\#}$杆段线路，拆除线路长度为610m，拆除旧电杆4基。
4. 安装杆上断路器（ZW－12G/630－20）1台，安装氧化锌避雷器（HY5WS－17/50）3只，安装接地装置1组。</td></tr>
<tr><td colspan="7">1. 开工准备情况：
□“三措方案”已审批（√）　　□ 劳动力安排就绪并已进场（√）
□ 施工图纸已会审并完成交底（√）　　□ 其他开工条件已具备（√）
□ 开工所需的材料、设备、机具已进场（√）
填写时逐项打“√”。
2. 其他需说明的情况：</td></tr>
<tr><td colspan="3">施工单位意见（盖章）：
具备开工条件，申请开工。
签名：×××
日期：　年　　月　　日</td><td colspan="2">监理单位意见（盖章）：
具备开工条件，同意开工。
签名：×××
日期：　年　　月　　日</td><td colspan="2">建设单位意见（盖章）：
同意开工。
签名：×××
日期：　年　　月　　日</td></tr>
</table>

表 6-18　　　　　　　　　　　工程开工报审表

工程名称：10kV 羊岭支线原 8#～13# 杆改造　　　　　　　　　　　　编号：PS-2016-028P

<table>
<tr><td>
致××省电力建设监理有限公司监理项目部：
我方承担的10kV羊岭支线原8#～13#杆改造工程项目，已完成了开工前的各项准备工作，特申请于2016年6月6日开工，请审查。
□ 项目管理实施方案（施工组织设计）已审批。(√)
□ 施工图会检已完成。(√)
□ 各项施工管理制度和相应的作业指导书已制定，并审查合格。(√)
□ 施工技术交底已进行。(√)
□ 施工人力和机械已进场，施工组织已落实到位。(√)
□ 物资、材料、设备准备能满足连续施工的需求。(√)
□ 计量器具、仪表、安全工器具经法定单位检验合格。(√)
□ 特种作业人员能满足施工需求，并持有有效的证件。(√)

施工项目部（盖章）：
项 目 经 理（签名）：
日　　期：　　年　　月　　日
</td></tr>
<tr><td>
监理项目部审查意见：

经监理项目部检查，施工单位针对10kV羊岭支线改造项目的上述8项工作已全部完成，资料齐全，符合要求，工程具备开工条件，同意开工。

监 理 项 目 部（盖章）：
总监理工程师（签名）：
日　　期：　　年　　月　　日
</td></tr>
<tr><td>
建设管理单位审批意见：
□ 工程已核准。(√)
经核查，本工程具备开工条件，同意开工。

建设单位项目部（盖章）：
项　目　经　理（签名）：
日　　期：　　年　　月　　日
</td></tr>
</table>

表 6-19　　施工组织设计（方案）报审表

工程名称：10kV羊岭支线原8#～13#杆改造　　编号：PS-2016-028PF

致××省电力建设监理有限公司监理项目部： 我方已根据施工合同的有关规定，完成了10kV羊岭支线原8#～13#杆改造工程施工组织设计（方案）的编制，并经我单位主管领导批准，请予以审查。 附件：10kV羊岭支线原8#～13#杆改造工程施工组织设计（方案） 施工项目部（盖章）： 项 目 经 理（签名）： 日　　期：　年　月　日
监理项目部审查意见： 本工程的施工组织设计（方案）内容完整，符合现场实际，人员组织、材料供应、工器具配置和施工计划安排符合施工合同的要求。“三措方案”技术上可操作性、针对性强，安全上符合现场实际和相关规范要求，经济上合理。 请施工单位在施工前组织全体施工人员进行施工交底，并在施工过程中严格执行本施工组织设计（方案），确保施工安全。 监 理 项 目 部（盖章）： 总监理工程师（签名）： 日　　期：　年　月　日
建设管理单位审批意见： 经核查，同意本施工组织设计（方案）。 建设单位项目部（盖章）： 项 目 经 理（签名）： 日　　期：　年　月　日

7 竣工验收要求及资料

7.1 验收要求及投运前准备

7.1.1 验收要求

工程竣工验收应按隐蔽工程、中间验收和竣工验收3个阶段进行，并按相关验收规范要求逐项组织验收工作，做好记录和签名。

7.1.1.1 隐蔽工程验收要求

隐蔽工程验收检查应在隐蔽前进行，隐蔽工程验收的主要内容如下：

(1) 基础坑深及地基处理情况。

(2) 底盘、拉盘、卡盘的坑深及埋设情况。

(3) 现浇混凝土基础的外形尺寸、深度和浇筑质量情况。

(4) 导线、绝缘线的线股损伤及修补情况。

(5) 杆塔接地装置埋设的坑深、长度及走向情况。

7.1.1.2 中间验收要求

中间验收按基础工程、杆塔工程、架线工程、接地工程和杆上电气设备安装进行。中间验收的主要内容如下：

1. 基础工程

(1) 基础工程的位移偏差情况。

(2) 杆坑、拉线坑及接地体的回填土情况。

2. 杆塔工程

(1) 杆塔部件、构件的规格及组装质量。

(2) 混凝土电杆及钢管杆经焊接或法兰连接后的弯曲度及焊口焊接质量，套接连接的钢管杆的插入深度。

(3) 混凝土电杆及钢管杆组立后对中心桩的位移、迈步、根开偏差及倾斜情况。

(4) 杆塔及横担螺栓的紧固程度、穿向等。

(5) 拉线安装后的偏差和安装质量情况。

3. 架线工程

(1) 导线及地线的弧垂。

(2) 导线对地及交叉跨越物的实际距离。

(3) 绝缘子的规格、数量，绝缘子的破损、清洁情况。

(4) 金具的规格、数量及安装质量，金具螺栓或销钉的规格、数量及穿向。

(5) 杆塔在架线后的弯曲及倾斜情况。

(6) 跨接线、引流线安装后的相间距离及对地距离。
(7) 防雷绝缘子或防雷间隙的放电间隙及朝向。
(8) 导线接头、修补的数量及位置。
(9) 防振锤的规格、数量、安装距离及安装质量。
(10) 线路对临近构筑物的最小距离。
4. 接地工程
(1) 接地引线的规格与杆塔及接地体的连接情况。
(2) 测量接地电阻值并换算。
5. 杆上电气设备安装
(1) 设备的型号、规格是否符合设计要求。
(2) 设备的安装高度及电气距离是否符合设计要求。
(3) 电器设备外观应完好无缺损。
(4) 相位连接正确无误。

7.1.1.3 竣工验收要求

竣工验收应在隐蔽工程验收、中间验收和施工单位自验收全部合格，并提供完整的竣工资料后实施。竣工验收除应确认工程的施工质量外，还应包括以下内容：
(1) 线路走廊障碍物的处理情况。
(2) 杆塔及设备的命名、编号、相色是否齐全。
(3) 和线路沿线临近、交跨单位的协议。
(4) 施工遗留问题的处理情况。
(5) 竣工资料是否正确、完备。

7.1.2 工程投运前准备

1. 线路测试
工程在验收合格后，投运前应进行下列试验：
(1) 测定线路绝缘电阻。
(2) 核对线路相位。
(3) 冲击合闸试验。
(4) 必要时，进行线路参数的测试工作。
2. 标识牌挂设
根据架空配电线路和杆上设备的调度命名文件，按规定要求挂设杆塔设备的命名牌、相位牌和安全警示标志牌。

7.2 竣　工　资　料

根据工程项目建设的资料归档要求，投运前施工单位应向运行单位提供以下竣工资料：
(1) 与实际相符的全套竣工图。

(2) 隐蔽工程记录（见附录 B）。

(3) 工程施工质量验收记录（见附录 B）。

(4) 设计变更通知单及工作联系单（见附录 B）。

(5) 原材料和器材出厂质量合格证明和试验记录。

(6) 工程试验报告和记录。

(7) 工程相关协议书。

8 10kV 配电线路施工技术计算书

本章为 10kV 架空配电线路施工技术计算和工器具的选择，提供了配电线路施工技术计算的过程。施工技术计算采用安全系数法。

8.1 杆塔施工技术计算

8.1.1 电杆、钢管杆质量和重心计算

1. 杆塔参数

杆塔参数见表 8-1。

表 8-1　　水泥杆、钢管杆重心位置

<table>
<tr><th>序号</th><th>名称</th><th>规　　格</th><th>重量/kg</th><th>重心位置 H/m</th><th>备　　注</th></tr>
<tr><td>1</td><td rowspan="5">水泥杆</td><td>ϕ190mm×10m</td><td>860</td><td>4.46</td><td rowspan="5">H 指离根部距离</td></tr>
<tr><td>2</td><td>ϕ190mm×12m</td><td>1100</td><td>5.27</td></tr>
<tr><td>3</td><td>ϕ190mm×13m</td><td>1250</td><td>5.70</td></tr>
<tr><td>4</td><td>ϕ190mm×15m</td><td>1500</td><td>6.46</td></tr>
<tr><td>5</td><td>ϕ190mm×18m</td><td>1950</td><td>7.62</td></tr>
<tr><td>6
7</td><td rowspan="4">钢管杆</td><td>ϕ325/556mm×15m (10°)</td><td>2160</td><td>6.65</td><td>上段：−6mm×7000mm/Q345
下段：−10mm×8000mm/Q345</td></tr>
<tr><td>8</td><td>ϕ300/560mm×15m (30°)</td><td>2500</td><td>6.56</td><td>上段：−8mm×7500mm/Q345
下段：−12mm×7500mm/Q345</td></tr>
<tr><td rowspan="2">9</td><td>ϕ340/640mm×15m (60°)</td><td>3010</td><td>6.66</td><td>上段：−10mm×8800mm/Q345
下段：−12mm×6200mm/Q345</td></tr>
<tr><td>ϕ365/712mm×15.6m (90°)</td><td>3500</td><td>7.00</td><td>上段：−10mm×7600mm/Q345
下段：−12mm×8000mm/Q345</td></tr>
</table>

2. 钢筋混凝土电杆的质量及重心计算

(1) 拔梢杆质量。

拔梢杆体积为

$$V=\frac{\pi lt}{2}(D+d-2t) \tag{8-1}$$

拔梢杆质量为

$$G=V\gamma \tag{8-2}$$

式中　γ——钢筋混凝土电杆的密度，一般取值为 2650kg/m^3；

l——电杆的长度，m；

t——电杆的壁厚，m；

D——电杆的根径，m；

d——电杆的梢径，m；

V——拔梢杆的体积，m^3；

G——拔梢杆的质量，kg。

(2) 拔梢杆重心。

拔梢杆重心高度 H 为重心距杆根的距离，其计算公式为

$$H=\frac{L}{3}\cdot\frac{D+2d-3t}{D+d-2t} \tag{8-3}$$

(3) 拔梢杆重心计算举例。

例：ϕ190mm×12m 杆，其中 $D=350$mm，$d=190$mm，$t=50$mm，$L=12$m。则

精确计算法：

$$H=\frac{L}{3}\cdot\frac{D+2d-3t}{D+d-2t}=\frac{12}{3}\times\frac{350+2\times190-3\times50}{350+190-2\times50}=5.27(\text{m})$$

简化计算法：

$$H=0.4L+0.5=0.4\times12+0.5=5.3(\text{m})$$

(4) 拔梢杆质量计算举例。

例：ϕ190mm×12m 杆，其中 $D=350$mm，$d=190$m，$L=12$m，$t=50$mm，则有

拔梢杆体积：

$$V=\frac{\pi lt}{2}(D+d-2t)=\frac{12\times0.05\times\pi}{2}(0.35+0.19-2\times0.05)=0.415(\text{m}^3)$$

拔梢杆质量：

$$G=V\gamma=0.415\times2650=1100(\text{kg})$$

其中钢筋混凝土电杆的 γ 取值为 2650kg/m^3。

3. 钢管杆重心计算举例

例：ϕ325/556mm×15m (10°) 塔，上段长为 7m，重量 $G_3=480$kg，下段长为 8m，重量 $G_4=1269$kg。其 10kV 横担 $G_1=74$kg，离根顶 1.0m；0.4kV 横担 $G_2=180$kg，离根顶 3.0m。则：

上、下段重心：
$$H_{上}=0.4L+0.5=0.4\times7+0.5=3.3(\text{m})$$
$$H_{下}=0.4L+0.5=0.4\times8+0.5=3.7(\text{m})$$

钢管杆重心计算简图如图 8-1 所示。

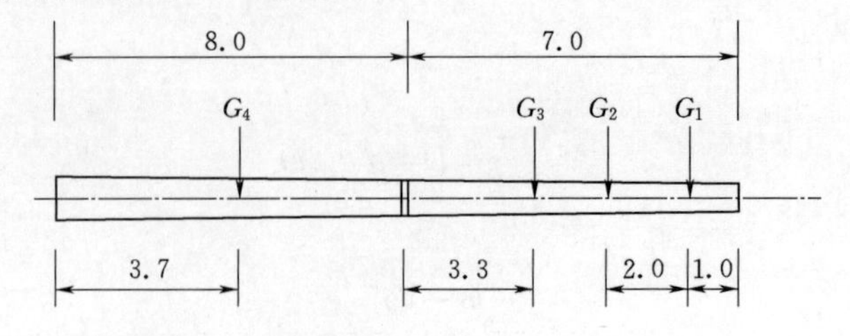

图 8-1 钢管杆重心计算简图（单位：m）

$$\sum M=74\times14+180\times12+480\times11.3+1269\times3.7=13315.3(\text{kg}\cdot\text{m})$$

$$\sum G=74+180+480+1269=2003(\text{kg})$$

则钢管杆重心为 $$H=\frac{\sum M}{\sum G}=\frac{13315.3}{2003}=6.65(\text{m})$$

式中 $\sum M$——杆塔各部件起吊重量对杆塔根部的总弯矩；

$\sum G$——杆塔各部件起吊重量总和。

8.1.2 滑轮组选择

1. 滑轮组型式

根据杆塔重量，选用 2－2 滑轮组，上部采用链环，下部采用吊钩结构，滑轮数$n=4$。一般采用 HQ 和 HG 系列起重滑车，起重滑车根据其型式用相应的代号说明：开口用 K；闭口不加 K；吊钩用 G；链环用 L；吊环用 D；吊梁用 W；桃式开口用 K_B。

2. 滑轮组选择情况表

滑轮组规格和有效长度详见表 8－2。

表 8－2 滑轮组规格和有效长度

序号	起吊物规格	吊物重量 Q/kN	滑轮组规格		滑轮组有效长度 /m
			上部	下部	
1	ϕ190mm×10m	8.43	H1×2L	H1×2G	0.9
2	ϕ190mm×12m	10.78	H2×2L	H2×2G	1.1
3	ϕ190mm×15m	14.70	H2×2L	H2×2G	1.1
4	ϕ190mm×18m	19.11	H2×2L	H2×2G	1.1
5	ϕ325/556mm×15m（10°）	21.17	H3×2L	H3×2G	1.3
6	ϕ300/560mm×15m（30°）	24.50	H3×2L	H3×2G	1.3
7	ϕ340/640mm×15m（60°）	29.50	H3×2L	H3×2G	1.3
8	ϕ365/712mm×15.6m（90°）	34.30	H5×2L	H5×2G	1.6

例：如ϕ190mm×15m 杆，其重量为 14.7kN。选用 2－2 滑轮组。上部选择链环（用 L 表示），滑轮数为 2，即表示滑轮结构特征为 2L；其额定荷载应不小于起吊重量，选择额定荷载为 2t（19.6kN），19.6kN＞14.7kN，即表示荷载特征为 H2（H 表示铁质起重滑车）；下部采用吊钩式（用 G 表示），额定荷载同样为 2t。则上部滑轮表示：H2×2L，下部滑轮表示 H2×2G。

8.1.3 钢丝绳选择

1. 主要技术数据

根据滑轮选择可知其滑轮数 $n=4$[1]，其滑轮组综合效率 $\eta_\varepsilon=0.86$（单滑车组的阻力系

[1] 《架空送电线路施工手册》（李庆林主编）表 62－40。

数 ε＝1.06）。提升时牵引绳从上部定滑轮拉出，则有

$$T_{m}=\frac{Q}{n\eta_{\varepsilon}}=\frac{Q}{4\times0.86}=0.29Q$$

6×19 股和 6×37 股钢丝绳的抗拉强度详见表 8－3 和表 8－4。

表 8－3　　6×19 股（1＋6＋12）点接触钢丝绳抗拉强度

直径/mm		钢丝总断面积 /mm^2	参考重量 /($kg \cdot km^{-1}$)	钢丝破断力总和不小于 T_b/kN （其公称抗拉强度 σ_b＝1550N/mm^2）
钢丝绳	钢丝			
6.2	0.4	14.32	135.3	22.10
7.7	0.5	22.37	211.4	34.60
9.3	0.6	32.22	304.5	49.90
11.0	0.7	43.85	414.4	67.90
12.5	0.8	57.27	541.2	88.70
14.0	0.9	72.49	685.0	112.00
15.5	1.0	89.49	845.7	138.50
17.0	1.1	108.28	1023.0	167.50
18.5	1.2	128.87	1218.0	199.50
20.0	1.3	151.24	1429.0	234.00

注　表中钢丝破断力总和 T_b 值为钢丝绳公称抗拉强度为 1550N/mm^2 情况下，所对应钢丝绳直径的破断力总和最小值。

表 8－4　　6×37 股（1＋6＋12＋18）点接触钢丝绳抗拉强度

直径/mm		钢丝总断面积 /mm^2	参考重量 /($kg \cdot km^{-1}$)	钢丝破断力总和不小于 T_b/kN （其公称抗拉强度 σ_b＝1550N/mm^2）
钢丝绳	钢丝			
8.7	0.4	27.88	262.1	43.20
11.0	0.5	43.57	409.6	67.50
13.0	0.6	62.74	589.8	97.20
15.0	0.7	85.39	802.7	132.00
17.5	0.8	111.53	1048.0	172.50
19.5	0.9	141.16	1327.0	218.50
21.5	1.0	174.27	1638.0	270.00

2. 主要系数取值

杆塔组立采用机动绞磨和滑车组起吊，查《架空送电线路施工手册》，相关安全系数、不平衡系数取值如下：

（1）安全系数。主牵引绳安全系数 K＝4.5，抱杆缆风绳安全系数 K＝3.0，起吊钢

丝绳套安全系数 $K=4.0$。

（2）动荷系数 $K_1=1.2$。

（3）不平衡系数 $K_2=1.1$。

（4）钢丝绳有效破断力换算系数：6×19 股的 $K_0=0.85$；6×37 股的 $K_0=0.82$。

3. 主牵引绳选择

主牵引绳强度校验公式为

$$T_m K K_1 K_2 \leqslant T_b K_0 \quad (8-4)$$

其中 $$T_m = 0.29Q$$

根据以上强度校验公式，主牵引绳强度计算结果见表 8-5。

表 8-5　　主牵引绳强度计算结果表

吊物名称	吊物重 Q/kN	滑轮组	钢丝绳最大使用张力 T_m/kN	$T_m K K_1 K_2$ 值/kN	钢丝绳 $T_b K_0$ 值/kN	
					6×19 股	6×37 股
ϕ190mm×10m	8.43	2-2	2.440	14.500	18.80(ϕ6.2mm)	
ϕ190mm×12m	10.78	2-2	3.130	18.590	18.80(ϕ6.2mm)	
ϕ190mm×13m	12.25	2-2	3.550	21.090	29.41(ϕ7.7mm)	
ϕ190mm×15m	14.70	2-2	4.260	25.300	29.41(ϕ7.7mm)	
ϕ190mm×18m	19.11	2-2	5.540	32.900	42.42(ϕ9.3mm)	35.42(ϕ8.7mm)
ϕ325/556mm×15m(10°)	21.17	2-2	6.139	36.466	42.42(ϕ9.3mm)	55.35(ϕ11mm)
ϕ300/560mm×15m(30°)	24.50	2-2	7.105	42.204	42.42(ϕ9.3mm)	55.35(ϕ11mm)
ϕ340/640mm×15m(60°)	29.50	2-2	8.554	50.810	57.72(ϕ11mm)	55.35(ϕ11mm)
ϕ365/712mm×15.6m(90°)	34.30	2-2	9.947	59.085	75.40(ϕ12.5mm)	79.70(ϕ13mm)

根据以上计算结果，为使用方便，选用两套钢丝绳。一套用于起吊 ϕ190mm×18m 水泥杆，选用 6×19 股 ϕ9.3mm 钢丝绳，公称抗拉强度 $\sigma_b=1550\text{N/mm}^2$；另一套用于起吊 15.6m 及以下的钢管杆，选用 6×19 股 ϕ12.5mm 钢丝绳，钢丝绳公称抗拉强度 $\sigma_b=1550\text{N/mm}^2$。如遇上拔梢杆梢径大于 190mm 或起吊重量超过表 8-5 值，应按钢丝绳强度校验公式重新计算，选择合适的牵引绳。

4. 抱杆缆风绳选择

按人字抱杆起吊方式，其抱杆缆风受力 F_m 为

$$F_m = Q\sin 45° = 0.707Q$$

缆风绳强度校验公式为

$$F_m K K_1 K_2 \leqslant T_b K_0 \quad (8-5)$$

其中 $$K_1=1,\ K_2=1.1,\ K=3$$

缆风绳强度计算结果见表 8-6。

表 8-6　　缆风绳强度计算结果表

吊物名称	吊物重 Q/kN	钢丝绳最大使用张力 F_m/kN	$F_mKK_1K_2$ 值 /kN	钢丝绳 T_bK_0 值/kN	
				6×19 股	6×37 股
φ190mm×10m	8.43	5.96	19.67	29.41(φ7.7mm)	—
φ190mm×12m	10.78	7.62	25.15	29.41(φ7.7mm)	35.42(φ8.7mm)
φ190mm×13m	12.25	8.66	28.58	29.41(φ7.7mm)	35.42(φ8.7mm)
φ190mm×15m	14.70	10.39	34.29	42.42(φ9.3mm)	35.42(φ8.7mm)
φ190mm×18m	19.11	13.51	44.58	57.72(φ11mm)	55.35(φ11mm)
φ325/556mm×15m(10°)	21.17	14.97	49.39	57.72(φ11mm)	55.35(φ11mm)
φ300/560mm×15m(30°)	24.50	17.32	57.16	57.72(φ11mm)	79.70(φ13mm)
φ340/640mm×15m(60°)	29.50	20.86	68.82	75.40(φ12.5mm)	79.70(φ13mm)
φ365/712mm×15.6m(90°)	34.30	24.25	80.03	95.20(φ14mm)	79.70(φ13mm)

5. 起吊绳套选择

起吊钢丝绳强度校验公式为

$$QKK_1K_2 \leqslant T_bK_0 \tag{8-6}$$

其中　　$K_1=1.2$，$K_2=1.1$，$K=4.5$

起吊绳强度计算结果见表 8-7。

表 8-7　　起吊绳强度计算结果表

吊物名称	吊物重 Q/kN	钢丝绳最大使用张力 T_m/kN	QKK_1K_2 值 /kN	钢丝绳 T_bK_0 值/kN	
				6×19 股	6×37 股
φ190mm×10m	8.43	8.43	50.05	57.72(φ11mm)	55.35(φ11mm)
φ190mm×12m	10.78	10.78	64.00	75.40(φ12.5mm)	79.70(φ13mm)
φ190mm×15m	14.70	14.70	87.32	95.20(φ14mm)	108.20(φ15mm)
φ190mm×18m	19.11	19.11	113.50	142.38(φ17mm)	141.50(φ17.5mm)
φ325/556mm×15m(10°)	21.17	21.17	125.75	142.38(φ17mm)	141.50(φ17.5mm)
φ300/560mm×15m(30°)	24.50	24.50	145.53	169.60(φ18.5mm)	179.20(φ19.5mm)
φ340/640mm×15m(60°)	29.50	29.50	175.23	200.00(φ20mm)	179.20(φ19.5mm)
φ365/712mm×15.6m(90°)	34.30	34.30	203.70	200.00(φ20mm)	221.40(φ21.5mm)

6. 转向滑车和钢丝绳套选择

抱杆根部转向滑车受力为

$$T_0=\sqrt{2}T_m \text{（转向滑车钢丝绳夹角按 90°计算）}$$

钢丝绳套强度校验公式为

$$T_0KK_1K_2 \leqslant T_bK_0 \tag{8-7}$$

其中　　$K_1=1.1$，$K_2=1.1$，$K=3.0$

转向滑车和钢丝绳套强度计算结果见表 8-8。

表 8-8　　转向滑车和钢丝绳套强度计算结果表

吊物名称	牵引绳最大使用张力 T_m/kN	转向滑车受力 T_0 /kN	滑车规格	$T_0KK_1K_2$ 值/kN	钢丝绳 T_bK_0 值/kN	
					6×19 股	6×37 股
ϕ190mm×10m	2.440	3.45	H0.5×1G	12.52	18.80 (ϕ6.2mm)	35.42 (ϕ8.7mm)
ϕ190mm×12m	3.130	4.43	H0.5×1G	16.08	18.80 (ϕ6.2mm)	35.42 (ϕ8.7mm)
ϕ190mm×15m	4.260	6.02	H1×1G	21.85	29.41 (ϕ7.7mm)	35.42 (ϕ8.7mm)
ϕ190mm×18m	5.540	7.83	H1×1G	28.42	29.41 (ϕ7.7mm)	35.42 (ϕ8.7mm)
ϕ325/556mm×15m (10°)	6.139	8.68	H1×1G	31.51	42.42 (ϕ9.3mm)	35.42 (ϕ8.7mm)
ϕ300/560mm×15m (30°)	7.105	10.05	H1×1G	36.48	42.42 (ϕ9.3mm)	55.35 (ϕ11mm)
ϕ340/640mm×15m (60°)	8.554	12.10	H1.5×1G	43.92	57.72 (ϕ11mm)	55.35 (ϕ11mm)
ϕ365/712mm×15.6m (90°)	9.947	14.07	H1.5×1G	51.07	57.72 (ϕ11mm)	55.35 (ϕ11mm)

7. 机动绞磨钢丝绳套选择

按主牵引绳的强度进行选择，详见表 8-5。

8.1.4　机动绞磨选择

根据牵引绳的最大使用张力 T_m 来选择合适的机动绞磨额定牵引力，根据表 8-5 可选择额定牵引力不小于 1.5t 的机动绞磨。如 CJM-3（容许牵引力 T_n=30kN）、JM-20B（容许牵引力 T_n=20kN）和 JJQ-30（容许牵引力 T_n=30kN）。

8.1.5　抱杆选择

抱杆按木质、钢抱杆或铝合金抱杆进行选择。抱杆组合型式分独立抱杆和人字抱杆进行计算；抱杆断面形状独立抱杆按三角形或四方形计算，人字抱杆按圆环形计算；抱杆受力状态按纵向偏心受压构件考虑，并不考虑风荷载的影响（起吊物高度不高）。

8.1.5.1　独立抱杆选择计算

1. 抱杆长度计算

根据上述起吊物的重心位置、滑车组有效长度、起吊绳套长度等，其抱杆长度计算如下：

ϕ190mm×10m：　$L=H+L_1+L_2+\Delta L=4.46+0.25+0.9+1.0=6.6(m)$

ϕ190mm×12m：　$L=H+L_1+L_2+\Delta L=5.27+0.25+1.1+1.0=7.6(m)$

ϕ190mm×15m：　$L=H+L_1+L_2+\Delta L=6.46+0.25+1.1+1.0=8.8(m)$

ϕ190mm×18m：　$L=H+L_1+L_2+\Delta L=7.62+0.25+1.1+1.0=10(m)$

15m (10°) 塔：　$L=H+L_1+L_2+\Delta L=6.65+0.25+1.3+1.0=9.2(m)$

15m (90°) 塔：　$L=H+L_1+L_2+\Delta L=7.0+0.25+1.6+1.0=9.9(m)$

式中　H——杆塔重心离杆塔根部的距离，m，见表 8-1；

L_1——起吊绳套计算长度，m，取 L_1=0.25m；

L_2——滑轮组有效长度，m，见表 8-2；

ΔL——计算裕度，m，取 ΔL=1.0m。

从上述计算可知 13m 及以下水泥杆选择 8m 独立抱杆；15～18m 水泥杆选择 10m 独立抱杆。

2. 抱杆受力计算

为计算方便，以 ϕ190mm×12m 杆为例描述计算过程，其他杆塔列出计算结果，具体计算如下：

(1) 起吊布置。独立抱杆最大倾角 $\theta=5°$，上缆风拉线合力对地夹角均为 45°，独立抱杆起吊杆塔布置和受力分析图如图 8-2 所示。

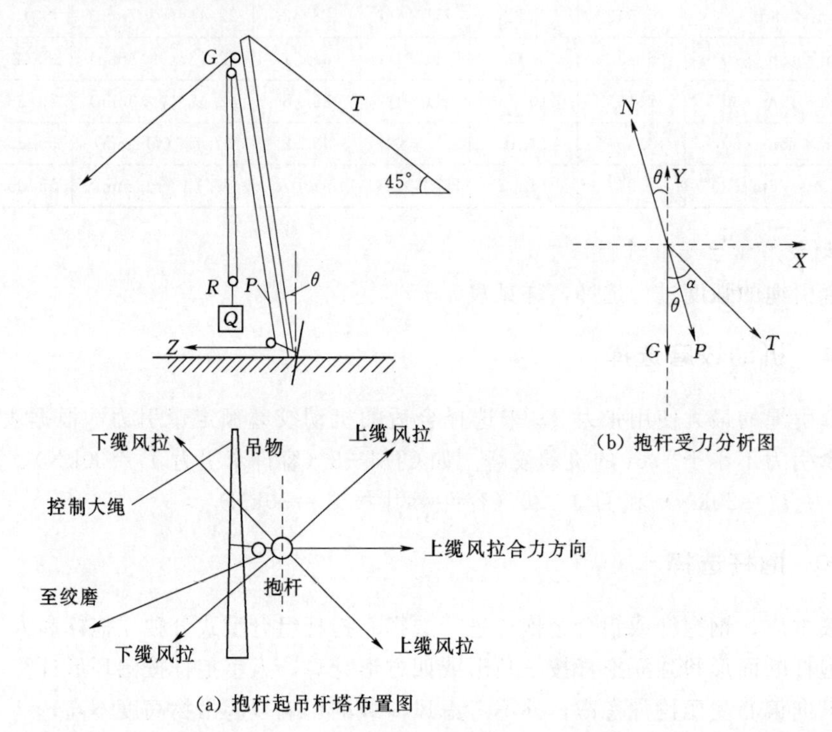

(a) 抱杆起吊杆塔布置图　　(b) 抱杆受力分析图

图 8-2　独立抱杆起吊杆塔布置和受力分析图

(2) 吊物重量 Q。

$$Q=10.78(\text{kN})$$

(3) 起重重量 R。

$$R=QK_1=Q\times1.2=1.2Q=1.2\times10.78=12.94(\text{kN})$$

(4) 起吊绳张力 G。

$$G=R=12.94(\text{kN})$$

(5) 滑轮组绳头拉力 P。起吊绳采用 2-2 滑轮组，则

$$P=0.29G=0.29\times12.94=3.75(\text{kN})$$

(6) 上缆风拉线合力 T 和抱杆轴向压力 N。

根据力平稳原则，有 $\sum X=0$，$\sum Y=0$，可得以下方程组：

$$T\sin\alpha+P\sin\theta=N\sin\theta \tag{8-8}$$

$$T\cos\alpha+P\cos\theta+G=N\cos\theta \tag{8-9}$$

以上两式整理得

$$T=\frac{G\sin\theta}{\sin(\alpha-\theta)}=\frac{\sin5^\circ}{\sin(45^\circ-5^\circ)}\times G=0.14G=0.14\times12.94=1.80(\text{kN})$$

$$N=\frac{\sin\alpha}{\sin(\alpha-\theta)}G+P=\frac{\sin45^\circ}{\sin40^\circ}G+P=1.1G+P=1.1\times12.94+3.75=17.98(\text{kN})$$

抱杆高度为 8m，设两根上缆风拉线夹角为 β，则有

$$\frac{\beta}{2}=\arcsin\frac{8\times\sin45^\circ}{\sqrt{8^2+8^2}}=30^\circ$$

每根拉线受力为

$$T_1=\frac{T}{2\cos\frac{\beta}{2}}k_4=\frac{T}{2\times\cos30^\circ}\times1.4=0.81T=0.81\times1.8=1.5(\text{kN})$$

参照以上方法可计算出起吊其他水泥杆和钢管杆的抱杆轴向压力，具体计算结果见表 8－9。

表 8－9　　独立抱杆轴向压力计算结果表

吊 物 名 称	吊物重 Q /kN	起吊绳张力 G/kN	绳头拉力 P /kN	上缆风拉线合力 T/kN	拉线最大受力 T_1	抱杆轴向压力 N/kN
ϕ190mm×10m	8.43	10.12	2.94	1.42	1.15	14.07
ϕ190mm×12m	10.78	12.94	3.75	1.80	1.50	17.98
ϕ190mm×15m	14.70	17.64	5.12	2.47	2.00	24.52
ϕ190mm×18m	19.11	22.93	6.65	3.21	2.60	31.87
ϕ325/556mm×15m (10°)	21.17	25.40	7.37	3.56	2.88	35.31
ϕ300/560mm×15m (30°)	24.50	29.40	8.53	4.12	3.34	40.87
ϕ340/640mm×15m (60°)	29.50	35.40	10.27	4.96	4.02	49.21
ϕ365/712mm×15.6m (90°)	34.30	41.16	11.94	5.76	4.67	57.22

注　1. 表中各参数间关系为：$G=R=1.2Q$；$P=0.29G$；$T=0.14G$；$T_1=0.81T$；$N=1.1G+P$。

2. 本表适用于组立水泥杆和钢管杆，起吊绳保持垂直，抱杆倾角为 5°。

3. 抱杆强度计算

（1）圆木独立抱杆选择。

1）抱杆参数。高度 $l=8$m；圆木增径率 $\delta=0.8\%$，梢径 $d_1=14$cm，则 $d_2=14+800\times0.8\%=20.4$cm；抱杆起吊偏心距 $e=15$cm；木材（杉木）容许应力 $[\sigma]=120\text{kg/cm}^2$；木材弹性模量 $E=1\times10^5\text{kg/cm}^2$；抱杆单位容重 $\gamma=4.8\times10^{-4}\text{kg/cm}^3$。则

抱杆中央直径（危险截面）为

$$d_a=\frac{d_1+d_2}{2}=\frac{14+20.4}{2}=17.2(\text{cm})$$

抱杆中央的截面积为

$$F=\frac{\pi d_a^2}{4}=\frac{\pi\times17.2^2}{4}=232.2(\text{cm}^2)$$

危险截面的惯性矩为

$$J=\frac{\pi d_a^4}{64}=\frac{\pi\times 17.2^4}{64}=4294(\text{cm}^4)$$

危险截面上的弯矩为

$$M=\frac{Ne}{2}$$

危险截面的抗弯截面系数为

$$W=\frac{\pi d_a^3}{32}=\frac{\pi\times 17.2^3}{32}=499.3(\text{cm}^3)$$

危险截面的回转半径为

$$r=\sqrt{\frac{J}{F}}=\sqrt{\frac{4294}{232.2}}=4.3(\text{cm})$$

抱杆的长细比为

$$\lambda=\frac{\mu\mu' l}{r}=\frac{1\times 1\times 800}{4.3}=186<220$$

抱杆容许应力折减系数为

$$\phi=\frac{\alpha}{\lambda^2}=\frac{3100}{186^2}=0.09$$

危险截面以上的抱杆自重为

$$G_0=\gamma V=\gamma\frac{0.5l\pi}{3}\left[\left(\frac{d_a}{2}\right)^2+\left(\frac{d_1}{2}\right)^2+\left(\frac{d_a}{2}\times\frac{d_1}{2}\right)\right]$$

$$=4.8\times 10^{-4}\times\frac{0.5\times 800\times\pi}{3}\left[\left(\frac{17.2}{2}\right)^2+\left(\frac{14}{2}\right)^2+\left(\frac{17.2\times 14}{2\times 2}\right)\right]=36.8(\text{kg})$$

2）抱杆稳定性计算。

临界压力为

$$P_k=\frac{\pi^2 EJg}{(\mu\mu' l)^2}=\frac{\pi^2\times 1\times 10^5\times 4294\times 9.8}{1\times 1\times 800^2}=64.8(\text{kN})$$

容许压力为

$$[P_k]=\frac{P_k}{2}=\frac{64.8}{2}=32.4\text{kN}>17.98\text{kN}(\text{表 8-9 对应 12m 杆抱杆受压力})$$

3）抱杆的强度计算。

$$[P]=\frac{\phi[\sigma]F-G_0}{1+\frac{0.5e}{W}\phi F}g=\frac{0.09\times 120\times 232.2-36.8}{1+\frac{0.5\times 15}{499.3}\times 0.09\times 232.2}\times 9.8=18.43(\text{kN})$$

可见 $[P]>17.98\text{kN}$，抱杆强度满足施工要求。

4）圆木独立抱杆选择结果。参照上述计算步骤，采用圆木独立抱杆起吊杆塔时的抱杆选择结果见表 8-10。

表 8-10　　圆木独立抱杆选择结果表

吊物名称	吊物重 Q/kN	抱杆受压力 N/kN	抱杆强度 [P]/容许压力 [P_k]/kN		
			L=8m，δ=0.8%，d_1=16cm	L=10m，δ=1%，d_1=18cm	L=10m，δ=1%，d_1=19cm
ϕ190mm×10m	8.43	14.07	27.5/50.3	38.11/66.35	47.8/78.65
ϕ190mm×12m	10.78	17.98			
ϕ190mm×15m	14.70	24.52	—		
ϕ190mm×18m	19.11	31.87	—		
ϕ325/556mm×15m（10°）	21.17	35.31	—		
ϕ300/560mm×15m（30°）	24.50	40.87	—	—	
ϕ340/640mm×15m（60°）	29.50	49.21	应使用钢质或铝合金专用抱杆		
ϕ365/712mm×15.6m（90°）	34.30	57.22	应使用钢质或铝合金专用抱杆		

注　选择时，抱杆高度需满足起吊高度要求，且抱杆强度 [P] 和容许压力 [P_k] 满足抱杆受压力要求。

（2）四方形断面（Q235 钢）独立抱杆强度计算。

1）抱杆参数。高度 l=10m；断面尺寸 $c\times c$=350mm×350mm，$c_1\times c_1$=150mm×150mm，主材 50mm×4mm，斜材 25mm×3mm；Q235 钢容许应力 $[\sigma]$=94N/mm^2（k=2.5），钢材弹性模量 $E=2.1\times10^6$kg/cm^2。四方形断面抱杆单线图如图 8-3 所示，断面尺寸示意图如图 8-4 所示。

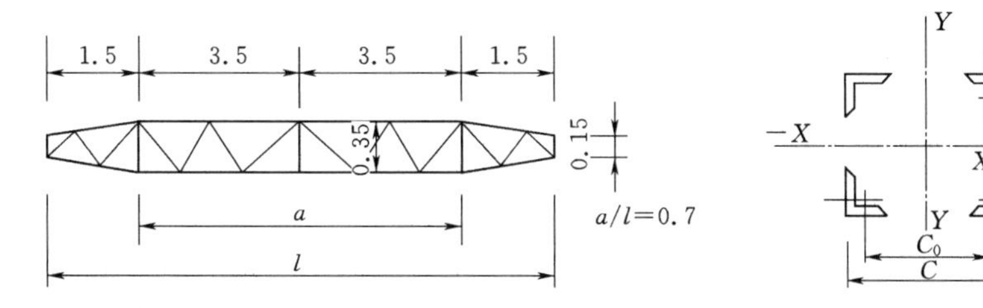

图 8-3　四方形断面抱杆单线图（单位：m）　　图 8-4　断面尺寸示意图

抱杆中央的截面积为

$$F=4(f_1+f_2)=4\times(3.897+1.41)=21.24(\text{cm}^2)=2124(\text{mm}^2)$$

危险截面的惯性矩为

$$J=4\left(J_x+f_1\times\frac{C_0^2}{4}\right)=4\times\left(9.26+3.897\times\frac{32.24^2}{4}\right)=4087.7(\text{cm}^4)$$

危险截面的抗弯截面系数为

$$W=\frac{8\left(J_x+f_1\times\frac{C_0^2}{4}\right)}{C}=\frac{2J}{C}=\frac{2\times4087.7}{35}=233.6(\text{cm}^3)$$

危险截面的回转半径为

$$r=\sqrt{\frac{J}{F}}=\sqrt{\frac{4087.7}{21.24}}=13.9(\text{cm})$$

抱杆的长细比为

$$\lambda=\frac{\mu\mu' l}{r}=\frac{1\times1\times1000}{13.9}=71.9<120$$

由 λ，查《架空送电线路施工手册》得抱杆容许应力折减系数为

$$\phi=0.778$$

危险截面以上的抱杆自重为

$$G_0=0.5\times(4\times10\times3.059+4\times16\times0.7\times1.17)\times9.8=857.5(\mathrm{N})$$

2）抱杆稳定性计算。

临界压力为

$$P_k=\frac{\pi^2 EJg}{(\mu\mu' l)^2}=\frac{\pi^2\times2.1\times10^6\times4087.7\times9.8}{1\times1\times1000^2}=829.4(\mathrm{kN})$$

容许压力为

$$[P_k]=\frac{P_k}{2}=\frac{829.4}{2}=414.7(\mathrm{kN})$$

3）抱杆的强度计算。

$$[P]=\frac{\phi[\sigma]F-G_0}{1+\frac{0.5e}{W}\phi F}=\frac{0.778\times94\times2124-857.5}{1+\frac{0.5\times15}{233.6}\times0.778\times21.24}=\frac{154475}{1.53}=100.96(\mathrm{kN})$$

(3) 三角形断面（Q235 钢）独立抱杆强度计算。

1）抱杆参数。高度 $l=10\mathrm{m}$；断面尺寸 $c\times c=350\mathrm{mm}\times350\mathrm{mm}$，$c_1\times c_1=150\mathrm{mm}\times150\mathrm{mm}$，主材 50mm×4mm，斜材 25mm×3mm；Q235 钢容许应力 $[\sigma]=94\mathrm{N/mm^2}$，钢材弹性模量 $E=2.1\times10^6\mathrm{kg/cm^2}$。三角形断面抱杆单线图如图 8-5 所示，断面尺寸示意图如图 8-6 所示。

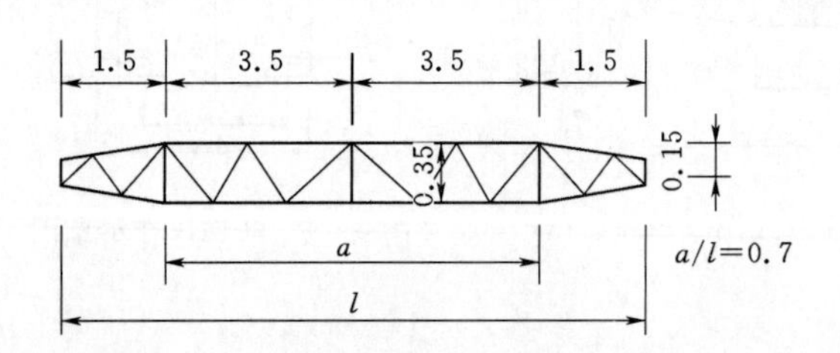

图 8-5　三角形断面抱杆单线图（单位：m）

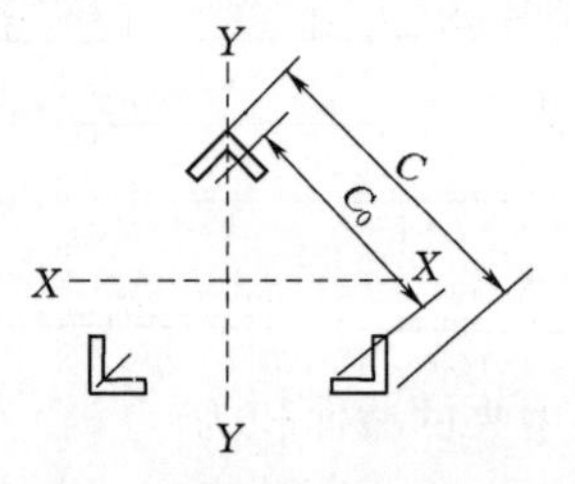

图 8-6　断面尺寸示意图

抱杆中央的截面积为

$$F=3(f_1+f_2)=3\times(3.897+1.41)=15.92(\mathrm{cm^2})=1592(\mathrm{mm^2})$$

危险截面的惯性矩为

$$J=3\left(J_x+f_1\times\frac{C_0^2}{6}\right)=3\times\left(9.26+3.897\times\frac{32.24^2}{6}\right)=2053(\mathrm{cm^4})$$

危险截面的抗弯截面系数为

$$W=\frac{6\left(J_x+f_1\times\frac{C_0^2}{6}\right)}{C}=\frac{2J}{C}=\frac{2\times2053}{35}=117.3(\mathrm{cm^3})$$

危险截面的回转半径为

$$r=\sqrt{\frac{J}{F}}=\sqrt{\frac{2053}{15.92}}=11.4(\text{cm})$$

抱杆的长细比为

$$\lambda=\frac{\mu\mu' l}{r}=\frac{1\times1\times1000}{11.4}=87.7<120$$

由 λ，查《架空送电线路施工手册》得抱杆容许应力折减系数为

$$\phi=0.683$$

危险截面以上的抱杆自重为

$$G_0=0.5\times(3\times10\times3.059+3\times15\times0.7\times1.17)\times9.8=630(\text{N})$$

2）抱杆稳定性计算。

临界压力为

$$P_k=\frac{\pi^2 EJg}{(\mu\mu' l)^2}=\frac{\pi^2\times2.1\times10^6\times2053\times9.8}{1\times1\times1000^2}=416.6(\text{kN})$$

容许压力为

$$[P_k]=\frac{P_k}{2}=\frac{416.6}{2}=208.3(\text{kN})$$

3）抱杆的强度计算。

$$[P]=\frac{\phi[\sigma]F-G_0}{1+\frac{0.5e}{W}\phi F}=\frac{0.683\times94\times1592-630}{1+\frac{0.5\times15}{117.3}\times0.683\times15.92}=\frac{101580}{1.69}=60.1(\text{kN})$$

（4）钢独立抱杆选择结果。

参照上述计算步骤，采用钢独立抱杆起吊杆塔时的抱杆选择结果见表 8-11。

表 8-11　　钢独立抱杆选择结果表

吊物名称	吊物重 Q/kN	抱杆受压力 N/kN	抱杆强度 [P]/容许压力 [P_k]/kN		
			三角形（35cm×35cm）	三角形（30cm×30cm）	四方形（35cm×35cm）
φ190mm×10m	8.43	14.07	60.1/208.3	50.4/150	100.96/414.7
φ190mm×12m	10.78	17.98			
φ190mm×15m	14.70	24.52			
φ190mm×18m	19.11	31.87			
φ325/556mm×15m(10°)	21.17	35.31			
φ300/560mm×15m(30°)	24.50	40.87			
φ340/640mm×15m(60°)	29.50	49.21			
φ365/712mm×15.6m(90°)	34.30	57.22			

注　抱杆高度为 10m；主材 50mm×4mm，斜材 25mm×3mm；Q235 钢容许应力 $[\sigma]=94\text{N/mm}^2$（$k=2.5$），钢材弹性模量 $E=2.1\times10^6\text{kg/cm}^2$。

8.1.5.2　人字抱杆选择计算

1. 抱杆长度计算

抱杆夹角控制在 20°，根据起吊物的高度，人字抱杆高度采用两种，高度 9m 用于

15m 水泥杆组立，高度 10.5m 用于组立 18m 水泥杆和钢管杆。

2. 抱杆受力分析

为计算方便，以 $\phi190\times15$m 杆为例描述计算过程，其他杆塔列出计算结果，具体计算如下：

(1) 起吊布置。人字抱杆夹角 $\theta=20°$，则起吊绳与抱杆夹角 $\theta/2=10°$；上、下缆风拉线对地夹角均为 45°；抱杆向受力侧最大倾斜角 $\alpha=5°$；人字抱杆起吊杆塔布置图和受力分析图如图 8-7 所示。

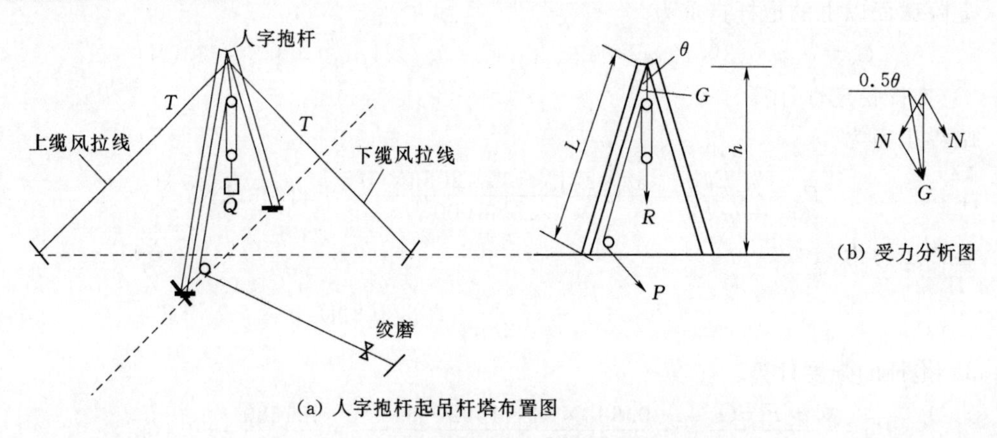

图 8-7 人字抱杆起吊杆塔布置图和受力分析图

(2) 吊物重量 Q。

$$Q=14.70(\text{kN})$$

(3) 起重重量 R。

$$R=QK_1=Q\times1.2=1.2Q=1.2\times14.7=17.64(\text{kN})$$

(4) 滑轮组绳头拉力 P。起吊绳采用 2-2 滑轮组，则

$$P=0.29R=0.29\times17.64=5.12(\text{kN})$$

(5) 上缆风拉线受力 T。

$$T=R\sin45°=0.707R=0.707\times17.64=12.47(\text{kN})$$

(6) 人字抱杆中心线总压力 G。

$$G=T\cos45°+R=0.707T+R=0.707\times12.47+17.64=26.46(\text{kN})$$

(7) 单根抱杆轴向压力 N。

$$N=\frac{G}{2\cos10°}+P=0.51G+P=0.51\times26.46+5.12=18.60(\text{kN})$$

根据以上方法可计算出起吊其他水泥杆和钢管杆的单根抱杆轴向压力，具体计算结果详见表 8-12。

3. 抱杆强度计算

(1) 圆木人字抱杆选择。

1) 抱杆参数（用于起吊 15m 水泥杆及以下）：高度 $l=9$m；圆木增径率 $\delta=0.8\%$，梢径 $d_1=15$cm，则 $d_2=15+900\times0.8\%=22.2$cm；抱杆起吊偏心距 $e=0.5\times15+2.5=$

10cm；木材（杉木）容许应力 $[\sigma]=120\text{kg/cm}^2$；木材弹性模量 $E=1\times10^5\text{kg/cm}^2$；抱杆单位容重 $\gamma=4.8\times10^{-4}\text{kg/cm}^3$。

表 8-12　　人字抱杆轴向受压计算结果表

吊物名称	吊物重 Q/kN	起重重量 R/kN	上缆风拉线受力 T/kN	绳头拉力 P/kN	人字抱杆中心下压力 G/kN	单根抱杆受压力 N/kN
ϕ190mm×10m	8.43	10.12	7.15	2.93	15.18	10.67
ϕ190mm×12m	10.78	12.94	9.15	3.75	19.41	13.65
ϕ190mm×15m	14.70	17.64	12.47	5.12	26.46	18.60
ϕ190mm×18m	19.11	22.93	16.21	6.65	34.40	24.19
ϕ325/556mm×15m（10°）	21.17	25.40	17.96	7.37	38.10	26.80
ϕ300/560mm×15m（30°）	24.50	29.40	20.79	8.53	44.10	31.02
ϕ340/640mm×15m（60°）	29.50	35.40	25.03	10.27	53.10	37.35
ϕ365/712mm×15.6m（90°）	34.30	41.16	29.10	11.94	61.73	43.42

注　表中各参数间关系为：$R=1.2Q$；$T=0.0.707R$；$P=0.29R$；$G=0.707T+R$；$N=0.51G+P$。

抱杆中央直径（危险截面）为

$$d_a=\frac{d_1+d_2}{2}=\frac{15+22.2}{2}=18.6(\text{cm})$$

抱杆中央的截面积为

$$F=\frac{\pi d_a^2}{4}=\frac{\pi\times18.6^2}{4}=271.6(\text{cm}^2)$$

危险截面的惯性矩为

$$J=\frac{\pi d_a^4}{64}=\frac{\pi\times18.6^4}{64}=5872(\text{cm}^4)$$

危险截面上的弯矩为

$$M=\frac{Ne}{2}=\frac{18.6\times10}{2}=93.0(\text{kN}\cdot\text{cm})$$

危险截面的抗弯截面系数为

$$W=\frac{\pi d_a^3}{32}=\frac{\pi\times18.6^3}{32}=631.4(\text{cm}^3)$$

危险截面的回转半径为

$$r=\sqrt{\frac{J}{F}}=\sqrt{\frac{5872}{271.6}}=4.65(\text{cm})$$

抱杆的长细比为

$$\lambda=\frac{\mu\mu' l}{r}=\frac{1\times1\times900}{4.65}=193.5<220$$

抱杆容许应力折减系数为

$$\phi=\frac{\alpha}{\lambda^2}=\frac{3100}{193.5^2}=0.083$$

危险截面以上的抱杆自重为

$$G_0=\gamma V=\gamma\frac{0.5l\pi}{3}\left[\left(\frac{d_a}{2}\right)^2+\left(\frac{d_1}{2}\right)^2+\left(\frac{d_a}{2}\times\frac{d_1}{2}\right)\right]$$

$$=4.8\times10^{-4}\times\frac{0.5\times900\times\pi}{3}\left[\left(\frac{18.6}{2}\right)^2+\left(\frac{15}{2}\right)^2+\left(\frac{18.6\times15}{2\times2}\right)\right]=48(\text{kg})$$

2）抱杆稳定性计算。

临界压力为 $$P_{\mathrm{k}}=\frac{\pi^{2}EJg}{(\mu\mu' l)^{2}}=\frac{\pi^{2}\times1\times10^{5}\times5872\times9.8}{1\times1\times900^{2}}=70(\mathrm{kN})$$

容许压力为 $$[P_{\mathrm{k}}]=\frac{P_{\mathrm{k}}}{2}=\frac{70}{2}=35(\mathrm{kN})$$

3）抱杆的强度计算。

$$[P]=\frac{\phi[\sigma]F-G_{0}}{1+\frac{0.5e}{W}\phi F}=\frac{0.083\times120\times271.6-48}{1+\frac{0.5\times10}{631.4}\times0.083\times271.6}=22.1(\mathrm{kN})$$

从表 8－12 中可知，起吊 ϕ190mm × 15m 水泥杆时，单根抱杆最大轴向压力为 18.60kN。可见 $[P]>N=18.60\mathrm{kN}$，抱杆强度满足要求。

4）圆木人字抱杆选择结果。

参照上述计算步骤，采用圆木人字抱杆起吊杆塔时的抱杆选择结果见表 8－13。

表 8－13　圆木人字抱杆选择结果表

<table>
<tr><th rowspan="2">吊 物 名 称</th><th rowspan="2">吊物重 Q/kN</th><th rowspan="2">单根抱杆受压力 N/kN</th><th colspan="2">单根抱杆强度 [P]/容许压力 [P_k]/kN</th></tr>
<tr><th>L=9m，δ=0.8%，d1=15cm</th><th>L=10.5m，δ=1%，d1=19cm</th></tr>
<tr><td>φ190mm×10m</td><td>8.43</td><td>10.67</td><td rowspan="3">22.1/35</td><td rowspan="8">44.7/75</td></tr>
<tr><td>φ190mm×12m</td><td>10.78</td><td>13.65</td></tr>
<tr><td>φ190mm×15m</td><td>14.70</td><td>18.60</td></tr>
<tr><td>φ190mm×18m</td><td>19.11</td><td>24.19</td><td>—</td></tr>
<tr><td>φ325/556mm×15m（10°）</td><td>21.17</td><td>26.80</td><td>—</td></tr>
<tr><td>φ300/560mm×15m（30°）</td><td>24.50</td><td>31.02</td><td>—</td></tr>
<tr><td>φ340/640mm×15m（60°）</td><td>29.50</td><td>37.35</td><td>—</td></tr>
<tr><td>φ365/712mm×15.6m（90°）</td><td>34.30</td><td>43.42</td><td>—</td></tr>
</table>

（2）钢管人字抱杆。

1）抱杆参数。高度 $l=8\mathrm{m}$；外径 $d_{\mathrm{w}}=12\mathrm{cm}$，内径 $d_{\mathrm{n}}=11.2\mathrm{cm}$，钢管厚度为 6mm，抱杆起吊偏心距 $e=0.5\times12+2.5=8.5\mathrm{cm}$；Q235 钢容许应力 $[\sigma]=94\mathrm{N/mm^{2}}$（$k=2.5$）；钢材弹性模量 $E=2.1\times10^{6}\mathrm{kg/cm^{2}}$；抱杆单位容重 $\gamma=11.5\mathrm{kg/m}$。

抱杆中央直径（危险截面）为

$$d_{\mathrm{a}}=\frac{d_{\mathrm{w}}+d_{\mathrm{n}}}{2}=\frac{12+11.2}{2}=11.6(\mathrm{cm})$$

抱杆中央的截面积为

$$F=\pi\left[\left(\frac{d_{\mathrm{w}}}{2}\right)^{2}-\left(\frac{d_{\mathrm{n}}}{2}\right)^{2}\right]=\pi\left[\left(\frac{12}{2}\right)^{2}-\left(\frac{11.2}{2}\right)^{2}\right]=14.6(\mathrm{cm^{2}})$$

危险截面的惯性矩为

$$J=\frac{\pi}{64}(d_{\mathrm{w}}^{4}-d_{\mathrm{n}}^{4})=\frac{\pi}{64}(12^{4}-11.2^{4})=245.4(\mathrm{cm^{4}})$$

危险截面上的弯矩为

$$M=\frac{Ne}{2}$$

危险截面的抗弯截面系数为

$$W=\frac{\pi}{32}\times\frac{d_w^4-d_n^4}{d_w}=\frac{\pi}{32}\times\frac{12^4-11.2^4}{12}=40.9(\mathrm{cm}^3)$$

危险截面的回转半径为

$$r=\sqrt{\frac{J}{F}}=\sqrt{\frac{245.4}{14.6}}=4.1(\mathrm{cm})$$

抱杆的长细比为

$$\lambda=\frac{\mu\mu' l}{r}=\frac{1\times1\times800}{4.1}=195<220$$

抱杆容许应力折减系数为

$$\phi=0.189$$

危险截面以上的抱杆自重为

$$G_0=4\times11.5\times9.8=450.8(\mathrm{N})$$

2）抱杆稳定性计算。

临界压力为

$$P_k=\frac{\pi^2 EJg}{(\mu\mu' l)^2}=\frac{\pi^2\times2.1\times10^6\times245.4\times9.8}{1\times1\times800^2}=77.8(\mathrm{kN})$$

容许压力为

$$[P_k]=\frac{P_k}{2}=\frac{77.8}{2}=38.9(\mathrm{kN})$$

3）抱杆的强度计算。

$$[P]=\frac{\phi[\sigma]F-G_0}{1+\dfrac{0.5e}{W}\phi F}=\frac{0.189\times94\times1460-450.8}{1+\dfrac{0.5\times8.5}{40.9}\times0.189\times14.6}=19758(\mathrm{N})=19.8(\mathrm{kN})$$

从表 8-12 中可知，起吊 ϕ190mm×12m 水泥杆时，单根抱杆最大轴向压力为 13.65kN。可见 $[P]>N=13.65\mathrm{kN}$，抱杆强度满足要求。

4）钢管人字抱杆选择结果。参照上述计算步骤，采用钢管人字抱杆起吊杆塔时的抱杆选择结果见表 8-14。

表 8-14　　钢管人字抱杆选择结果表

吊物名称	吊物重 Q/kN	抱杆受压力 N/kN	抱杆强度 [P]/容许压力 $[P_k]$/kN		
			L=9m d=12cm，t=4mm	L=10.5m d=15cm，t=5mm	L=10.5m d=16cm，t=6mm
ϕ190mm×10m	8.43	10.67	16.6/30	30/55	43/79
ϕ190mm×12m	10.78	13.65			
ϕ190mm×15m	14.70	18.60	—		
ϕ190mm×18m	19.11	24.19	—		
ϕ325/556mm×15m（10°）	21.17	26.80	—		
ϕ300/560mm×15m（30°）	24.50	31.02	—	—	
ϕ340/640mm×15m（60°）	29.50	37.35	—	—	
ϕ365/712mm×15.6m（90°）	34.30	43.42	—	—	

8.1.6 临时锚桩选择

8.1.6.1 临时锚桩受力情况

根据以上计算结果，独立抱杆和人字抱杆组立杆塔时的临时锚桩受力情况详见表 8-15 和表 8-16。

表 8-15　　独立抱杆组立杆塔锚桩受力计算结果表

吊物名称	吊物重 Q/kN	绳头拉力 P/kN	上缆风拉线合力 T/kN	临时拉线受力 F_1/kN	抱杆根部桩受力 F_2/kN	绞磨桩受力 F_3/kN
ϕ190mm×10m	8.43	3.61	5.0	3.53	5.10	3.61
ϕ190mm×12m	10.78	4.62	6.37	4.50	6.53	4.62
ϕ190mm×15m	14.70	6.29	8.68	6.14	8.90	6.29
ϕ190mm×18m	19.11	8.18	11.28	7.98	11.57	8.18
ϕ325/556mm×15m (10°)	21.17	9.06	12.50	8.84	12.81	9.06
ϕ300/560mm×15m (30°)	24.50	10.49	14.46	10.22	14.83	10.49
ϕ340/640mm×15m (60°)	29.50	12.63	17.42	12.32	17.86	12.63
ϕ365/712mm×15.6m (90°)	34.30	14.68	20.25	14.32	20.76	14.68

注　$F_1=\frac{T}{\sqrt{2}}$；$F_2=\sqrt{2}P$；$F_3=P$。

表 8-16　　人字抱杆组立杆塔锚桩受力计算结果表

吊物名称	吊物重 Q/kN	上缆风拉线受力 T/kN	绳头拉力 P/kN	临时拉线受力 F_1/kN	抱杆根部桩受力 F_2/kN	绞磨桩受力 F_3/kN
ϕ190mm×10m	8.43	7.15	2.93	7.15	4.14	2.93
ϕ190mm×12m	10.78	9.15	3.75	9.15	5.30	3.75
ϕ190mm×15m	14.70	12.47	5.12	12.47	7.24	5.12
ϕ190mm×18m	19.11	16.21	6.65	16.21	9.40	6.65
ϕ325/556mm×15m (10°)	21.17	17.96	7.37	17.96	10.42	7.37
ϕ300/560mm×15m (30°)	24.50	20.79	8.53	20.79	12.06	8.53
ϕ340/640mm×15m (60°)	29.50	25.03	10.27	25.03	14.52	10.27
ϕ365/712mm×15.6m (90°)	34.30	29.10	11.94	29.10	16.88	11.94

注　$F_1=T$；$F_2=\sqrt{2}P$；$F_3=P$。

8.1.6.2 土壤的物理性能和锚体容许弯曲应力

(1) 土壤的物理性能指标及简易判别详见表 3-11。

(2) 锚体容许弯曲应力。参照《架空送电线路施工手册》，锚体的容许弯曲应力，圆木取 $[\sigma]=1.079\text{kN/cm}^2$，Q235 钢取 $[\sigma]=15.7\text{kN/cm}^2$。

8.1.6.3 地锚选择计算

1. 地锚抗拔力计算

单点固定圆木斜向受力地锚抗拔计算图如图 8-8 所示。图中，h 为地锚埋深，φ_1 为土壤计算抗拔角，d 为地锚直径，a 为地锚斜向对地夹角，l 为地锚长度，P 或 Q 为地锚拉力。

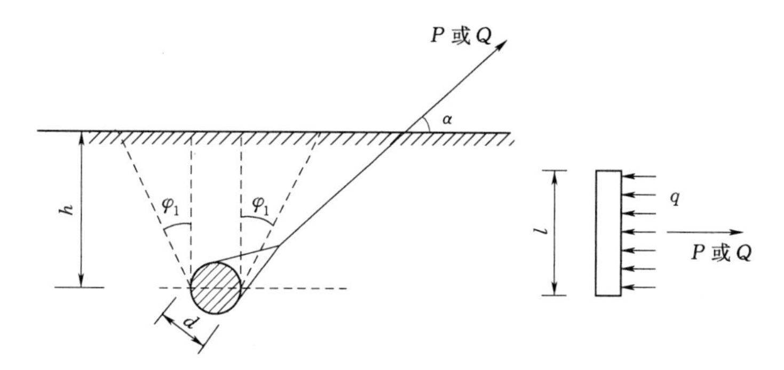

图 8-8　单点固定圆木斜向受力地锚抗拔计算图

如选 ϕ160mm×1.2m 圆木地锚，埋深 $h=1.0$m，地锚斜向对地夹角 $\alpha=45°$，土质为坚土，$\gamma_0=1800\text{kg/m}^3$，安全系数 $k=2.0$。则有

$$V_h=dlh+(d+l)h^2\tan\varphi_1+\frac{4}{3}h^3\tan^2\varphi_1$$

$$=0.16\times1.2\times1+1.36\times\tan25°+1.33\times\tan^2 25°$$

$$=1.12(\text{m}^3)$$

$$P\leqslant\frac{0.00981V_b\gamma_0}{k\sin\alpha}=\frac{0.00981\times1.12\times1800}{2\sin45°}=14(\text{kN})$$

根据以上方法，针对地埋木在不同土质条件下的最大抗拔力见表 8-17。

表 8-17　斜向地埋木的最大抗拔力（$\alpha=45°$，$k=2.0$，kN）

埋深 /m	地锚木规格					
	ϕ150mm×1.0m	ϕ160mm×1.2m	ϕ180mm×1.2m	ϕ150mm×1.0m	ϕ160mm×1.2m	ϕ180mm×1.2m
	坚土：$\gamma_0=1800$，$\varphi_1=25°$			次坚土：$\gamma_0=1700$，$\varphi_1=20°$		
1.0	12.5	14.0	14.6	8.8	10.4	10.8
1.2	18.1	21.0	21.2	12.9	15.0	15.5
1.4	25.6	29.0	30.0	17.8	20.7	21.3
	普通土：$\gamma_0=1600$，$\varphi_1=15°$			软土：$\gamma_0=1500$，$\varphi_1=10°$		
1.0	6.2	7.4	7.7	4.2	5.0	5.3
1.2	8.8	10.4	10.8	5.6	6.9	7.2
1.4	12.0	14.1	14.6	7.5	9.0	9.5

2. 圆木地锚强度计算

由 $\sigma=\dfrac{M_m}{W}\leqslant[\sigma]$，和 $M_m=\dfrac{Ql}{8}$，$W=\dfrac{\pi d^3}{32}$ 可得 $Q\leqslant\dfrac{8W[\sigma]}{l}=\dfrac{\pi[\sigma]d^3}{4l}$

当 ϕ150mm×1.0m 时，　$Q\leqslant\dfrac{\pi[\sigma]d^3}{4l}=\dfrac{\pi\times1.079\times15^3}{4\times100}=28.6(\text{kN})$

当 ϕ160mm×1.2m 时，　$Q\leqslant\dfrac{\pi[\sigma]d^3}{4l}=\dfrac{\pi\times1.079\times16^3}{4\times120}=28.9(\text{kN})$

当 ϕ180mm×1.2m 时，　$Q\leqslant\dfrac{\pi[\sigma]d^3}{4l}=\dfrac{\pi\times1.079\times18^3}{4\times120}=41.16(\text{kN})$

从以上计算和对比表 8-17 计算结果可知，3 种地锚桩在埋深不超过 1.4m 的情况下，其自身的强度均满足斜向地锚木的最大抗拨力要求。

8.1.6.4 钢锚桩选择计算

1. 单桩计算

(1) 桩锚的承载力计算。桩锚的承载力计算公式为

$$P=\frac{[\sigma]_{T}bh}{A} \tag{8-10}$$

式中 $[\sigma]_T$——土壤的容许耐压力，N/mm²，其值见表 3-11；

b——单桩地下部分的计算宽度，mm；

h——单桩打入地下的深度，mm；

A——随 H/h 变化的系数，一般取值为：$H/h=0$ 时，$A=5$；$H/h=0.1$ 时，$A=6$；$H/h=0.2$ 时，$A=7$；$H/h=0.3$ 时，$A=8$；$H/h=0.4$ 时，$A=9$。

单根桩锚入土示意图和受力图如图 8-9 所示。

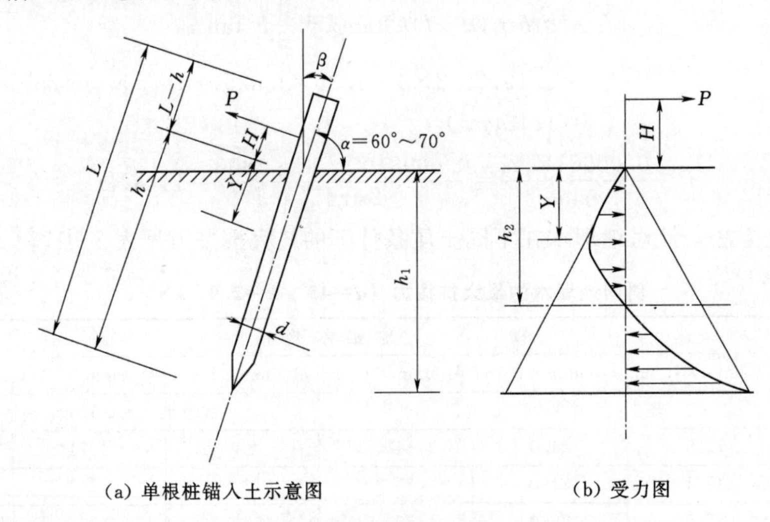

图 8-9 单根桩锚入土示意图和受力图

现以 $\phi50$mm 钢桩和 75mm×8mm 角钢桩为例进行计算。计算条件为：土质为坚土，$[\sigma]_T=0.4\text{N/mm}^2$；$h=1.0$m；$H=0$，则 $A=5$；$b=50$mm（钢管桩）和 $b=106$mm（75mm×8mm 角钢桩，$b=\sqrt{75^2+75^2}=106$mm）。则有

$\phi50$mm 钢桩承载力为

$$P=\frac{[\sigma]_{T}bh}{A}=\frac{0.4\times50\times1000}{5}=4(\text{kN})$$

75mm×8mm 角钢桩承载力为

$$P=\frac{[\sigma]_{T}bh}{A}=\frac{0.4\times106\times1000}{5}=8.48(\text{kN})$$

两种桩锚其他土质和埋深情况下的容许承载力详见表 8-18 和表 8-19。

表 8-18　　单根 75mm×8mm 角钢桩的容许承载力　　单位：kN

h/m	坚土 $[\sigma]_T=0.4N/mm^2$	次坚土 $[\sigma]_T=0.3N/mm^2$	普通土 $[\sigma]_T=0.2N/mm^2$	软土 $[\sigma]_T=0.1N/mm^2$
0.8	6.79	5.09	3.39	1.70
1.0	8.48	6.36	4.24	2.12
1.2	10.18	7.64	5.09	2.55
1.4	11.88	8.91	5.94	2.97

表 8-19　　单根 ϕ50mm 钢桩的容许承载力　　单位：kN

h/m	坚土 $[\sigma]_T=0.4N/mm^2$	次坚土 $[\sigma]_T=0.3N/mm^2$	普通土 $[\sigma]_T=0.2N/mm^2$	软土 $[\sigma]_T=0.1N/mm^2$
0.8	3.2	2.4	1.6	0.8
1.0	4.0	3.0	2.0	1.0
1.2	4.8	3.6	2.4	1.2
1.4	5.6	4.2	2.8	1.4

双联桩承载力为单联桩的 1.75～1.9 倍，三双联桩承载力为单联桩的 2.3～2.5 倍。

（2）桩锚的强度计算。

计算公式为

$$\sigma_\omega=\frac{M_{max}}{W_y}\leqslant[\sigma]_\omega \tag{8-11}$$

$$M_{max}=P_z(H+y) \tag{8-12}$$

对于斜向桩锚则有

$$P_z\leqslant\frac{[\sigma]_\omega W_{y0}}{H+y} \tag{8-13}$$

式中　M_{max}——桩体嵌制点的最大弯矩，N·cm；

W_{y0}——桩体最大受弯处的抗弯截面系数，cm^3；对 75mm×8mm 角钢桩 $W_{y0}=8.19cm^3$；对直径 50mm 的钢桩 $W_{y0}=12.25cm^3$；

$[\sigma]_\omega$——桩体材料的容许弯曲应力，kN/cm^2，对于 Q235 钢材取 $15.7kN/cm^2$；

P_z——作用在桩锚上的拉力，N；

y——斜向桩锚最大受弯处距地面的斜向深度，cm；

H——着力点与地面间的距离，cm。

根据经验，在坚土条件下，最大弯折点距地面最近，在实际工程计算时取 $H=0$，$Y=10$cm。则，钢桩强度计算校验举例如下：

75mm×8mm 角钢桩强度为

$$P\leqslant\frac{[\sigma]_\omega W}{Y}=\frac{15.7\times\dfrac{24.86}{\sqrt{2}\times2.15}}{10}=12.85(kN)$$

查表 8-18，坚土情况 1.4m 埋深角钢桩锚容许承载力为 11.88kN，而角钢桩锚强度为 12.85kN，满足桩锚容许承载力要求。

ϕ50mm 钢桩强度为

$$P\leqslant\frac{[\sigma]_\omega W}{Y}=\frac{15.7\times0.098\times5^3}{10}=19.23(kN)$$

查表 8－19，坚土情况 1.4m 埋深 ϕ50mm 钢桩锚容许承载力为 5.6kN，而 ϕ50mm 钢桩锚强度为 19.23kN，满足桩锚容许承载力要求。

2. 杆塔起吊桩锚配置

根据表 8－15 和表 8－16 受力情况，对照表 8－18 和表 8－17 桩锚承载力情况，独立抱杆和人字抱杆起吊电杆时的临时桩锚配置情况分别见表 8－20 和表 8－21。

钢管杆质量重，且位置一般位于汽车起重机可到达处，可使用汽车吊组立。如确需抱杆组立，可根据实际地形、地质情况，通过计算选择相适应的工器具。

表 8－20　独立抱杆起吊杆塔角钢桩锚 75mm×8mm 配置表

<table>
<tr><th rowspan="2">吊物名称</th><th colspan="4">临时拉和绞磨桩锚 $h \geqslant 1.0$m</th><th colspan="4">抱杆根部桩锚 $h \geqslant 1.0$m</th></tr>
<tr><th>坚土</th><th>次坚土</th><th>普通土</th><th>软土</th><th>坚土</th><th>次坚土</th><th>普通土</th><th>软土</th></tr>
<tr><td>ϕ190mm×10m</td><td rowspan="4">单桩</td><td rowspan="3">单桩</td><td>单桩</td><td>双桩</td><td rowspan="2">单桩</td><td rowspan="2">单桩</td><td>单桩①</td><td>双桩②</td></tr>
<tr><td>ϕ190mm×12m</td><td>单桩①</td><td>双桩①</td><td>单桩②</td><td rowspan="2">三桩②</td></tr>
<tr><td>ϕ190mm×15m</td><td rowspan="2">双桩①</td><td rowspan="2">三桩②</td><td rowspan="2">单桩②</td><td>单桩②</td><td rowspan="2">双桩②</td></tr>
<tr><td>ϕ190mm×18m</td><td>单桩②</td><td>双桩</td><td>采用 3－3 滑车组或地锚</td></tr>
</table>

注　对软土的抱杆根部桩锚配置困难时，可将起吊滑轮改为 3－3 滑车组，以减少桩锚的拉力，具体可根据地质情况施工前进行校核。

①　$h \geqslant 1.2$m。

②　$h \geqslant 1.4$m。

表 8－21　人字抱杆起吊杆塔角钢桩锚 75mm×8mm 配置表

<table>
<tr><th rowspan="2">吊物名称</th><th colspan="4">临时拉桩锚 $h \geqslant 1.0$m</th><th colspan="4">抱杆根部和绞磨桩锚 $h \geqslant 1.0$m</th></tr>
<tr><th>坚土</th><th>次坚土</th><th>普通土</th><th>软土</th><th>坚土</th><th>次坚土</th><th>普通土</th><th>软土</th></tr>
<tr><td>ϕ190mm×10m</td><td>单桩</td><td>单桩①</td><td rowspan="2">双桩①</td><td>三桩②</td><td rowspan="3">单桩</td><td rowspan="2">单桩</td><td rowspan="2">单桩②</td><td>双桩②</td></tr>
<tr><td>ϕ190mm×12m</td><td>单桩①</td><td>单桩②</td><td rowspan="3">ϕ18mm×160mm 地锚，深 1.8m</td><td rowspan="3">采用 3－3 滑车组起吊或地锚。</td></tr>
<tr><td>ϕ190mm×15m</td><td rowspan="2">双桩②</td><td>双桩①</td><td rowspan="2">三桩②</td><td rowspan="2">单桩①</td><td rowspan="2">双桩①</td></tr>
<tr><td>ϕ190mm×18m</td><td>双桩②</td><td>单桩①</td></tr>
</table>

注　对软土的抱杆根部桩锚配置困难时，可将起吊滑轮改为 3－3 滑车组，以减少桩锚的拉力，具体可根据地质情况施工前进行校核。

①　$h \geqslant 1.2$m。

②　$h \geqslant 1.4$m。

8.1.7　双钩紧线器选择

双钩紧线器的配置按容许负荷和调节长度的需求进行选择，具体根据作业场所需求，参照产品标准样本和试验数据进行配置。

8.1.8　卸扣（“U”形环）选择

卸扣的配置按容许负荷和开口宽度的需求进行选择，具体根据作业场所需求，参照产品标准样本和试验数据进行配置。现场难以查找相关数据时，可根据下列经验公式估算其容许负荷

$$[P_c]=51d^2 \qquad (8-14)$$

式中　d——卸扣（“U”形环）直径，mm；

$[P_c]$——容许拉力，N。

8.1.9　麻绳选择

1. 麻绳种类

麻绳按使用的原料不同，分为印尼棕绳（也叫吕宋绳）、白棕绳、混合绳和线麻绳 4 种。印尼麻绳适用于水中起重，船用锚缆、拖缆和陆地起重；白棕绳质量略次于印尼麻绳，用途同印尼麻绳；混合绳拉力虽大于白棕绳，但耐久性、耐腐蚀性差，特别是在水中使用，遇天热水暖更为显著，使用时应加注意；线麻绳柔韧、弹力大、拉力强，用途与混合绳相同。

2. 麻绳容许拉力计算

麻绳的容许起吊力的经验公式为

$$P=\frac{S_b}{K} \qquad (8-15)$$

式中　P——容许起吊力，kN；

S_b——麻绳的破断力，kN；

K——麻绳的安全系数，一般起吊时 $K=5$；临时接线时 $K=6$；绑扎时 $K=10$。常用白棕绳的技术规格数据见表 8-22。

表 8-22　白棕绳的技术规格数据表

直径/mm	质量/(kg·km⁻¹)	最小破断力/N			容许拉力/N K=5		
		Ⅰ	Ⅱ	Ⅲ	Ⅰ	Ⅱ	Ⅲ
6	30	4050	2680	1760	810	540	350
8	60	6660	4400	2900	1330	880	580
10	80	9200	6100	4000	1840	1220	800
12	110	11660	7750	5090	2330	1550	1020
14	140	16300	10900	7220	3260	2180	1440
16	180	19600	13400	8710	3920	2680	1740
18	230	24600	16600	11000	4920	3320	2200
20	280	31200	21100	13900	6240	4220	2780
22	340	37600	24500	16800	7520	4920	3360
24	400	43800	29600	19600	8760	5920	3920
26	480	49700	33800	22300	9940	6760	4460
28	550	57100	38900	25600	11400	7780	5120
30	630	66200	44500	29900	13240	8900	5980
32	720	74400	50100	33700	14880	10020	6740
34	810	82400	55600	37400	16480	11120	7480
36	910	90000	60900	41000	18000	12180	8200
40	1120	109700	74400	50100	21940	14880	10020

注　1. K 为安全系数。
2. Ⅰ、Ⅱ、Ⅲ为白棕绳等级。
3. 规格等级不明时按Ⅲ考虑。

3. 麻绳使用注意事项

(1) 麻绳应用特制的油涂抹保护，油各项成分质量比为：工业凡士林83%，松香10%，石蜡4%，石墨3%；绕麻绳的卷筒、滑轮的直径应大于麻绳直径的7倍。

(2) 使用中的麻绳尽量避免受潮、淋雨或纤维中夹杂泥沙和受油污等化学介质浸蚀。

(3) 麻绳打结后强度降低50%以上，使用中应避免打结。

8.1.10 角钢塔组立受力计算

8.1.10.1 内拉线抱杆组立铁塔各系统受力计算

按7714-18塔进行计算举例：设塔片质量 $G_0=500\text{kg}$，塔片高度为 $H=6.0\text{m}$，起吊绳与塔身间的施工间距 $D=0.5\text{m}$，$B_1=B_2=3.0\text{m}$，调整大绳与地面夹角 $\alpha=40°$，铁塔根开 $A_1=A_2=4.2\text{m}$，腰滑车距地面高度 $C=6\text{m}$，腰滑车钢丝绳有效长度 $M=0.3\text{m}$，起重滑车摩阻系数 $\varepsilon_d=1.06$。

1. 牵引系统受力计算

牵引系统受力计算，指起吊重量、调整大绳、牵引绳、腰滑车和转向（地）滑车等受力计算，其计算受力图如图8-10所示。

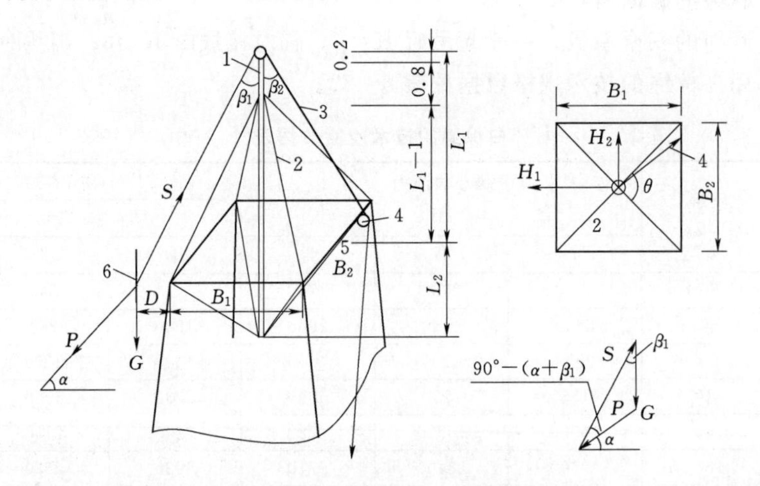

图8-10 计算受力图（单位：m）

1—内拉线抱杆；2—上缆风拉线；3—牵引绳；4—腰滑车；5—塔身水平铁；6—被起吊构件

(1) 抱杆长度及抱杆伸出塔身长度。

$L=1.75H=1.75\times6=10.5\text{m}$，取10m。

$$L_1=0.7\times10=7(\text{m})$$

$$L_2=0.3\times10=3(\text{m})$$

(2) 起吊重量。

$$G=k_1k_2k_3G_0=1.2\times1.1\times1.1\times500=726(\text{kg})$$

(3) 调整大绳受力。

$$\beta_1=\arctan\frac{0.5B_1+D}{L_1}=\arctan\frac{0.5\times3+0.5}{7}=15.95°$$

调整大绳受力为

$$P=\frac{\sin\beta_1}{\sin(90^\circ-\alpha-\beta_1)}G=\frac{\sin15.95^\circ}{\sin(90^\circ-40^\circ-15.95^\circ)}\times726=0.49\times726=356(\text{kg})$$

选用 ϕ16mm 棕绳，安全系数为

$$k=\frac{13400}{356\times9.8}=3.8\geqslant3(\text{满足要求})$$

（4）起吊绳及牵引绳受力。起吊绳与牵引绳为同一根钢丝绳。以朝天滑车为界，在起吊侧为起吊绳，反侧为牵引绳。

起吊绳受力为

$$S=\frac{\sin(90^\circ+\alpha)}{\sin(90^\circ-\alpha-\beta_1)}G=\frac{\sin(90^\circ+40^\circ)}{\sin(90^\circ-40^\circ-15.95^\circ)}\times726=1.37\times726=995(\text{kg})$$

牵引绳受力为

$$S'=S\varepsilon_d=995\times1.06=1055(\text{kg})$$

（5）朝天滑车受力。

起吊绳和牵引绳引起的下压力为

$$\beta_2=\arctan\frac{\sqrt{(0.5B_1)^2+(0.5B_2)^2}-M}{L_1}=\arctan\frac{\sqrt{1.5^2+1.5^2}-0.3}{7}=14.6^\circ$$

$$N_1=S\cos\beta_1+S'\cos\beta_2=995\times\cos15.95^\circ+1055\times\cos14.6^\circ=1978(\text{kg})$$

横向水平力为

$$\theta=\arctan\frac{B_2}{B_1}=\arctan\frac{3}{3}=45^\circ$$

$$H_1=S\sin\beta_1-S'\sin\beta_2\cos\theta=995\times\sin15.95^\circ-1055\sin14.6^\circ\cos45^\circ=85\text{kg}$$

纵向水平力为

$$H_2=S'\sin\beta_2\sin\theta=1055\times\sin14.6^\circ\sin45^\circ=188(\text{kg})$$

（6）腰滑车受力。腰滑车受力如图 8-11 所示。

$$\delta_1=\beta_2=14.6^\circ$$

$$\delta_2=\arctan\frac{\sqrt{(0.5A_1)^2+(0.5A_2)^2}-M}{C}=\arctan\frac{\sqrt{2.1^2+2.1^2}-0.3}{6}=24^\circ$$

$$S''=S'\varepsilon_d=S\varepsilon_d^2=995\times1.06^2=1118(\text{kg})$$

$$S'''=S\varepsilon_d^3=995\times1.06^3=1185(\text{kg})$$

腰滑车受力为

$$F=S'\sin\delta_1+S''\sin\delta_2=1055\times\sin14.6^\circ+1118\times\sin24^\circ=720(\text{kg})$$

可选用 1t 单轮开口铁滑车。

（7）转向（地）滑车受力。地滑车受力如图 8-12 所示。

$$F_{地}=S''\cos\delta_3+S'''\cos\delta_4=1118\times\cos45^\circ+1185\times\cos45^\circ=1628(\text{kg})$$

可选用 2t 单轮开口铁滑车。

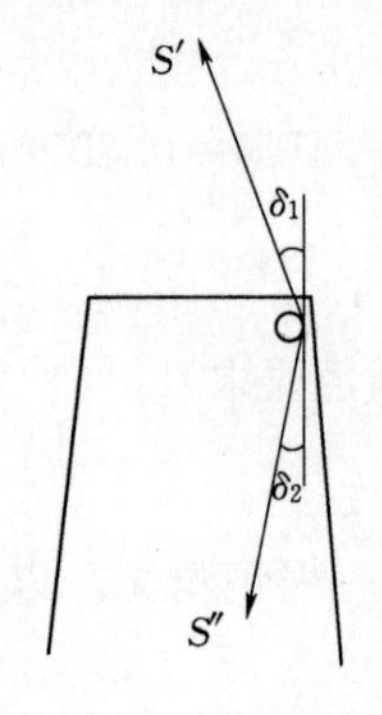

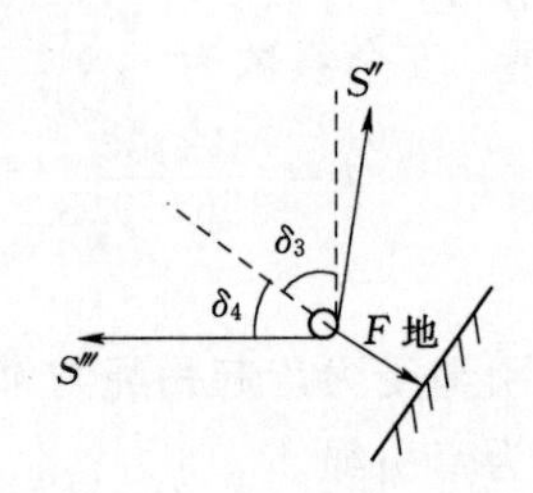

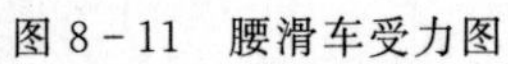

图 8-11 腰滑车受力图　　　　图 8-12 地滑车受力图

牵引绳最大受力为

$$S_{总}=S'''=S\varepsilon_{d}^{3}=995\times1.06^{3}=1185(\text{kg})$$

选择 6×19 股结构，ϕ11mm 钢丝绳，其安全系数 k 为

$$k=\frac{67900\times0.85}{1185\times9.8}=5\geqslant4(\text{满足要求})$$

2. 上缆风拉线受力及抱杆轴向压力计算

(1) 上缆风拉线受力计算。

两根上缆风拉线合力线与抱杆夹角为

横向侧：
$$\gamma_1=\arctan\frac{0.5B_1}{L_1-1}=\arctan\frac{0.5\times3}{7-1}=14°$$

纵向侧：
$$\gamma_2=\arctan\frac{0.5B_2}{L_1-1}=\arctan\frac{0.5\times3}{7-1}=14°$$

上缆风拉线与抱杆夹角为

$$\gamma=\arctan\frac{\sqrt{(0.5B_1)^2+(0.5B_2)^2}}{L_1-0.8}=\arctan\frac{\sqrt{1.5^2+1.5^2}}{7-0.8}=18.9°$$

抱杆顶部水平力换算到上缆风拉线处的水平力及修正系数为

$$m=\frac{L}{L-0.8}=\frac{10}{10-0.8}=1.09$$

上缆风拉线横向水平力为

$$H_1'=H_1m=85\times1.09=93(\text{kg})$$

上缆风拉线纵向水平力为

$$H_2'=H_2m=188\times1.09=205(\text{kg})$$

两根拉线的横向水平合力为

$$T_1''=\frac{H_1'}{\sin\gamma_1}=\frac{93}{\sin14°}=384(\text{kg})$$

两根拉线的纵向水平合力为

$$T_2''=\frac{H_2'}{\sin\gamma_2}=\frac{205}{\sin14°}=847(\text{kg})$$

由横向水平力引起的拉线张力为

$$T_1=\frac{H_1'}{2\sin\gamma\cos\theta}=\frac{93}{2\times\sin18.9°\times\cos45°}=203(\text{kg})$$

由纵向水平力引起的拉线张力为

$$T_2=\frac{H_2'}{2\sin\gamma\sin\theta}=\frac{205}{2\times\sin18.9°\times\sin45°}=448(\text{kg})$$

拉线中最大张力为

$$T=T_1+T_2=203+448=651(\text{kg})$$

选择 6×19 股结构，ϕ7.7mm 钢丝绳，其安全系数 k 为

$$k=\frac{34600\times0.85}{651\times9.8}=4.6\geqslant4.0(\text{满足要求})$$

上缆风拉线长度为

$$l_{上}=\sqrt{(7-0.8)^2+2.12^2}=6.55(\text{m})$$

（2）抱杆轴向压力。抱杆轴向压力由起吊绳、牵引绳、上缆风拉线等垂直压力叠加而成。

$$\begin{aligned}N&=(S\cos\beta_1+S'\cos\beta_2+T_1'\cos\gamma_1+T_2'\cos\gamma_2)g\\&=(995\times\cos15.95°+1055\times\cos14.6°+384\times\cos14°+847\times\cos14°)\times9.8\\&=31(\text{kN})\end{aligned}$$

查《架空送电线路施工手册》表 62-10 得，抱杆可选用四方形断面（$C\times C$=35cm×35cm，$C_1\times C_1$=15cm×15cm，$[\sigma]$=117.6MPa）铝合金抱杆，长度为 10m，其轴向容许压力为 73kN。可见其抱杆轴向容许压力大于计算值。

3. 抱杆承托绳受力计算

抱杆承托绳受力图与承托绳受力计算图如图 8-13 所示。

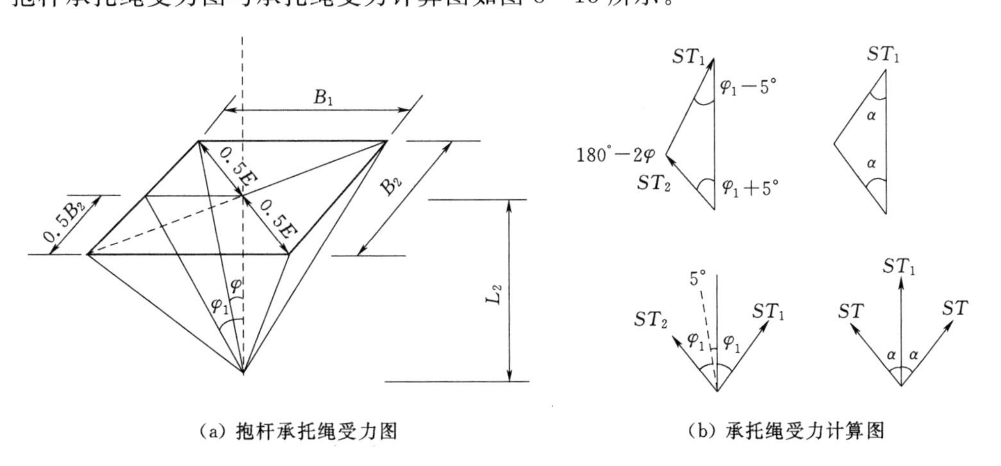

(a) 抱杆承托绳受力图　　(b) 承托绳受力计算图

图 8-13　抱杆承托绳受力图与承托绳受力计算图

承托绳合力线与抱杆夹角为

横向侧：$$\varphi_1=\arctan\frac{0.5B_1}{L_2}=\arctan\frac{1.5}{3}=26.6°$$

纵向侧：$$\varphi_2=\arctan\frac{0.5B_2}{L_2}=\arctan\frac{1.5}{3}=26.6°$$

承托绳与抱杆垂直夹角为

$$\varphi=\arctan\frac{\sqrt{(0.5B_1)^2+(0.5B_2)^2}}{L_2}=\arctan\frac{\sqrt{1.5^2+1.5^2}}{3}=35.3°$$

起吊侧两根承托绳的合力为

$$ST_1=\frac{(N+150)\sin(\varphi_1+5°)}{\sin2\varphi_1}=\frac{(3172+150)\times\sin(26.6°+5°)}{\sin2\times26.6°}=2176(\text{kg})$$

牵引侧两根承托绳的合力为

$$ST_2=\frac{(N+150)\sin(\varphi_1-5°)}{\sin2\varphi_1}=\frac{(3172+150)\times\sin(26.6°-5°)}{\sin2\times26.6°}=1529(\text{kg})$$

$ST_1\geqslant ST_2$，承托绳按起吊侧作为选择依据，则

$$ST=\frac{ST_1}{2\cos\alpha}=\frac{2176}{2\times\cos\left[\arctan\frac{0.5B_2}{\sqrt{L_2^2+(0.5B_1)^2}}\right]}=1192(\text{kg})$$

选择 6×19 股结构，ϕ11mm 钢丝绳，其安全系数 k 为

$$k=\frac{67900\times0.85}{1192\times9.8}=4.9\geqslant4.0(\text{满足要求})$$

承托绳长度为

$$l_{\text{下}}=\sqrt{3^2+2.12^2}=3.67(\text{m})$$

8.1.10.2　外拉线抱杆组立铁塔各系统受力计算

按 7714－18 塔进行计算举例：设塔片质量 $G_0=500$kg，塔片高度 $H=6.0$m，抱杆倾角 $\gamma=15°$，起吊绳与塔身间的施工间距 $D=0.4$m，$B_1=B_2=3.0$m，调整大绳与地面夹角 $\alpha=40°$，拉线与地面夹角 $\varphi=45°$，起重滑车摩阻系数 $\varepsilon_d=1.06$。

1. 牵引系统受力计算

牵引系统计算，指起吊重量、调整大绳、牵引绳、腰滑车和转向（地）滑车等受力计算，其计算受力图如图 8－14 所示。

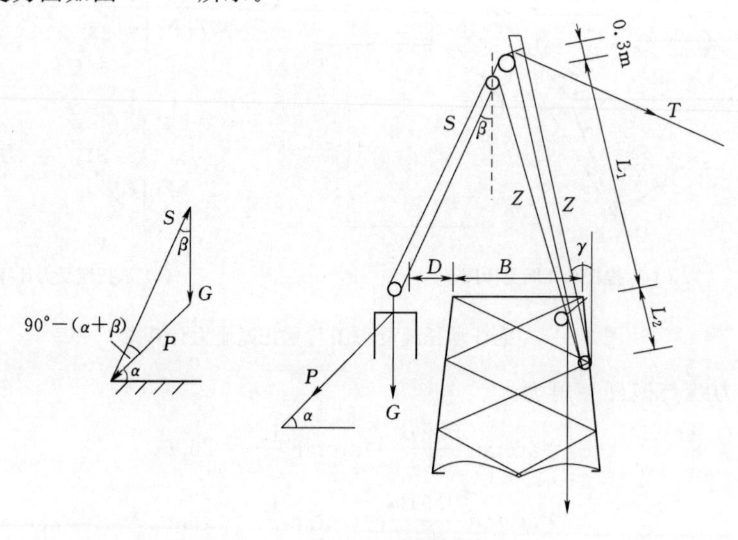

图 8－14　吊装时各系统受力分析图

（1）抱杆长度及抱杆伸出塔身长度。

$L=(1.2\sim1.3)H=(1.2\sim1.3)\times6=7.2\sim7.8\text{m}$，取 $L=8\text{m}$。

$$L_2=1.5(\text{m})$$

$$L_1=8-1.5=6.5(\text{m})$$

（2）起吊重量。

$$G=k_1k_2k_3G_0=1.2\times1.1\times1.1\times500=726(\text{kg})$$

（3）调整大绳受力。

$$\beta=\arctan\frac{B+D-(L_1+L_2)\sin15^\circ}{L_1\cos15^\circ}=\arctan\frac{3+0.4-8\times\sin15^\circ}{6.5\times\cos15^\circ}=11.95^\circ$$

$$P=\frac{\sin\beta}{\cos(\alpha+\beta)}G=\frac{\sin11.95^\circ}{\cos(40^\circ+11.95^\circ)}\times726=244(\text{kg})$$

选用 ϕ14mm 棕绳，安全系数为

$$k=\frac{10900}{244\times9.8}=4.5\geqslant3.0(\text{满足要求})$$

（4）起吊绳及牵引绳受力计算。

1）起吊绳受力为

$$S=\frac{\cos\alpha}{\cos(\alpha+\beta)}G=\frac{\cos40^\circ}{\cos(40^\circ+11.95^\circ)}\times726=902(\text{kg})$$

2）牵引绳受力（采用 1－1 滑车组）为

$$Z=\frac{\varepsilon^n(\varepsilon-1)}{\varepsilon^n-1}S=\frac{1.06^2\times(1.06-1)}{1.06^2-1}S=0.545S=0.545\times902=492(\text{kg})$$

3）地滑车受力为

$$F=\frac{Z}{\cos45^\circ}=1.414Z=1.414\times492=696(\text{kg})$$

可选用 1t 单轮开口铁滑车。

4）总牵引绳最大受力为

$$F_{\max}=Z\varepsilon^n=492\times1.06^2=553(\text{kg})$$

选择 6×19 股结构，ϕ7.7mm 钢丝绳，其安全系数 k 为

$$k=\frac{34600\times0.85}{553\times9.8}=5.4\geqslant4.0(\text{满足要求})$$

2. 外拉线及抱杆受力计算

（1）反侧拉线的合力及抱杆压力。在起吊过程中，抱杆处于平衡状态，故以抱杆为坐标，绘成受力分析图如图 8－15 所示。

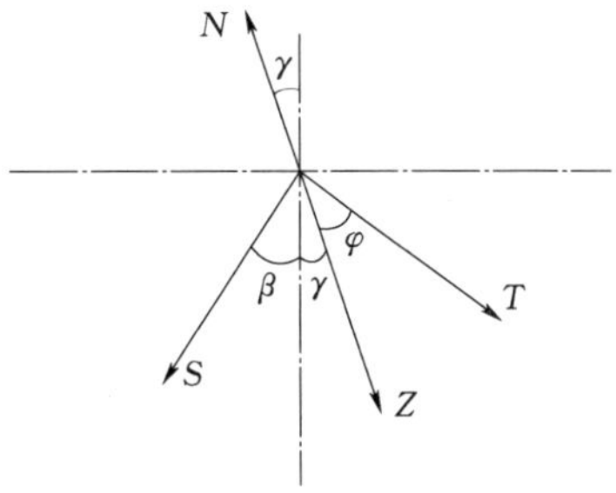

图 8－15　受力分析图

取$\sum X=0$ 和$\sum Y=0$，则有

$$S\sin\beta+N\sin\gamma=Z\sin\gamma+T\sin(90^\circ-\varphi)$$

$$S\cos\beta+N\cos\gamma+T\cos(90^\circ-\varphi)=Z\cos\gamma$$

$$T=\frac{\sin\beta+\cos\beta\tan\gamma}{\cos\varphi-\sin\varphi\tan\gamma}S=\frac{\sin11.95^\circ+\cos11.95^\circ\times\tan15^\circ}{\cos45^\circ-\sin45^\circ\times\tan15^\circ}\times902=0.9\times902=812(\text{kg})$$

$$N=\frac{\cos\beta+\sin\beta\tan\varphi}{\cos\gamma-\sin\gamma\tan\varphi}S+Z=\frac{\cos11.95°+\sin11.95°\times\tan45°}{\cos15°-\sin15°\times\tan45°}\times902+492=2004(\text{kg})$$

选择圆木（杉木）抱杆长度为8m，梢径为16cm，径增率为0.8%，查表8-10得其抱杆容许强度 $[P]=27.5\text{kN}>20\text{kN}$。(满足要求)

(2) 四根拉线受力为

$$T_1=\frac{T}{2\cos\frac{\theta}{2}}k_4=\frac{812}{2\cos27.4°}\times1.4=640(\text{kg})$$

选择6×19股结构，$\phi7.7$mm钢丝绳，其安全系数 k 为

$$k=\frac{34600\times0.85}{640\times9.8}=4.7\geqslant4.0(\text{满足要求})$$

8.2 架线施工技术计算

配电线路一般采用非张力放线法，其紧线施工计算包括临时拉线、紧线工器具的选择计算和验收弧垂计算。

8.2.1 紧线工器具选择计算

8.2.1.1 临时拉线的静张力

按临时拉线平衡导（地）线紧线张力的50%计算，计算简图如图8-16所示，其计算公式为

$$P=\frac{0.5H}{\cos\beta\cos\gamma} \tag{8-16}$$

式中 P——临时拉线的静张力，N；

β——临时拉线对地面夹角，(°)；

γ——临时拉线与导（地）线的水平夹角，(°)；

H——导（地）线紧线的最大水平张力，N；

考虑气象条件、过牵引等因素后取设计最大张力代替最大紧线张力。

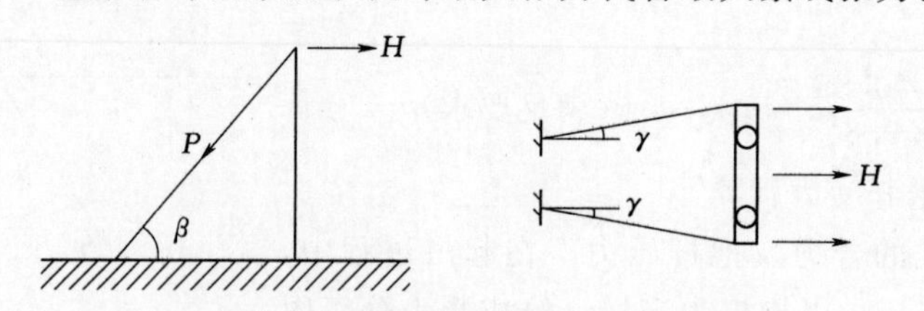

图8-16 临时拉线受力分析计算简图

8.2.1.2 单根导（地）线紧线时的牵引力

(1) 设耐张段架空线的紧线应力为 σ_1，相应的牵引力 P_1 为

$$P_1=\varepsilon(\sigma_1\varepsilon^n+g_1h_n)S \tag{8-17}$$

式中 ε——放线滑车的摩擦系数，一般取值为1.015；

σ_1——耐张段的架空线紧线应力，N/mm²；

n——远弛度观测挡至操作杆塔的放线滑车数；

h_n——紧线操作挡架空线最低点对操作杆塔架空线悬挂点的垂度（即高差），m；

S——架空线的截面积，mm^2。

g_1——导（地）线自重比载，$N/(m\cdot mm^2)$。

（2）若考虑架空线过牵引影响时，其挂线牵引力为

$$P_2=\varepsilon(\sigma_2\varepsilon^n+g_1h_n)S \tag{8-18}$$

其中

$$\sigma_2^3+\left(\frac{g_1^2l_{db}^2E_{db}}{24\sigma_1^2}-\frac{\Delta lE_{db}}{\sum\frac{l}{\cos\varphi}}-\sigma_1\right)\sigma_2^2=\frac{l_{db}^2g_1^2E_{db}}{24} \tag{8-19}$$

$$E_{db}=\frac{\sum\frac{l}{\cos\varphi}}{\sum\frac{l}{\cos\varphi^2}}E \tag{8-20}$$

式中 l_{db}——耐张段的代表挡距，m；

E_{db}——架空线的代表弹性系数，N/mm^2，当各挡悬节点近似等高时，$E_{db}=E$；

Δl——架空线的最大过牵引长度，一般不超过 200mm。

令

$$a=\left(\frac{g_1^2l_{db}^2E_{db}}{24\sigma_1^2}-\frac{\Delta lE_{db}}{\sum\frac{l}{\cos\varphi}}-\sigma_1\right)\quad b=\frac{l_{db}^2g_1^2E_{db}}{24}$$

则有

$$\sigma_2^3+a\sigma_2^2=b \tag{8-21}$$

即

$$\sigma_2^2(\sigma_2+a)=b \tag{8-22}$$

采用试凑法或公式解法求得架空线的过牵引应力 σ_2。也可按设计图纸查出最大过牵引张力。

8.2.1.3 紧线受力计算举例

例：有一新建单回 10kV 架空线路的导线型号为 JL/G1A－240/30，导线综合截面积 $S=275.96mm^2$，导线安全系数 $k=4.5$，导线计算拉断力 $T_b=75190N$，$h_n=10m$，$g_1=0.033N/(m\cdot mm^2)$，$n=6$。

1. 临时拉线部分受力计算

（1）临时拉线受力计算。每相导线最大水平张力为

$$H=\frac{T_bk_0}{k}=\frac{75.19\times0.95}{4.5}=15.87(kN)$$

临时拉线总的静张力为

$$P=\frac{0.5\times3H}{\cos45^\circ\times\cos0^\circ}=\frac{0.5\times3\times15.87}{\cos45^\circ}=33.67(kN)$$

每侧按两根临时拉线布置，则每根临时拉线的受力为

$$P_0=\frac{P}{2}=\frac{33.67}{2}=16.83(kN)$$

（2）工器具配置。

1）钢丝绳选择。选择 6×19 股结构，ϕ11mm 钢丝绳，由表 8－3 可知其计算拉断力

为 67.9kN，则 $k=\frac{67.9\times0.85}{16.83}=3.4\geqslant3$。

2）双钩配置。选择 20kN。

3）锚桩配置。根据以上受力计算，查表 8-17 和表 8-18，临时拉线锚桩配置为：坚土采用埋深不小于 1.2m 的双桩；次坚土采用埋深不小于 1.5m 的双桩；普通土采用埋深不小于 1.4m 的三桩；软土采用埋深不小于 1.6m，ϕ200mm×1.8m 的地锚。

2. 牵引部分受力计算

（1）导线最大应力。

$$\sigma_1=\frac{15.87\times1000}{275.96}=57.52(\mathrm{N/mm^2})$$

（2）导线牵引力。

$$P_1=\varepsilon(\sigma_1\varepsilon^n+g_1h_n)S=1.015\times(57.52\times1.015^6+0.033\times10)\times275.96\times10^{-3}$$
$$=17.71(\mathrm{kN})$$

（3）绞磨的牵引力。

$$P_2=\varepsilon P_1=1.06\times17.71=18.76(\mathrm{kN})$$

（4）工器具配置。

1）钢丝绳直接收紧导线法。

牵引绳选择。选择 6×19 股结构，ϕ12.5mm 钢丝绳，由表 8-3 可知其计算拉断力为 88.7kN，则 $k=\frac{88.7\times0.85}{18.76}=4\geqslant4$。

地滑车牵引绳间夹角不小于 140°，则地滑车受力为

$$F=2P_1\sin\frac{40^\circ}{2}=2\times17.71\times\sin20^\circ=12.1(\mathrm{kN})$$

可选择 20kN 单轮开口铁滑车。

绞磨配置。选择容许荷载不小于 20kN 的绞磨。

绞磨锚桩选择。根据以上受力计算，查表 8-17 和表 8-18，绞磨锚桩配置为：坚土采用埋深不小于 1.2m 的双桩；次坚土采用埋深不小于 1.2m 的三桩；普通土采用埋深不小于 1.5m，ϕ180mm×1.2m 的地锚；软土采用埋深不小于 1.6m，ϕ200mm×1.8m 的地锚。

地滑车锚桩选择。根据以上受力计算，查表 8-17 和表 8-18，地滑车锚桩配置为：坚土采用埋深不小于 1.5m 的单桩；次坚土采用埋深不小于 1.0m 的双桩；普通土采用埋深不小于 1.2m 的三桩；软土采用埋深不小于 1.6m，ϕ200mm×1.8m 的地锚。

2）滑车组收紧导线法。

滑车组配置。选择 2-2 滑车组，根据牵引力 $P_1=17.71$kN，选择 20kN 双轮铁滑车。

牵引绳配置。选择 6×19 股结构，ϕ6.2mm 钢丝绳，由表 8-3 可知其计算拉断力为 22.1kN。

绳头拉力为

$$F_1=\frac{P_1}{\eta(n+1)}=\frac{17.71}{0.86\times(4+1)}=4.12(\mathrm{kN})$$

经地滑车后牵引绳拉力为

$$F_2=\varepsilon F_1=1.06\times4.12=4.37(\text{kN})$$

则 $$k=\frac{22.1\times0.85}{4.37}=4.3\geqslant4$$

地滑车受力。地滑车牵引绳间夹角不小于140°，则地滑车受力为

$$F=2F_1\sin\frac{40^\circ}{2}=2\times4.12\times\sin20^\circ=2.82(\text{kN})$$

可选择5kN单轮开口铁滑车。

地滑车锚桩选择。根据以上受力计算，查表8－18，地滑车锚桩配置为：坚土采用埋深不小于0.8m的单桩；次坚土采用埋深不小于0.8m的单桩；普通土采用埋深不小于0.8m的单桩；软土采用埋深不小于1.4m的单桩。

滑车组锚桩选择。滑车组锚桩配置同钢丝绳直接收紧导线法的绞磨锚桩。

3. 紧线施工机具的配置

按一个紧线队考虑，其直接收紧导线法的施工机具配置见表8－23；采用滑轮组收线法的施工机具配置见表8－24。

表8－23　紧线机具配置表（直接收紧导线法）

分部	序号	机具名称	规　格	单位	数量	备注
临时拉线部分	1	钢丝绳	ϕ11mm×25m	条	4	临时拉线
	2	钢丝绳套	ϕ12.5mm×1m	条	4	
	3	钢丝绳套	ϕ12.5mm×1.2m	条	4	
	4	双钩	20kN	把	4	临时拉线用
	5	滑车	10kN单开口	只	1	拉线用
	6	棕绳	ϕ14mm×40m	条	2	传递工器具用
	7	角钢锚桩	75mm×8mm×1.6m	根	6	
	8	卸扣	ϕ20mm	只	5	连接用
紧线部分	9	钢丝绳	ϕ12.5mm×50m	条	1	挂线总牵引
	10	钢丝绳	ϕ12.5mm×5m	条	1	锚线用
	11	钢绳套	ϕ12.5mm×1m	条	2	
	12	钢绳套	ϕ12.5mm×1.2m	条	4	
	13	棕绳	ϕ14mm×40m	条	2	控制用
	14	机动绞磨	20kN	台	1	牵引用
	15	放线滑车	单轮开口铝滑车	只	20	牵引用
	16	滑车	20kN单开口	只	1	牵引用
	17	角钢桩	75mm×8mm×1.6m	根	5	锚固用
	18	铁锤	8.2kg	把	2	
	19	卸扣	ϕ20mm	只	3	连接用
	20	紧线器	LGJ－240	只	2	

表 8-24　　　　紧线机具配置表（滑轮组收紧导线法）

分部	序号	机具名称	规　　格	单位	数量	备注
临时拉线部分	1	钢丝绳	ϕ11mm×25m	条	4	临时拉线
	2	钢丝绳套	ϕ12.5mm×1m	条	4	
	3	钢丝绳套	ϕ12.5mm×1.2m	条	4	
	4	双钩	20kN	把	4	临时拉线用
	5	滑车	10kN 单开口	只	1	拉线用
	6	棕绳	ϕ14mm×40m	条	2	传递工器具用
	7	角钢锚桩	75mm×8mm×1.6m	根	6	
	8	卸扣	ϕ20mm	只	5	连接用
紧线部分	9	钢丝绳	ϕ6.2mm×80m	条	1	挂线总牵引
	10	钢丝绳	ϕ12.5mm×5m	条	1	锚线用
	11	钢绳套	ϕ12.5mm×1m	条	2	
	12	钢绳套	ϕ12.5mm×1.2m	条	4	
	13	棕绳	ϕ14mm×40m	条	2	控制用
	14	机动绞磨	10kN	台	1	牵引用
	15	放线滑车	单轮开口铝滑车	只	20	牵引用
	16	滑车	20kN 双轮	只	2	牵引用
	17	滑车	10kN 单开口	只	2	牵引用
	18	角钢桩	75mm×8mm×1.5m	根	4	锚固用
	19	铁锤	8.2kg	把	2	
	20	卸扣	ϕ20mm	只	3	连接用
	21	紧线器	LGJ-240	只	2	

8.2.2 验收弧垂理论计算

新建架空配电线路导线架设后，往往要经过一段时间后才进行架线弧垂的验收和核测。在这段滞后的时间内，电线在悬挂中应力的作用下，要产生塑性伸长使弧垂增大（设气温保持架线气温）。工程常常不知道这段滞后时间内产生塑性伸长的量值，而难以判断架线弧垂是否正确。为此，应掌握架线中考虑的最终塑性伸长 ε_e（或 Δt_e）在架线后应力作用下短期时间内（如 10～1000h 间）所产生塑性伸长率的量值或占的百分数，依此判断验收弧垂的增量是否正确。

但我国电线生产厂或规范目前尚缺乏上述塑性伸长与时间、应力方面的关系资料[1]，

[1] 参照《电力工程高压送电线路设计手册》提出的估算法。

提出架空配电线路验收弧垂的计算法。

1. 验收计算弧垂的塑性伸长 ε_a 和等效温升 Δt_a 的估算

自导线挂线至检验弧垂期间由于运行应力的作用，导线要有塑性伸长放出而使导线弧垂增大，相当于气温升高 Δt_a。一般取平均运行应力（如 $0.16\sigma_{ts}$或 $0.25\sigma_{ts}$）下，持续$T_0=10^4$h 的电线塑性伸长率作为 $\varepsilon_0=CT_0^m$；架线过程中张力放线及观测弧垂期间，以平均运行应力经历等效架线时间 T_e'(2～3h)，放出塑性伸长率为 $\Delta\varepsilon_e=C(T_e')^m$；则架线后剩余未放出的塑性伸长率（初伸长）为 $\varepsilon_e=\varepsilon_0-\Delta\varepsilon_e$。架线后以平均运行应力又经历等效时间$T_a'$后才检查验收弧垂，此时又会放出塑性伸长率 $\Delta\varepsilon_a$，其近似计算式为

$$\Delta\varepsilon_a\approx C[(T_e'+T_a')^m-(T_e')^m]=\varepsilon_e\left[\frac{(T_e'+T_a')^m-(T_e')^m}{100000^m-(T_e')^m}\right] \tag{8-23}$$

$$\Delta t_a=\frac{\Delta\varepsilon_a}{\alpha} \tag{8-24}$$

$$T_x'=\left(\frac{\sigma_x}{\sigma_{15}}\right)^{7.647}e^{0.0882(t_x-15)}T_x \tag{8-25}$$

式中 $\Delta\varepsilon_a$——架线后经历 T_a 验收弧垂，电线放出的塑性伸长率；

m——塑性伸长率的指数量，根据平均运行应力 σ 所对应的图 8-17 直线斜率，一般可近似取 0.17；

ε_e——架线时所考虑未放出的塑性伸长率（初伸长），见表 8-25；

T_x'——代表 T_e'或 T_a'，为放、架线过程中和滞后验收弧垂时间内已折算到平均运行应力 σ_{15}下所持续的等效时间，h；

T_x——代表 T_e 或 T_a，为放、架线过程中电线受应力 $\sigma_x=\sigma_e$ 下持续的实际时间和验收弧垂时导线受应力 $\sigma_x=\sigma_a$ 所持续的实际滞后时间，h；

σ_{15}、σ_x——分别为导线的平均运行应力和放、架线及验收弧垂滞后期间的应力，N/mm²；

t_x——分别代表 t_e、t_a，为放、架线和验收滞后期间的气温，℃。

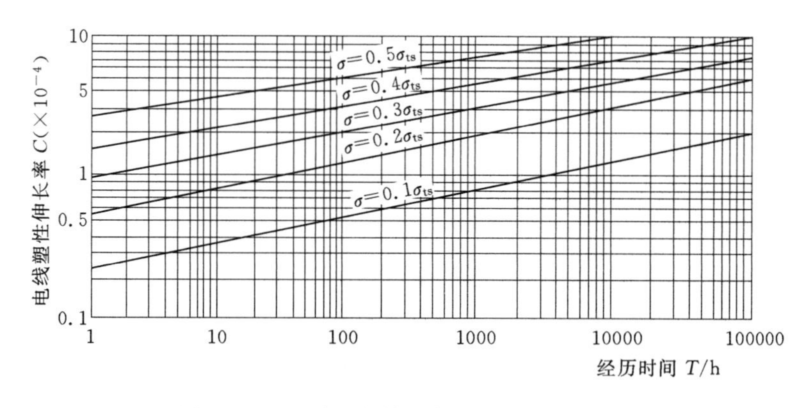

图 8-17 电线塑性伸长率与时间的关系曲线

表 8-25　　　　钢芯铝绞线塑性伸长率 ε_e

铝钢截面比	塑性伸长率	铝钢截面比	塑性伸长率
7.71～7.91	$4\times10^{-4}\sim5\times10^{-4}$	4.29～4.38	3×10^{-4}
5.05～6.16	$3\times10^{-4}\sim4\times10^{-4}$		

2. 验收时的应力计算

$$\sigma_a^2\left\{\sigma_a+\left[\frac{Eg_1^2l_r^2}{24\sigma_e^2}-\sigma_e+\alpha E(t_a-t_e+\Delta t_a)\right]\right\}=\frac{Eg_1^2l_\gamma^2}{24}\tag{8-26}$$

式中　σ_a、σ_e——分别为验收弧垂时的代表挡距下的应力和架线观测弧垂时已考虑塑性伸长降温 Δt_e 后的应力，N/mm^2；σ_e 可通过架线弧垂表算出，即 $\sigma_e=\dfrac{g_1l_\gamma^2}{8f_\gamma}$；

t_a、t_e——分别代表验收弧垂和观测弧垂时的气温，℃；

g_1、α、E、l_γ——分别代表导线自重量比载，$N/(m\cdot mm^2)$；线膨胀系数，1/℃；弹性系数，N/mm^2；耐张段代表挡距，m；

Δt_a——验收弧垂比观测弧垂滞后一段时间 T_a 后，塑性伸长放出一部分 $\Delta\varepsilon_a$ 所折算的等效温升，℃。

3. 验收弧垂理论计算举例

有一新建 10kV 架空线路的导线型号为 JL/G1A-240/30，导线安全系数 $k=4.5$，平均运行应力系数为 0.16，架设时导线初伸长按 20℃温降考虑。其中 8#～11# 耐张段的挡距分别为 200m、350m、260m，验收弧垂观测设在 350m 挡，并采用挡端观测法。导线架线弧垂数据表见表 8-26，导线物理性能见表 8-27，观测挡相关参数见表 8-28，观测挡断面如图 8-18 所示。

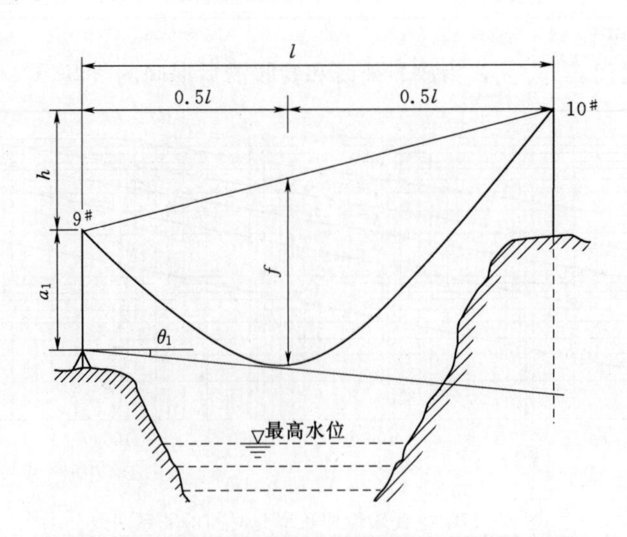

图 8-18　9#～10# 挡验收弧垂观测挡断面示意图

导线架设时间为6月20日，气温为20℃。弧垂验收时间为7月30日，气温为30℃，间隔40天（960h），该段时间夜间最低气温为15℃，白天最高气温为35℃，平均气温约25℃，根据导线安装曲线查得25℃时的导线应力 $\sigma_a'=21.53\text{N/mm}^2$。

表8-26　　JL/G1A-240/30导线架线弧垂数据表

浙C气象区，JL/G1A-240/30导线架线弧垂特性数据表 $K=4.5$，平均运行应力系数16%			控制气象条件		低温、覆冰	
			有效临界挡距/m		33.7	
安装温度	20℃		25℃		30℃	
挡距/m	张力/N	弧垂/m	张力/N	弧垂/m	张力/N	弧垂/m
260	6013	12.73	5968	12.82	5924	12.92
280	5988	14.83	5950	14.93	5912	15.02
300	5968	17.09	5935	17.19	5902	17.28

表8-27　　导线物理性能表

导线物理性能		气象条件	风速/(m·s⁻¹)	冰厚/mm	气温/℃	综合单位荷载/(N·m⁻¹)
导线牌号	JL/G1A-240/30	低温	0	0	−10	9.0290
综合截面	275.96mm²	平温	0	0	15	9.0290
外径	21.60mm	大风	30	0	10	13.491
单位重量	920.70kg/km	覆冰	10	15	−5	24.558
综合弹性系数	73000.0MPa	外过电压	10	0	15	9.1503
综合膨胀系数	0.00001961/℃	外过无风	0	0	15	9.0290
计算拉断力	75190.0N	内过电压	15	0	15	9.6274
最大运行应力	57.52N/mm²	安装	10	0	−5	9.1503
平均运行应力	41.41N/mm²	断线	0	15	−5	24.251
安全系数	4.5	高温	0	0	40	9.0290
有效临界挡距	低温33.7m覆冰					

表8-28　　挡端测角法观测弧垂观测挡相关参数表

参数名称	符号	单位	数据	参数名称	符号	单位	数据
仪器与低悬点高差	a_1	m	9.6	架线持续时间	T_e	h	15
观测挡挡距	l	m	350	验收滞后时间	T_a	h	960
观测挡悬点高差	h	m	15	平均运行应力	σ_{15}	N/mm²	41.41
架线观测弧垂时温度	t_e	℃	20	架线时应力	σ_e	N/mm²	21.66
验收观测弧垂时温度	t_a	℃	25	代表挡距	l_γ	m	290.7

（1）验收计算弧垂的塑性伸长 ε_a 和等效温升 Δt_a 的估算。

$$T_e'=\left(\frac{\sigma_e}{\sigma_{15}}\right)^{7.647}e^{0.0882(t_e-15)}T_e=\left(\frac{21.66}{41.41}\right)^{7.647}\times e^{0.0882\times(20-15)}\times 15=0.2(\text{h})$$

$$T_a'=\left(\frac{\sigma_a'}{\sigma_{15}}\right)^{7.647}e^{0.0882(t_a-15)}T_a=\left(\frac{21.53}{41.41}\right)^{7.647}\times e^{0.0882\times(30-15)}\times 960=24.2(\text{h})$$

由 $\sigma=0.16\sigma_{ts}$ 查图 8-17 曲线得，$m=\tan 10°=0.176$；查表 8-25 得 $\varepsilon_e=4.8\times10^{-4}$。

$$\Delta\varepsilon_a\approx\varepsilon_e\frac{(T'_e+T'_a)^m-(T'_e)^m}{100000^m-(T'_e)^m}=4.8\times10^{-4}\times\frac{24.2^{0.176}-0.2^{0.176}}{100000^{0.176}-0.2^{0.176}}=0.7\times10^{-4}$$

$$\Delta t_a=\frac{\Delta\varepsilon_a}{\alpha}=\frac{0.7\times10^{-4}}{19.6\times10^{-6}}=3.6℃$$

(2) 验收时的应力和观测挡弧垂计算。

根据公式 $\sigma_a^2\left\{\sigma_a+\left[\frac{Eg_1^2l_r^2}{24\sigma_e^2}-\sigma_e+\alpha E(t_a-t_e+\Delta t_a)\right]\right\}=\frac{Eg_1^2l_\gamma^2}{24}$，可得

$$\sigma_a^2\left\{\sigma_a+\left[\frac{73000\times0.033^2\times290.7^2}{24\times21.66^2}-21.66+19.6\times10^{-6}\times73000(30-20+3.6)\right]\right\}$$
$$=\frac{73000\times0.033^2\times290.7^2}{24}$$

整理得

$$\sigma_a^2(\sigma_a+594.44)=279917.2$$

求得 $\sigma_a=21.322\text{N/mm}^2$。

验收时代表挡距（8#～11#）理论计算弧垂为

$$f_a=\frac{g_1l_\gamma^2}{8\sigma_a}=\frac{0.033\times290.7^2}{8\times21.322}=16.35(\text{m})$$

观测挡（9#～10#）理论计算弧垂为

$$f_{gc}=f_a\left(\frac{l_{gc}}{l_\gamma}\right)^2=16.35\times\left(\frac{350}{290.7}\right)^2=23.7(\text{m})$$

如果直接使用表 8-26 弧垂安装曲线表，用插入法查 30℃（验收观测时温度）时 9#～10# 观测挡代表挡距 290.7m 的弧垂为 16.23m，则观测挡验收弧垂为

$$f_c=f_p\left(\frac{l_c}{l_\gamma}\right)^2=16.23\times\left(\frac{350}{290.7}\right)^2=23.52(\text{m})$$

比较上两式计算结果，其误差为 $\Delta f=23.7-23.52=0.18\text{m}$，误差为 -0.8%。一般配电线路从架设施工到位验收时间较短，且挡距小，弧垂也较小，其导线塑性伸长的变化对弧垂影响较小，直接使用弧垂安装曲线进行弧垂验收计算，可以满足工程施工要求。

(3) 验收时观测角计算（低悬点位挡端法）。

由式（4-44）得

$$\theta_1=\arctan\left(\frac{h}{l}+\frac{4\sqrt{fa_1}-4f}{l}\right)=\arctan\left(\frac{15}{350}+\frac{4\sqrt{23.7\times9.6}-4\times23.7}{350}\right)=-3°8'53''$$

计算值为负值表明为俯角。仪器在操平状态，调整好俯角 3°8′53″。实际观测时，如果导线最低点在仪器中丝下方，未与中丝相切，说明架线时弧垂偏大。此时，调整仪器至中丝与导线相切，读取角度做好记录（如 3°55′15″），再计算当前弧垂值 f_1。由式（4-46）得

$$f=\frac{1}{4}(\sqrt{a_1}+\sqrt{a_1-l\tan\theta_1\pm h})^2=\frac{1}{4}\times[\sqrt{9.6}+\sqrt{9.6-350\times\tan(-3°55'15'')+15}]^2$$
$$=25.35(\text{m})$$

弧垂偏差为

$$\Delta f=f_1-f_{gc}=25.35-23.7=1.65(\text{m})$$

误差为＋7.0％，超过架空配电线路弧垂误差＋5％的要求，应收紧该耐张段的弧垂。

实际观测时，如果导线最低点在仪器中丝上方，未与中丝相切，说明架线时弧垂偏小。弧垂偏差计算同上。

8.2.3　弧垂调整计算

导（地）线在架空线路施工中，如复测的弧垂不符合设计的标准弧垂，则需拉紧或放松导（地）线，来调整弧垂，可根据设计标准弧垂计算出需收紧或放松的线长。通常在一个耐张段内增加或减少一段线长，以改变弧垂，而达到设计的标准弧垂。调整弧垂的方法有直接观察法和计算法两种。直接观察法虽然可调整到较准确的弧垂值，但计算法较省时省事，也能满足工程施工要求。

8.2.3.1　施工架线时的弧垂调整计算

在架线过程中，弧垂观测、划印、量线等操作误差，以及放线滑车转动不灵活、耐张杆产生倾斜和挠度等原因，都能引起耐张段内的线长和弧垂产生误差。调整时按斜抛物线原则计算出这段线长。线长调整量 ΔL 和弧垂改变量 $\Delta f = f_{c0} - f_c$ 的关系依不同情况分述如下。

1. 精确计算法

(1) 耐张段内弧垂过大时，需从耐张段内减去一段线长，其调整量 ΔL 的计算公式为：

1）对于连续挡。

$$\Delta L = \frac{8}{3l_\gamma^2}(f_{\gamma0}^2 - f_\gamma^2)\sum\frac{l}{\cos\varphi} + \frac{l_\gamma^2 g_1}{8E_\gamma}\left(\frac{1}{f_\gamma} - \frac{1}{f_{\gamma_0}}\right)\sum\frac{l}{\cos\varphi} \tag{8-27}$$

转化为耐张段某观测挡的关系式为

$$\Delta L = \frac{8l_\gamma^2}{3l_c^4}\cos^2\varphi_c(f_{c0}^2 - f_c^2)\sum\frac{l}{\cos\varphi} + \frac{l_c^2 g_1}{8E_\gamma\cos\varphi_c}\left(\frac{1}{f_c} - \frac{1}{f_{c0}}\right)\sum\frac{l}{\cos\varphi} \tag{8-28}$$

$$E_\gamma = \frac{\sum\frac{l}{\cos\varphi}}{\sum\frac{l}{\cos^2\varphi}}E$$

$$\varphi_c = \arctan\frac{h_c}{l_c}$$

式中　l——耐张段内各挡的水平挡距，m；

l_γ——耐张段代表挡距，m；

f_γ——对应于 l_γ 的导（地）弧垂，m；

$f_{\gamma0}$——对应于代表挡距过大的导（地）线弧垂，m；

$\sum\frac{l}{\cos\varphi}$——耐张段各挡斜挡距的总长度，m；

E_γ——耐张段导（地）线的代表弹性系数；

E——导（地）线弹性系数，N/mm^2；

l_c——耐张段内观测挡的水平挡距，m；

f_c——观测挡的导（地）标准弧垂，m；

f_{c_0}——观测档过大的导（地）弧垂，m；

φ_c——观测挡导（地）线悬挂点高差角，(°)；

h_c——观测挡导（地）线悬挂点高差，m，当悬挂点高差$\frac{h}{l}<10\%$时，可不计此角的影响；

g_1——导（地）线自重比载，N/(m·mm²)。

2）对于孤立挡。

$$\Delta L=\frac{8\cos^3\varphi}{3l}(f_0^2-f^2)+\frac{l^3g_1}{8E\cos^2\varphi}\left(\frac{1}{f}-\frac{1}{f_0}\right) \tag{8-29}$$

$$\varphi=\arctan\frac{h}{l}$$

式中 l——孤立挡的水平挡距，m；

f——孤立挡的导（地）标准弧垂，m；

f_0——孤立挡过大的导（地）弧垂，m；

φ_0——孤立挡的导（地）线悬挂点高差角；

h——导（地）线悬挂点高差，m，当悬挂点高差$\frac{h}{l}<10\%$时，可不计此角的影响。

(2) 耐张段内弧垂过小时，须对耐张段内增加一段线长，其调整量 ΔL 的计算公式为：

1）对于连续挡。

$$\Delta L=\frac{8}{3l_\gamma^2}(f_\gamma^2-f_{\gamma0}^2)\sum\frac{l}{\cos\varphi}+\frac{l_\gamma^2g_1}{8E_\gamma}\left(\frac{1}{f_{\gamma0}}-\frac{1}{f_\gamma}\right)\sum\frac{l}{\cos\varphi} \tag{8-30}$$

转化为耐张段某观测挡的关系式为

$$\Delta L=\frac{8l_\gamma^2}{3l_c^4}\cos^2\varphi_c(f_c^2-f_{c0}^2)\sum\frac{l}{\cos\varphi}+\frac{l_c^2g_1}{8E_\gamma\cos\varphi_c}\left(\frac{1}{f_{c0}}-\frac{1}{f_c}\right)\sum\frac{l}{\cos\varphi} \tag{8-31}$$

2）对于孤立挡。

$$\Delta L=\frac{8\cos^3\varphi}{3l}(f^2-f_0^2)+\frac{l^3g_1}{8E\cos^2\varphi}\left(\frac{1}{f_0}-\frac{1}{f}\right) \tag{8-32}$$

以上各式中的符号代表意义同上。

2. 简化计算法

精确计算法的公式中考虑了线长调整过程中导（地）线水平应力变化所引起的线长弹性变形，因而使计算公式复杂。如果弧垂调整量较小或弧垂不大于挡距的5%时，往往可不考虑弹性变形的影响，从而使计算大为简化。

(1) 耐张段内弧垂过大时，需从耐张段内减去一段线长，其调整量 ΔL 的计算公式变为：

1）对于连续挡。

$$\Delta L=\frac{8}{3l_\gamma^2}(f_{\gamma0}^2-f_\gamma^2)\sum\frac{l}{\cos\varphi} \tag{8-33}$$

转化为耐张段某观测挡的关系式为

$$\Delta L=\frac{8l_{\gamma}^{2}}{3l_{c}^{4}}\cos^{2}\varphi_{c}(f_{c0}^{2}-f_{c}^{2})\sum\frac{l}{\cos\varphi} \tag{8-34}$$

2）对于孤立挡。

$$\Delta L=\frac{8\cos^{3}\varphi}{3l}(f_{0}^{2}-f^{2}) \tag{8-35}$$

（2）耐张段内弧垂过小时，需对耐张段内增加一段线长，其调整量 ΔL 的计算公式为：

1）对于连续挡。

$$\Delta L=\frac{8}{3l_{\gamma}^{2}}(f_{\gamma}^{2}-f_{\gamma0}^{2})\sum\frac{l}{\cos\varphi} \tag{8-36}$$

转化为耐张段某观测挡的关系式为

$$\Delta L=\frac{8l_{\gamma}^{2}}{3l_{c}^{4}}\cos^{2}\varphi_{c}(f_{c}^{2}-f_{c0}^{2})\sum\frac{l}{\cos\varphi} \tag{8-37}$$

2）对于孤立挡。

$$\Delta L=\frac{8\cos^{3}\varphi}{3l}(f^{2}-f_{0}^{2}) \tag{8-38}$$

以上各式中的符号代表意义同上。

8.2.3.2　计算举例

由 8.2.2 节例题可知，各挡悬点高差与挡距比$\frac{h}{l}$均小于 10%，可不考虑高差角影响，其他参数如下：

$l_{\gamma}=290.7\text{m}$，$l_{c}=350\text{m}$，$f_{c}=23.7\text{m}$，$f_{c0}=f=25.35\text{m}$，$\sum l=810\text{m}$，$g_{1}=0.033\text{N/(m}\cdot\text{mm}^{2})$，$E_{\gamma}=E=73000\text{N/mm}^{2}$。

1. 精确计算法

利用式（8－28）（忽略高差角）得

$$\begin{aligned}\Delta L&=\frac{8l_{\gamma}^{2}}{3l_{c}^{4}}(f_{c0}^{2}-f_{c}^{2})\sum l+\frac{l_{c}^{2}g_{1}}{8E_{\gamma}}\left(\frac{1}{f_{c}}-\frac{1}{f_{c0}}\right)\sum l\\&=\frac{8\times290.7^{2}}{3\times350^{4}}\times(25.35^{2}-23.7^{2})\times810+\frac{350^{2}\times0.033}{8\times73000}\times\left(\frac{1}{23.7}-\frac{1}{25.35}\right)\times810\\&=1.0(\text{m})\end{aligned}$$

即该耐张段应减少线长 1.0m。

2. 简化计算法

利用式（8－34）（忽略高差角）得

$$\Delta L=\frac{8l_{\gamma}^{2}}{3l_{c}^{4}}(f_{c0}^{2}-f_{c}^{2})\sum l=\frac{8\times290.7^{2}}{3\times350^{4}}\times(25.35^{2}-23.7^{2})\times810=0.984(\text{m})$$

即该耐张段应减少线长 0.984m。采用简化计算法与精确计算法仅差 16mm，在工程施工的允许误差范围内。

附录A　配电线路导线技术参数

表 A.1　　JL 铝绞线技术参数（摘录于 GB/T 1179—2008）

标称截面铝	面积 /mm²	单线根数 *n*	直径/mm		单位长度质量 /(kg·km⁻¹)	额定抗拉力 /kN	直流电阻（20℃）/(Ω·km⁻¹)
			单线	绞线			
35	34.36	7	2.50	7.50	94.0	6.01	0.8333
50	49.48	7	3.00	9.00	135.3	8.41	0.5787
70	71.25	7	3.60	10.8	194.9	11.40	0.4019
95	95.14	7	4.16	12.5	260.2	15.22	0.3010
120	121.21	19	2.85	14.3	333.2	20.61	0.2374
150	148.07	19	3.15	15.8	407.0	24.43	0.1943
185	182.80	19	3.50	17.5	502.4	30.16	0.1574
210	209.85	19	3.75	18.8	576.8	33.58	0.1371
240	238.76	19	4.00	20.0	656.3	38.20	0.1205
300	297.57	37	3.20	22.4	819.8	49.10	0.0969
500	502.90	37	4.16	29.1	1385.5	80.46	0.0573

表 A.2　　JL/G1A 钢芯铝绞线技术参数（摘录于 GB/T 1179—2008）

标称截面铝/钢	钢比 /%	面积 /mm²			单线根数		单线直径 /mm		直径 /mm		单位长度质量 /(kg·km⁻¹)	额定抗拉力 /kN	直流电阻（20℃）/(Ω·km⁻¹)
		铝	钢	总和	铝	钢	铝	钢	钢芯	绞线			
35/6	17	34.86	5.81	40.67	6	1	2.72	2.72	2.72	8.16	140.8	12.55	0.8230
50/8	17	48.25	8.04	56.30	6	1	3.20	3.20	3.20	9.60	194.8	16.81	0.5946
50/30	58	50.73	29.59	80.32	12	7	2.32	2.32	6.96	11.6	371.1	42.61	0.5693
70/10	17	68.05	11.34	79.39	6	1	3.80	3.80	3.80	11.4	274.8	23.36	0.4217
70/40	58	69.73	40.67	110.40	12	7	2.72	2.72	8.16	13.6	510.2	58.22	0.4141
95/15	16	94.39	15.33	109.73	26	7	2.15	1.67	5.01	13.6	380.2	34.93	0.3059
95/20	20	95.14	18.82	113.96	7	7	4.16	1.85	5.55	13.9	408.2	37.24	0.3020
95/55	58	96.51	56.30	152.81	12	7	3.20	3.20	9.60	16.0	706.1	77.85	0.2992
120/7	6	118.89	6.61	125.50	18	1	2.90	2.90	2.90	14.5	378.5	27.74	0.2422
120/20	16	115.67	18.82	134.49	26	7	2.38	1.85	5.55	15.1	466.1	42.26	0.2496
120/25	20	122.48	24.25	146.73	7	7	4.72	2.10	6.30	15.7	525.7	47.96	0.2346
120/70	58	122.15	71.25	193.40	12	7	3.60	3.60	10.8	18.0	893.7	97.92	0.2364

标称截面 铝/钢	钢比 /%	面积 /mm^2			单线根数		单线直径 /mm		直径 /mm		单位长度质量 /(kg·km^{-1})	额定抗拉力 /kN	直流电阻 (20℃) /(Ω·km^{-1})
		铝	钢	总和	铝	钢	铝	钢	钢芯	绞线			
150/8	6	144.76	8.04	152.80	18	1	3.20	3.20	3.20	16.0	460.9	32.73	0.1990
150/20	13	145.68	18.82	164.50	24	7	2.78	1.85	5.55	16.7	548.5	46.78	0.1981
150/25	16	148.86	24.25	173.11	26	7	2.70	2.10	6.30	17.1	600.1	53.67	0.1940
150/35	23	147.26	34.36	181.62	30	7	2.50	2.50	7.50	17.5	675.0	64.94	0.1962
185/10	6	183.22	10.18	193.40	18	1	3.60	3.60	3.60	18.0	583.3	40.51	0.1572
185/25	13	187.03	24.25	211.28	24	7	3.15	2.10	6.30	18.9	704.9	59.23	0.1543
185/30	16	181.34	29.59	210.93	26	7	2.98	2.32	6.96	18.9	731.4	64.56	0.1592
185/45	23	184.73	43.10	227.83	30	7	2.80	2.80	8.40	19.6	846.7	80.54	0.1564
240/30	13	244.20	31.67	275.96	24	7	3.60	2.40	7.20	21.6	920.7	75.19	0.1181

表 A.3　JG1A、JG1B、JG2A、JG3A 钢绞线技术参数表
（摘录于 GB/T 1179—2008）

标称截面钢	规格号	面积 /mm^2	单线根数 n	直径/mm		单位长度质量 /(kg·km^{-1})	额定拉断力/kN				直流电阻 (20℃) /(Ω·km^{-1})
				单线	绞线		JG1A	JG1B	JG2A	JG3A	
30	4	27.1	7	2.22	6.66	213.3	36.3	33.6	39.3	43.9	7.1445
40	6.3	42.7	7	2.79	8.36	335.9	55.9	51.7	60.2	67.9	4.5362
65	10	67.8	7	3.51	10.53	533.2	87.4	80.7	93.5	103.0	2.8578
85	12.5	84.7	7	3.93	11.78	666.5	109.3	100.8	116.9	128.8	2.2862
100	16	108.4	7	4.44	13.32	853.1	139.9	129.0	199.7	164.8	1.7861
100	16	108.4	19	2.70	13.48	857.0	142.1	131.2	152.9	172.4	1.7944
150	25	169.4	19	3.37	16.85	1339.1	218.6	201.6	238.9	262.6	1.1484
250	40	271.1	19	4.26	21.31	2142.6	349.7	322.6	374.1	412.1	0.7177
250	40	271.1	37	3.05	21.38	2148.1	349.7	322.6	382.3	420.2	0.7196
400	63	427.0	37	3.83	26.83	3383.2	550.8	508.1	589.3	649.0	0.4569

表 A.4　10kV 架空绝缘电缆技术参数表（摘录于 GB/T 14049—2008）

导体标称截面 /mm^2	导体最少单线根数	导体直径（参考值）/mm	导体屏蔽层最小厚度[a]（近似值）[b] /mm	绝缘标称厚度/mm		绝缘屏蔽层标称厚度 /mm	20℃时导体电阻不大于/(Ω·km^{-1})				导体拉断力不小于/N		
				薄绝缘	普通绝缘		硬铜芯	软铜芯	铝芯	铝合金芯	硬铜芯	铝芯	铝合金芯
10	6	3.8	0.5	—	3.4	—	—	1.830	3.080	3.574	—	—	—
16	6	4.8	0.5	—	3.4	—	—	1.150	1.910	2.217	—	—	—
25	6	6.0	0.5	2.5	3.4	1.0	0.749	0.727	1.200	1.393	8465	3762	6284
35	6	7.0	0.5	2.5	3.4	1.0	0.540	0.524	0.868	1.007	11731	5177	8800

续表

导体标称截面/mm²	导体最少单线根数	导体直径（参考值）/mm	导体屏蔽层最小厚度[a]（近似值）[b]/mm	绝缘标称厚度/mm		绝缘屏蔽层标称厚度/mm	20℃时导体电阻不大于/（Ω·km⁻¹）				导体拉断力不小于/N		
				薄绝缘	普通绝缘		硬铜芯	软铜芯	铝芯	铝合金芯	硬铜芯	铝芯	铝合金芯
50	6	8.3	0.5	2.5	3.4	1.0	0.399	0.387	0.641	0.744	16502	7011	12569
70	12	10.0	0.5	2.5	3.4	1.0	0.276	0.268	0.443	0.514	23461	10354	17596
95	15	11.6	0.6	2.5	3.4	1.0	0.199	0.193	0.320	0.371	31759	13727	23880
120	18	13.0	0.6	2.5	3.4	1.0	0.158	0.153	0.253	0.294	39911	17339	30164
150	18	14.6	0.6	2.5	3.4	1.0	0.128	—	0.206	0.239	49505	21033	37706
185	30	16.2	0.6	2.5	3.4	1.0	0.1021	—	0.164	0.190	61846	26732	46503
240	34	18.4	0.6	2.5	3.4	1.0	0.0777	—	0.125	0.145	79823	34679	60329
300	34	20.6	0.6	2.5	3.4	1.0	0.0619	—	0.100	0.116	99788	43349	75411
400	53	23.8	0.6	2.5	3.4	1.0	0.0484	—	0.0778	0.0904	133040	55707	100548

a　轻型薄绝缘结构架空电缆无内半导电屏蔽层；

b　近似值是既不要验证又不要检查的数值，但在设计与工艺制造上需予充分考虑。

表 A.5　20kV 架空绝缘电缆 JKLYJ 技术参数表

导体标称截面/mm²	导体单线根数×直径/mm	导体截面积（参考值）/mm²	导体屏蔽层最小厚度/mm	绝缘标称厚度/mm	导线外径/mm	重量/（kg·km⁻¹）	20℃导体电阻不大于/（Ω·km⁻¹）	导体拉断力不小于/N
50	7×3.00	49.48	0.8	5.5	21.3	411.57	0.641	7011
70	19×2.25	75.55	0.8	5.5	23.0	499.84	0.443	10354
95	19×2.58	99.33	0.8	5.5	24.6	604.65	0.320	13727
120	19×2.95	129.86	0.8	5.5	26.0	696.17	0.253	17339
150	37×2.32	156.41	0.8	5.5	27.6	802.32	0.206	21033
185	37×2.58	193.43	0.8	5.5	29.2	920.64	0.164	26732
240	37×2.95	246.05	0.8	5.5	31.4	1127.70	0.125	34679

附录B 配电线路施工记录表

表B.1 路径复测记录表

桩号	杆塔型式	挡距/m			线路转角		塔位高程/m	桩位移/m		被跨越物（或地形凸起点）				备注
杆号		设计值	实测值	偏差值	设计值	实测值		方向	位移值	名称	高程/m	与邻杆塔最近距离近		
												杆塔号	距离/m	
备注	1. 请注明直线转角。 2. 仪器名称： 仪器编号： 检验证书号：													

现场技术负责人		专职质检员		施工负责人		监理工程师	

表 B.2　　杆塔基础检查记录表

<table>
<tr><td rowspan="2">设计桩号</td><td rowspan="2"></td><td>杆塔型号</td><td></td><td>施工日期</td><td>年　月　日</td></tr>
<tr><td>基础型式</td><td></td><td>检查日期</td><td>年　月　日</td></tr>
<tr><td>序号</td><td>检查项目</td><td colspan="2">检查内容及标准</td><td>性质</td><td>检查记录</td></tr>
<tr><td>1</td><td rowspan="7">分坑及开挖</td><td colspan="2">转角杆塔角度，1′30″</td><td>关键</td><td></td></tr>
<tr><td>2</td><td colspan="2">直线杆塔桩位置，50mm</td><td>关键</td><td></td></tr>
<tr><td>3</td><td colspan="2">基础坑深，＋100mm，－50mm</td><td>重要</td><td></td></tr>
<tr><td>4</td><td colspan="2">基础根开及对角，±2‰</td><td>一般</td><td></td></tr>
<tr><td>5</td><td colspan="2">基础坑底板断面尺寸，－1%</td><td>一般</td><td></td></tr>
<tr><td>6</td><td colspan="2">拉线基础坑位置，±1%L</td><td>一般</td><td></td></tr>
<tr><td>7</td><td colspan="2">拉线坑马道坡度及方向，符合设计要求</td><td>一般</td><td></td></tr>
<tr><td>8</td><td rowspan="13">基础</td><td colspan="2">地脚螺栓规格、数量</td><td>关键</td><td></td></tr>
<tr><td>9</td><td colspan="2">主钢筋规格、数量</td><td>关键</td><td></td></tr>
<tr><td>10</td><td colspan="2">混凝土强度，试块强度：MPa</td><td>关键</td><td></td></tr>
<tr><td>11</td><td colspan="2">立柱断面尺寸</td><td>重要</td><td></td></tr>
<tr><td>12</td><td colspan="2">钢筋保护层厚度，－5mm</td><td>重要</td><td></td></tr>
<tr><td>13</td><td colspan="2">基础埋深，＋100mm，－50mm</td><td>重要</td><td></td></tr>
<tr><td>14</td><td colspan="2">整基基础中心位移（顺线路、横线路），30mm</td><td>重要</td><td></td></tr>
<tr><td>15</td><td colspan="2">整基基础扭转，10mm</td><td>重要</td><td></td></tr>
<tr><td>16</td><td colspan="2">回填土，＋200mm</td><td>重要</td><td></td></tr>
<tr><td>17</td><td colspan="2">混凝土表面质量，外观质量无缺陷及表面平整光滑</td><td>外观</td><td></td></tr>
<tr><td>18</td><td colspan="2">基础根开及对角线尺寸，±2‰</td><td>一般</td><td></td></tr>
<tr><td>19</td><td colspan="2">同组地脚螺栓中心与立柱中心偏移，10mm</td><td>一般</td><td></td></tr>
<tr><td>20</td><td colspan="2">基础顶面高差 5mm</td><td>一般</td><td></td></tr>
<tr><td>备注</td><td colspan="3"></td><td>检查结论</td><td></td></tr>
</table>

现场技术负责人		专职质检员		施工负责人		监理工程师	

表 B.3　　　　杆塔组立检查记录表

设计桩号		杆塔型号		施工日期	年　月　日
		基础型式		检查日期	年　月　日
序号	检查项目	检查内容及标准		性质	检查记录
1	电杆组立	杆身弯曲不应超过杆长的 1/1000		关键	
2		电杆埋深不应小于杆长 1/10+0.7m		关键	
3		混凝土电杆无纵横向裂纹、露筋、跑浆		重要	
4		双杆高差小于 20mm		重要	
5		山坡上的杆位，应有防洪措施		一般	
6		混凝土电杆顶端应封堵		一般	
7	铁塔组立	塔材规格尺寸符合设计要求		关键	
8		热镀锌、焊接、开孔、紧固等工艺满足设计和规范		重要	
9		铁塔组立架线后倾斜不超过 3‰		重要	
10		螺栓防松符合设计要求，紧固及无遗漏		重要	
11		螺栓防盗符合设计要求，紧固及无遗漏		重要	
12		螺栓穿向与紧固满足设计和规范		一般	
13		保护帽，符合设计要求规格统一美观		外观	
14	接地	接地线连接可靠，接地方式及阻值满足设计要求，小于 10Ω		关键	
15		水平接地体的埋深不得小于设计规定值，一般要求不小于 0.7m		重要	
16		圆钢的搭接长度应不小于其直径的 6 倍，并应双面施焊		重要	
17		扁钢的搭接长度应不小于其宽度的 2 倍，并应四面施焊		重要	
18		居民区钢筋混凝土电杆应接地		重要	
19		接地装置材料必须热镀锌		重要	
备注				检查结论	

现场技术负责人		专职质检员		施工负责人		监理工程师	

表 B.4　　　　金具及附件检查记录表

设计桩号		杆塔型号		施工日期	年　月　日
		基础型式		检查日期	年　月　日

序号	检查项目	检查内容及标准	性质	检查记录
1	金具	线路金具要热镀锌，规格符合设计要求	重要	
2		绝缘导线配套的金具应符合标准要求	重要	
3		耐张线夹安装正确	一般	
4	绝缘子	清洁完好，无裂纹、破损、气泡、烧痕等缺陷	重要	
5		安装应牢固，连接可靠，防止积水	重要	
6		铁件（脚）无弯曲	一般	
7	横担	横担安装应平正，横担端部上下歪斜不应大于20mm。横担端部左右扭斜不应大于20mm	重要	
8		双杆的横担与电杆连接处的高差不应大于连接距离的5/1000，左右扭斜不应大于横担总长度的1/100	一般	
9	拉线	拉线棒露出地面的圆钢长度70～500mm	一般	
10		拉棒应与拉线同一方向	一般	
11		拉线与电杆夹角：宜采用45°，不应小于30°；或与设计值允许偏差：不大于3°	重要	
12		拉线回尾长度要求为300～500mm，绑扎80～100mm	重要	
13		拉线平面分角位置正确	重要	
14		楔形线夹舌板与拉线应紧密，凸肚在尾线侧，无滑动现象	重要	
15		拉盘埋深符合设计要求或不小于1800mm	重要	
16		UT线夹螺杆应露扣，并有不小于1/2螺杆丝扣长度可供调紧，调整后，双螺母应并紧	一般	
17		拉线回填土高于地面150mm	一般	

备注		检查结论	

现场技术负责人		专职质检员		施工负责人		监理工程师	

表 B.5　　　　导线架设检查记录表

导线型号		设计耐张段	号至　号	施工日期	年　月　日
放线线长	km			检查日期	年　月　日

序号	检查项目	检查内容及标准	性质	检查记录
1	导线架设	导线型号规格符合设计要求，(无设计要求时导线截面：主干线不得小于 $70mm^2$；分支线不得小于 $35mm^2$)	关键	
2		线路跨越公路，距离不应小于7m；架空绝缘导线对地应不小于6.5m，人口稀少地区不小于5.5m，不能通航的河湖水面不小于5m	关键	
3		10kV线路耐张段长度不宜大于1km，且不同材质、不同规格型号、不同绞制方向的导线严禁在同一耐张段驳接	重要	
4		导线在跨越道路、一级、二级通信线时，应双固定，在一个挡距内每根导线不应超过一个接头，接头离固定点＞0.5m不得有接头	重要	
5		紧线后杆端位置转角偏移小于杆头	重要	
6		线路要标示线路名称、编号、相序，及“严禁攀登、高压危险”	一般	
7	导线接续	压接后的接续管弯曲度不应大于管长的2%，有明显弯曲时应校直，但不应有裂纹，两端附近导线不应有灯笼、抽筋等现象	重要	
8		钳压后导线端头露出长度，不应小于20mm，导线端头绑线应保留。接续管两端出口处、合缝处及外露部分，应涂刷电力复合脂	一般	
9	三相弛度	导线弛度误差（相差）应符合标准：误差不得超过设计值的－5%或＋10%；一般挡距导线弛度相差不应超过50mm	关键	
10		导线的三相弛度应平衡，无过紧、过松现象	重要	
11	电气间隙	跳线：10kV裸导线：不小于0.3m。10kV绝缘导线：不小于0.2m	关键	
12	导线对地，对交叉跨越设施及对其他线路的最小距离	人口密集地区：垂直距离为6.5m。人口稀少地区：垂直距离为5.5m。交通困难地区：垂直距离为4.5m（均为最大弧垂）	关键	
13		导线对建筑物：垂直距离为3m（最大弧垂）；绝缘导线：2.5m。水平距离为1.5m（最大风偏）；绝缘导线：0.75m	关键	
14		导线对公园、绿化区或防护林带的树木：最小距离为3m（最大风偏、最大弧垂）；绝缘导线：1m	关键	
15		导线对果树、经济作物或城市绿化灌木：垂直距离为1.5m（最大弧垂；绝缘导线：1m	关键	
16		导线与各电压等级电力线路垂直交叉最小距离：10kV～1kV以下弱电线路：2m（均为最大弧垂）。10kV～10kV：2m。10kV～110kV：3m；10kV～220kV：4m。10kV～500kV：6m	关键	
备注			检查结论	

现场技术负责人		专职质检员		施工负责人		监理工程师	

表 B.6　　　　　　　　现浇基础检查记录表

设计桩号		杆塔型号		施工基面		施工日期		年　月　日		
		基础型式				检查日期		年　月　日		
序号	检查（检验）项目			性质	质量标准		检查结果			
					合格值	推荐值	A	B	C	D
1	灌注桩 贯入桩 挖孔桩	桩深/mm		关键	不小于设计要求					
2		桩径/mm		重要	−50					
3		钢筋保护层/mm		重要	−10					
4		预制桩规格、数量		关键	符合设计要求					
5		桩顶清淤		重要	符合二次灌注要求，清淤彻底					
6	岩石 锚杆 基础	地质（岩石）性能		关键	符合设计要求					
7		锚杆孔径/mm	嵌式固	关键	大于设计值					
			钻孔式		＋20，0					
8		锚杆埋深/mm		关键	符合设计要求					
9	角钢 插入式 基础	插入角钢规格		关键	设计值：					
10					符合设计要求					
11		基础立柱倾斜度		一般	±1%					
12	拉线塔 基础	拉线基础埋件及钢筋规格数量		关键	符合设计要求制作工艺良好					
13		锚杆拉线基础	角度	重要	2°					
			孔径		＋20mm					
			孔深		＋100mm					
14	地脚螺栓（锚杆） 规格、数量			关键	设计值：					
					符合设计要求					
15	主钢筋规格数量			关键	设计值：					
					符合设计要求					
16	底层（掏挖、角钢插入） 断面尺寸误差			重要	−1%					
17	基础（锚杆）埋深/mm			重要	＋100，−50	＋100，0				
18	钢筋保护层厚度/mm			重要	−5					
备注	掏挖、岩石基础的尺寸不容许有负偏差						检查结论			
现场技术负责人		专职质检员		施工负责人			监理工程师			

表 B.7　　　　预制基础检查记录表

<table>
<tr><td rowspan="2">设计桩号</td><td rowspan="2"></td><td>杆塔型号</td><td></td><td rowspan="2">施工基面</td><td rowspan="2"></td><td>施工日期</td><td>年　月　日</td></tr>
<tr><td>基础型式</td><td></td><td>检查日期</td><td>年　月　日</td></tr>
</table>

<table>
<tr><td rowspan="2">序号</td><td colspan="2" rowspan="2">检查（检验）项目</td><td rowspan="2">性质</td><td colspan="2">质量标准（容许偏差）</td><td colspan="4" rowspan="2">检查结果</td></tr>
<tr><td>合格值</td><td>推荐值</td></tr>
<tr><td>1</td><td colspan="2">预制件规格、数量</td><td>关键</td><td colspan="2">符合设计要求</td><td colspan="4"></td></tr>
<tr><td rowspan="2">2</td><td colspan="2" rowspan="2">预制件强度</td><td rowspan="2">关键</td><td colspan="2">设计值：</td><td colspan="4" rowspan="2">试块强度：　MPa
试验报告编号：</td></tr>
<tr><td colspan="2">符合设计要求</td></tr>
<tr><td>3</td><td colspan="2">拉环、拉棒规格数量</td><td>关键</td><td colspan="2">符合设计要求</td><td colspan="4"></td></tr>
<tr><td rowspan="2">4</td><td colspan="2" rowspan="2">底盘埋深/mm</td><td rowspan="2">关键</td><td colspan="2">设计值：</td><td rowspan="2">左</td><td rowspan="2"></td><td rowspan="2">右</td><td rowspan="2"></td></tr>
<tr><td>+100，−50</td><td>+100，0</td></tr>
<tr><td rowspan="2">5</td><td colspan="2" rowspan="2">拉盘埋深/mm</td><td rowspan="2">关键</td><td colspan="2">设计值：</td><td>A</td><td>B</td><td>C</td><td>D</td></tr>
<tr><td colspan="2">+100</td><td></td><td></td><td></td><td></td></tr>
<tr><td>6</td><td colspan="2">底盘高差</td><td>关键</td><td colspan="2">±20</td><td>左</td><td></td><td>右</td><td></td></tr>
<tr><td rowspan="2">7</td><td rowspan="2">基础中心位移/mm</td><td>顺线路</td><td rowspan="2">关键</td><td>50</td><td>40</td><td colspan="4"></td></tr>
<tr><td>横线路</td><td>50</td><td>40</td><td colspan="4"></td></tr>
<tr><td>8</td><td colspan="2">回填土</td><td>关键</td><td colspan="2">符合 GB 50173—2012
第 5.0.5～5.0.11 条规定</td><td colspan="4"></td></tr>
<tr><td rowspan="2">9</td><td colspan="2" rowspan="2">根开尺寸/mm</td><td rowspan="2">一般</td><td colspan="2">设计值：</td><td colspan="4" rowspan="2"></td></tr>
<tr><td colspan="2">±30</td></tr>
<tr><td>10</td><td colspan="2">迈步/mm</td><td>一般</td><td colspan="2">±30</td><td colspan="4"></td></tr>
<tr><td rowspan="2">11</td><td colspan="2" rowspan="2">拉线盘中心位移</td><td rowspan="2">一般</td><td colspan="2">沿拉线方向，其左、右：1%L</td><td colspan="4" rowspan="2"></td></tr>
<tr><td colspan="2">沿拉线方向，其前、后：1°</td></tr>
<tr><td>12</td><td colspan="2">拉线棒</td><td>外观</td><td colspan="2">拉棒无弯曲、锈蚀
角度方向一致整齐</td><td></td><td></td><td></td><td></td></tr>
<tr><td>备注</td><td colspan="5">1. 底盘高差以立杆后横担安装孔高差为准。
2. L 为拉线盘中心至拉线挂点的水平距离。
3. D 为两底盘根开值。
4. 拉线基础的尺寸不容许有负偏差</td><td colspan="2">检验结论</td><td colspan="2"></td></tr>
</table>

<table>
<tr><td>现场技术负责人</td><td></td><td>专职质检员</td><td></td><td>施工负责人</td><td></td><td>监理工程师</td><td></td></tr>
</table>

表 B.8　　铁塔（钢管杆）组立检查记录表

<table>
<tr><td rowspan="2">设计
桩号</td><td rowspan="2"></td><td rowspan="2">铁塔
型式</td><td rowspan="2"></td><td>呼称高</td><td></td><td>施工日期</td><td>年　月　日</td></tr>
<tr><td>塔全高</td><td></td><td>检查日期</td><td>年　月　日</td></tr>
</table>

<table>
<tr><td rowspan="2">序号</td><td colspan="2" rowspan="2">检查（检验）项目</td><td rowspan="2">性质</td><td colspan="2">质量标准（容许偏差）</td><td colspan="2" rowspan="2">检查结果</td></tr>
<tr><td>合格值</td><td>推荐值</td></tr>
<tr><td>1</td><td rowspan="2">铁塔
钢管杆
拉线塔</td><td>节点间主材弯曲</td><td>关键</td><td>1/750</td><td>1/800</td><td colspan="2"></td></tr>
<tr><td>2</td><td>螺栓与构件面接触
及出扣情况</td><td>重要</td><td colspan="2">符合 GB 50173—2012
第 7.1.3 条规定</td><td colspan="2"></td></tr>
<tr><td>3</td><td rowspan="2">拉线塔</td><td>拉线安装</td><td>重要</td><td colspan="2">符合 GB 50173—2012
第 7.5.2 和第 7.5.7 条规定</td><td colspan="2"></td></tr>
<tr><td>4</td><td>主柱弯曲</td><td>重要</td><td colspan="2">1‰（最大 30mm）</td><td colspan="2"></td></tr>
<tr><td>5</td><td rowspan="5">钢管杆</td><td>钢杆焊接质量</td><td>关键</td><td colspan="2">符合 GB 50205—2001 规定</td><td colspan="2"></td></tr>
<tr><td>6</td><td>结构倾斜</td><td>重要</td><td>5‰</td><td>4‰</td><td colspan="2"></td></tr>
<tr><td>7</td><td>电杆弯曲</td><td>重要</td><td>2‰L</td><td>1.6‰L</td><td colspan="2"></td></tr>
<tr><td>8</td><td>直线杆横担高差/mm</td><td>重要</td><td>20</td><td>16</td><td colspan="2"></td></tr>
<tr><td>9</td><td>套接连接长度/mm</td><td>重要</td><td colspan="2">不小于设计套接长度</td><td colspan="2"></td></tr>
<tr><td>10</td><td colspan="2">部件规格、数量（铁塔、
钢管杆、拉线塔、钢管杆）</td><td>关键</td><td colspan="2">符合设计要求</td><td colspan="2"></td></tr>
<tr><td rowspan="2">11</td><td colspan="2" rowspan="2">转角塔、终端塔向受力
反方向侧倾斜</td><td rowspan="2">重要</td><td colspan="2" rowspan="2">大于 0，并符合设计要求</td><td>放线前</td><td></td></tr>
<tr><td>紧线后</td><td></td></tr>
<tr><td>12</td><td colspan="2">直线塔结构倾斜误差</td><td>重要</td><td>3‰</td><td>2.4‰</td><td colspan="2"></td></tr>
<tr><td>13</td><td colspan="2">螺栓防松</td><td>重要</td><td colspan="2">符合设计要求紧固及无遗漏</td><td colspan="2"></td></tr>
<tr><td>14</td><td colspan="2">螺栓防盗</td><td>重要</td><td colspan="2">符合设计要求紧固及无遗漏</td><td colspan="2"></td></tr>
<tr><td>15</td><td colspan="2">脚钉安装</td><td>重要</td><td colspan="2">符合设计要求紧固及无遗漏</td><td colspan="2"></td></tr>
<tr><td>16</td><td colspan="2">爬梯安装</td><td>一般</td><td colspan="2">符合设计要求固整齐美观</td><td colspan="2"></td></tr>
<tr><td rowspan="2">17</td><td colspan="2" rowspan="2">螺栓紧固</td><td rowspan="2">一般</td><td colspan="2" rowspan="2">符合 GB 50173—2012 第 7.1.6 条，
且紧固率：组塔后 95%、架线后 97%</td><td>放线前</td><td></td></tr>
<tr><td>紧线后</td><td></td></tr>
<tr><td>18</td><td colspan="2">螺栓穿向</td><td>一般</td><td colspan="2">符合 GB 50173—2012 第 7.1.4 条规定</td><td colspan="2"></td></tr>
<tr><td>19</td><td colspan="2">塔材镀锌</td><td>一般</td><td colspan="2">组塔后锌层无脱落及磨损</td><td colspan="2"></td></tr>
<tr><td>20</td><td colspan="2">保护帽</td><td>外观</td><td colspan="2">符合设计要求，规格统一美观</td><td colspan="2"></td></tr>
<tr><td>备注</td><td colspan="5"></td><td>检查结论</td><td></td></tr>
</table>

<table>
<tr><td>现场技术
负责人</td><td></td><td>专职
质检员</td><td></td><td>施工
负责人</td><td></td><td>监理
工程师</td><td></td></tr>
</table>

表 B.9　　　　　　　　　　　　导、地线液压管施工检查记录表

□直线液压管　□耐张液压管

设计耐张段桩号	号至　　号	导线规格		地线规格		施工日期	年　月　日

设计桩号	送侧或受侧	相别	线别	压前铝管/mm			压前钢管/mm			压后铝管/mm				压后钢管/mm			外观检查	压接人	钢印代号
				外径 d_2		需压长度	外径 d_1		需压长度	外边距		压接长度		对边距		压接长度			
				最大	最小		最大	最小		最大	最小	1	2	最大	最小				

检查结论

l_1　l_2　对边距

直线液压管

对边距

耐张液压管

注　1. l_1、l_2 为压后铝管分别两处各自的压接长度。

2. 外观检查包括管弯曲、裂纹等项目。

3. 压后推荐值，钢管为________mm，铝管为________mm

现场技术负责人		专职质检员		施工负责人		监理工程师	

表 B.10　导地线弧垂施工检查及验收记录

耐张段号			耐张段长		导地线及光纤型号		施工日期	年　月　日
观测档号			观测挡距				检查日期	年　月　日
线类	相别	线别	观测时温度/℃	设计弧垂/mm	实测弧垂/mm	子导线偏差/mm	相间偏差/mm	子导线间偏差/mm
导线	左或上	1（上或左）						
		2（下或右）						
	中	1（上或左）						
		2（下或右）						
	右或下	1（上或左）						
		2（下或右）						
地线或光缆	左							
	右							

序号	检查（检验）项目	性质	验收标准（容许偏差）		检查结果
			合格值	推荐值	
1	相位排列	关键	符合规范要求		
2	导、地线弧垂（紧线时）	重要	+5%，-2.5%	+4%，-2%	
3	导、地线相间弧垂偏差/mm	重要	200	150	
4	耐张连接金具规格、数量	关键	符合设计要求		
5	耐张线夹（预绞丝）安装	关键	符合设计要求		
6	OPGW 光缆弧垂（紧线时）	关键	±2.5%	±1.8%	
7	光缆尾线处理	关键	缆盘最小盘径大于2倍容许弯曲半径，无扭劲，端头密封良好		

备注		检查结论	

现场技术负责人		专职质检员		施工负责人		监理工程师	

表 B.11　　　　交叉跨越检查记录表

□对地、风偏	位置	挡距/m	项目	测量对地距离/m	距最近杆塔设计桩号及距离/m	测量时温度/℃	换算至最大弧垂时对地距离/m	质量标准容许净距/m	判定
□交叉跨	跨越设计桩号	跨越挡挡距/m	被跨越物名称及交叉角	交叉点净距/m					
备注							检查结论		
现场技术负责人		专职质检员		施工负责人		监理工程师			

表 B.12　　接地装置施工检查记录表

<table>
<tr><td rowspan="2">设计
桩号</td><td rowspan="2"></td><td rowspan="2">接地
型式</td><td rowspan="2"></td><td rowspan="2">测量时
气温</td><td rowspan="2">℃</td><td>施工日期</td><td>年　月　日</td></tr>
<tr><td>检查日期</td><td>年　月　日</td></tr>
</table>

<table>
<tr><td rowspan="2">序号</td><td rowspan="2" colspan="2">检查（检验）项目</td><td rowspan="2">性质</td><td colspan="2">质量标准（容许偏差）</td><td rowspan="2" colspan="2">检查结果</td></tr>
<tr><td>合格值</td><td>推荐值</td></tr>
<tr><td rowspan="2">1</td><td rowspan="2" colspan="2">接地体规格</td><td rowspan="2">关键</td><td colspan="2">设计值：</td><td rowspan="2" colspan="2"></td></tr>
<tr><td colspan="2">符合设计要求</td></tr>
<tr><td rowspan="2">2</td><td rowspan="2" colspan="2">接地电阻值</td><td rowspan="2">关键</td><td colspan="2">设计值：　　　　Ω</td><td>实测值</td><td></td></tr>
<tr><td>不大于设计值</td><td>比设计值小 5%</td><td>计算季节系数后</td><td></td></tr>
<tr><td rowspan="2">3</td><td rowspan="2">接地体
连接</td><td>□圆钢双面焊</td><td rowspan="2">关键</td><td colspan="2">搭接长度不小于直径的 6 倍</td><td rowspan="2" colspan="2"></td></tr>
<tr><td>□扁钢四面焊</td><td colspan="2">搭接长度不小于宽度的 2 倍</td></tr>
<tr><td rowspan="2">4</td><td rowspan="2" colspan="2">接地体埋深</td><td rowspan="2">重要</td><td colspan="2">设计值：　　　　mm</td><td rowspan="2" colspan="2"></td></tr>
<tr><td colspan="2">小于设计值</td></tr>
<tr><td rowspan="2">5</td><td rowspan="2" colspan="2">接地体放射线长度</td><td rowspan="2">重要</td><td colspan="2">设计值：　　　　mm</td><td rowspan="2" colspan="2"></td></tr>
<tr><td colspan="2">小于设计值</td></tr>
<tr><td>6</td><td colspan="2">降阻剂使用情况</td><td>一般</td><td colspan="2">符合设计要求</td><td colspan="2"></td></tr>
<tr><td>7</td><td colspan="2">接地体防腐</td><td>一般</td><td colspan="2">符合设计要求</td><td colspan="2"></td></tr>
<tr><td>8</td><td colspan="2">引下线安装</td><td>一般</td><td colspan="2">与杆塔连接应接触良好
牢固、整齐、统一美观</td><td colspan="2"></td></tr>
<tr><td>9</td><td colspan="2">回填土</td><td>一般</td><td colspan="2">防沉层 100～300mm</td><td colspan="2"></td></tr>
<tr><td>10</td><td colspan="7">接地装置实际敷设简图：</td></tr>
<tr><td>备注</td><td colspan="5">测量接地电阻值时的季节系数为：</td><td>检查结论</td><td></td></tr>
</table>

<table>
<tr><td>现场技术
负责人</td><td></td><td>专职
质检员</td><td></td><td>施工
负责人</td><td></td><td>监理
工程师</td><td></td></tr>
</table>

表 B.13　　杆上电气设备安装检查记录表

<table>
<tr><td>设备杆号</td><td></td><td>设备编号</td><td></td><td>设备型号</td><td></td><td>施工日期</td><td>年　月　日</td></tr>
<tr><td></td><td></td><td></td><td></td><td></td><td></td><td>检查日期</td><td>年　月　日</td></tr>
</table>

<table>
<tr><th>序号</th><th colspan="2">检查（检验）项目</th><th>性质</th><th>检查内容及标准</th><th>检查结果</th></tr>
<tr><td>1</td><td colspan="2">固定电气设备的支架</td><td>关键</td><td>应为热浸镀锌制品，紧固件及防松零件齐全</td><td></td></tr>
<tr><td>2</td><td colspan="2">电气设备接地</td><td>关键</td><td>接地牢固可靠，接地电阻值符合设计规定</td><td></td></tr>
<tr><td>3</td><td rowspan="4">变压器</td><td>变压型号规格</td><td>关键</td><td>符合设计要求</td><td></td></tr>
<tr><td>4</td><td>台架的水平倾斜</td><td>关键</td><td>不大于 1/100</td><td></td></tr>
<tr><td>5</td><td>台架底座对地距离</td><td>关键</td><td>不小于 2.5m</td><td></td></tr>
<tr><td>6</td><td>外观检查</td><td>外观</td><td>变压器油位正常、附件齐全、无渗油现象、外壳涂层完整</td><td></td></tr>
<tr><td>7</td><td rowspan="4">杆上断路器、负荷开关</td><td>开关底部对地距离</td><td>关键</td><td>不小于 4.5m，但不宜过高，以便于运行人员操作</td><td></td></tr>
<tr><td>8</td><td>气压、油位</td><td>关键</td><td>密封良好，不应的油或气的渗漏现象，油位或气压值符合规定</td><td></td></tr>
<tr><td>9</td><td>分合闸位置</td><td>一般</td><td>指示正确、清晰，操作灵活</td><td></td></tr>
<tr><td>10</td><td>套管</td><td>外观</td><td>无裂纹、破损、脏污现象</td><td></td></tr>
<tr><td>11</td><td rowspan="4">跌落式熔断器</td><td>与地面垂直距离</td><td>关键</td><td>不小于 5m，郊区农田线路可降低至 4.5m</td><td></td></tr>
<tr><td>12</td><td>跌落式熔断器安装的相间距离</td><td>关键</td><td>不小于 500mm</td><td></td></tr>
<tr><td>13</td><td>熔管轴线与地面的垂直夹角</td><td>重要</td><td>$15^\circ \sim 30^\circ$</td><td></td></tr>
<tr><td>14</td><td>熔断器外观检查</td><td>外观</td><td>绝缘支撑件无裂纹、破损及脏污。铸件应无裂纹、砂眼及锈蚀</td><td></td></tr>
<tr><td>15</td><td rowspan="3">隔离开关</td><td>裸露带电部分对地垂直距离</td><td>关键</td><td>不少于 4.5m</td><td></td></tr>
<tr><td>16</td><td>触头分闸</td><td>重要</td><td>隔离刀刃合闸时接触紧密，分闸时应有不小于 200mm 的空气间隙</td><td></td></tr>
<tr><td>17</td><td>外观检查</td><td>外观</td><td>绝缘支撑件无裂纹、破损及脏污。铸件应无裂纹、砂眼及锈蚀</td><td></td></tr>
<tr><td>18</td><td rowspan="3">避雷器</td><td>相间距离</td><td>关键</td><td>不小于 350mm</td><td></td></tr>
<tr><td>19</td><td>上下引线截面</td><td>重要</td><td>铜线截面积不小于 $16mm^2$，铝截面不小于 $25mm^2$</td><td></td></tr>
<tr><td>20</td><td>外观检查</td><td>外观</td><td>完好，无破损、裂纹</td><td></td></tr>
</table>

<table>
<tr><td>备注</td><td></td><td>检查结论</td><td></td></tr>
</table>

<table>
<tr><td>现场技术负责人</td><td></td><td>专职质检员</td><td></td><td>施工负责人</td><td></td><td>监理工程师</td><td></td></tr>
</table>

表 B.14　　工程设计变更通知单

编号：

<table>
<tr><td>工程名称</td><td colspan="2"></td><td>设计阶段</td><td></td></tr>
<tr><td>原图图号</td><td colspan="2"></td><td>设计专业</td><td></td></tr>
<tr><td colspan="5">变更原因</td></tr>
<tr><td colspan="5"></td></tr>
<tr><td colspan="5">变更内容</td></tr>
<tr><td colspan="5"></td></tr>
<tr><td>设计单位：

签字：
日期：</td><td>监理单位：

签字：
日期：</td><td colspan="2">建设单位：

签字：
日期：</td><td>施工单位：

签字：
日期：</td></tr>
</table>

附录C　起重机起重作业性能参数表

表 C.1　　QY8B.5型起重机起重作业性能参数表

工作幅度/m	基本臂（7.8m）		中长臂（13.4m）		全伸臂（19m）		全臂＋副臂（19＋6.5m）	
	起重量/kg	起升高度/m	起重量/kg	起升高度/m	起重量/kg	起升高度/m	起重量/kg	起升高度/m
3.0	8000	8.2						
3.5	7000	7.9						
4.0	6000	7.6	4100	13.90				
4.5	4850	7.1	3600	13.70				
5.0	4100	6.6	3350	13.50				
5.5	3700	6.0	3050	13.20				
6.0	3300	5.2	2700	12.90	2250	19.10		
6.5			2550	12.60	2150	18.90		
7.0			2400	12.30	2000	18.70		
7.5			2200	11.90	1900	18.50		
8.0			2000	11.50	1700	18.20	1000	25.30
9.0			1650	10.50	1400	17.70	900	24.90
10.0			1300	9.30	1250	17.00	820	24.50
11.0			1000	7.70	1180	16.30	760	24.00
12.0					1050	15.40	720	23.40
13.0					850	14.40	660	22.80
14.0					780	13.30	620	22.10
15.0					600	11.90	580	21.40
16.0							550	20.60
17.0							500	19.40
18.0							450	18.40
倍率	6		4		4		1	

注　1. 表中额定起重量所表示的数值，是在平整的坚固地面上本起重机能够保证的最大起重量。

2. 表中额定起重量包括吊钩和吊具的重量（主钩为95kg，副钩为16kg）；表中的工作幅度是包括吊臂的变形量在内的实际值，应以工作幅度为依据进行起重作业。起升高度为参考值。

3. 表中粗线以上的数值为起重臂强度决定的起重量，粗线以下的数值为整机稳定性决定的起重量。

表 C.2　　QY16H 型起重机起重作业性能参数表　　单位：kg

工作幅度/m	主臂/m												主臂仰角/(°)	最长臂 30.8+7.5（m）			
	支腿全伸　后方、侧方作业						支腿全伸　前方作业							安装角 0°		安装角 30°	
	9.8	14.0	18.2	22.4	26.6	30.8	9.8	14.0	18.2	22.4	26.6	30.8		侧后方	前方	侧后方	前方
3.0	16000	12000					16000	12000					80	2000	2000	1500	1500
3.5	16000	12000	11500				16000	12000	11500				78	2000	2000	1450	1450
4.0	16000	12000	11500	8500			16000	12000	11500	8500			76	2000	2000	1400	1400
4.5	15000	12000	11500	8500			15000	12000	11500	8500			74	2000	2000	1350	1350
5.0	14200	12000	11500	8200	6500		13800	12000	11500	8200	6500		72	2000	2000	1300	1300
5.5	12900	12000	10800	7800	6500		10900	11500	10800	7800	6500		70	2000	1800	1250	1250
6.0	11000	11400	10000	7400	6500	4500	8800	9300	9500	7400	6500	4500	68	1900	1400	1200	1150
6.5	9500	10000	9500	7000	6000	4500	7200	7600	7900	7000	6000	4500	66	1800	1150	1150	900
7.0	8400	8700	8900	6500	5500	4300	6000	6500	6700	6500	5500	4300	64	1700	900	1100	700
8.0	6500	6900	7100	5800	5000	4100	4100	4800	5000	5200	5000	4100	62	1550	700	1050	500
9.0		5500	5650	5300	4500	3900		3700	3900	4100	4200	3900	60	1300	500	1000	400
10.0		4600	4750	4800	4100	3700		2900	3100	3200	3350	3400	58	1100	400	900	250
11.0		3750	3900	4100	3800	3550		2300	2500	2650	2750	2800	56	850	300	700	
12.0		3150	3350	3450	3500	3400		1800	2000	2150	2250	2300	54	650		500	
14.0			2400	2600	2650	2650			1300	1450	1500	1550	52	550		400	
16.0			1700	1900	2000	2100			800	900	1000	1050	50	450		300	
18.0				1500	1550	1600				550	650	700	45	300			
20.0					1150	1200					350	400	40				
22.0					850	1000						200	35				
24.0						650							30				

表 C.3　　QY20H 型起重机起重作业性能参数表　　单位：kg

工作幅度/m	主臂/m												主臂仰角/(°)	最长臂 32.0+8.0 (m)			
	支腿全伸　后方、侧方作业						支腿全伸　前方作业							安装角 0°		安装角 30°	
	10.2	14.6	19.0	23.4	27.6	32.0	10.2	14.6	19.0	23.4	27.6	32.0		侧后方	前方	侧后方	前方
3.0	20000	14500	12000				20000	14500	12000				80	3000	3000	1500	1500
3.5	20000	14500	12000				20000	14500	12000				78	2850	2850	1500	1500
4.0	19200	14500	12000	10500			19000	14500	12000	10500			76	2750	2750	1450	1450
4.5	18500	14500	12000	10500			18500	14500	12000	10500			74	2650	2650	1400	1400
5.0	17000	14000	12000	10500	8000		15000	14000	12000	10500	8000		72	2550	2550	1350	1350
5.5	15200	13500	12000	10200	8000		12000	12500	12000	10200	8000		70	2400	2300	1300	1300
6.0	13200	13000	11500	9800	8000	6500	9600	10000	10500	9800	8000	6500	68	2250	1950	1250	1250
6.5	11700	12000	11000	9200	7500	6500	7800	8500	8800	8800	7500	6500	66	2100	1550	1200	1200
7.0	10500	10600	10500	8600	7000	6200	6800	7200	7500	7600	7000	6200	64	1950	1250	1150	1000
8.0	8500	8600	8700	7700	6500	5700	5000	5500	5600	5700	5800	5700	62	1850	1050	1100	800
9.0		6900	7100	7000	6000	5100		4200	4500	4600	4700	4700	60	1700	850	1050	650
10.0		5700	5900	6000	5500	4600		3400	3500	3600	3800	3800	58	1600	650	1000	500
11.0		4700	4900	5000	5000	4200		2600	2900	3000	3100	3100	56	1450	500	950	400
12.0		4000	4200	4300	4400	3900		2100	2400	2500	2600	2600	54	1250	400	900	300
14.0			3200	3300	3400	3200			1500	1600	1700	1700	52	1100	300	850	200
16.0			2500	2600	2700	2700			1000	1100	1200	1200	50	950	200	700	
18.0				1900	2000	2050				700	800	800	45	700		500	
20.0					1500	1550					500	500	40	500		400	
22.0					1100	1150						300	35	350		250	
24.0						950							30	200			

表 C.4　　　　　　　　　QY25V 型起重机起重作业性能参数表　　　　　　　　　单位：kg

工作幅度/m	主　臂/m												主臂仰角/(°)	主臂＋副臂 33.3＋8.0（m），腿全伸			
	支腿全伸　侧、后方区作业						支腿半伸　侧、后区方作业							安装角 0°		安装角 30°	
	10.5	14.9	19.5	24.1	28.7	33.3	10.5	14.9	19.5	24.1	28.7	33.3		侧后方	前方	侧后方	前方
3.0	25000	17000					25000	17000					80	3000	3000	1500	1500
3.5	25000	17000	16000				22000	17000	16000				78	3000	3000	1500	1500
4.0	24000	17000	16000				20000	17000	16000				76	3000	3000	1500	1500
4.5	22000	17000	16000	11000			18000	17000	16000	11000			74	2900	2900	1500	1500
5.0	20000	17000	16000	10800			14000	15000	15000	10800			72	2800	2800	1450	1450
5.5	17900	17000	15200	10500	8000		11800	12000	12800	10500	8000		70	2650	2450	1400	1400
6.0	16300	16500	14200	10200	8000		9800	10000	10800	10200	8000		68	2500	2050	1350	1350
6.5	14900	15200	13200	9800	8000		8300	9000	9100	9200	8000		66	2400	1750	1300	1300
7.0	13300	13700	12300	9300	8000	7000	7100	7800	8000	8200	8000	7000	64	2300	1450	1270	1200
7.5	11900	12300	11600	9000	8000	7000	6000	6800	7000	7200	7500	7000	62	2150	1250	1240	1050
8.0	10500	11000	11000	8500	7400	6500	5200	6000	6200	6300	6500	6300	60	2050	1050	1210	850
9.0	8500	9000	9300	7800	6800	6000		4800	5000	5200	5300	5400	58	1850	900	1180	750
10.0		7500	7800	7200	6300	5500		3800	4000	4200	4300	4300	56	1650	700	1150	600
11.0		6300	6600	6550	5800	5000		3000	3200	3500	3600	3700	54	1500	600	1120	500
12.0		5300	5600	5700	5400	4600			2800	2900	3000	3100	52	1350	450	1100	350
13.0			4800	4950	5000	4200			2200	2500	2600	2600	50	1200	350	1070	250
14.0			4100	4300	4450	4000			2000	2200	2200	2200	45	920		840	
15.0			3600	3750	3900	3900			1600	1700	1800	1800	40	700		660	
16.0			3100	3300	3400	3500			1200	1500	1600	1600	35	520		490	
18.0				2600	2700	2800				1200	1200	1200	30	370			
20.0				2000	2100	2200					800	900					
22.0				1650	1700	1800						600					
24.0					1300	1400											
26.0					1000	1100											
28.0						850											

注　起升高度根据工作幅度，查起重机起升高度曲线得出，也可以由工作幅度、伸臂长度和起升高度组成的直角三角形求得估算值。

表 C.5　　QY50V 型起重机起重作业性能参数表　　单位：kg

工作幅度/m	主　臂/m							主臂仰角/(°)	主臂＋副臂/m			
	伸油缸Ⅰ至100%，支腿全伸，侧、后方区作业								42＋9.5		42＋16	
	11.1	15.0	18.8	24.6	30.4	36.2	42.0		0°	30°	0°	30°
3.0	50000	40000	32000					80	4500	2150	2800	1000
3.5	50000	40000	32000					78	4500	2050	2600	1000
4.0	44500	40000	32000	24000				76	4200	1950	2300	1000
4.5	40000	36000	31000	23000				74	3800	1900	2000	1000
5.0	36000	33000	29000	21800				72	3500	1850	1800	1000
5.5	32000	30000	27300	20600	16000			70	3200	1800	1650	1000
6.0	29000	27500	25700	19500	16000			68	3000	1750	1550	900
6.5	26000	25500	24200	18500	15500	12400		66	2700	1700	1450	850
7.0	24000	23500	23000	17500	14600	12400		64	2300	1650	1350	800
7.5	22300	21900	21500	16600	14000	12400		62	2000	1600	1250	750
8.0	20300	19700	19400	15800	13300	11800		60	1700	1350	1150	700
9.0	15800	15300	15000	14300	12200	10900	9000	58	1400	1100	1000	650
10.0		12200	12000	13000	11200	10000	9000		56	1150	850	850
11.0		9900	9700	10700	10300	9200	8300		54	950	650	650
12.0		8200	8000	9000	9700	8500	7800		52	750	450	
14.0			5500	6500	7150	7500	6800					
16.0			3800	4800	5400	5750	6000					
18.0				3550	4150	4500	4750					
20.0				2600	3200	3500	3750					
22.0				1850	2400	2750	3000					
24.0					1800	2100	2350					
26.0					1300	1600	1850					
28.0					850	1200	1450					
30.0						850	1050					
32.0							750					
Ⅰ	0	3.9	7.7	7.7	7.7	7.7	7.7					
Ⅱ	0	0	0	5.8	11.6	17.4	23.2					
倍率	12	8	8	6	4	4	3			1		
吊钩	50t 主吊钩							4.5t 副吊钩				

注　该种起重机有6种不同工况的额定起重量表，操作者应根据实际作业情况选择相对应的额定起重量表来确定额定起重量；表中“Ⅰ”栏的数值表示，与之对应的主臂长度工况下，Ⅰ缸伸出的长度；表中“Ⅱ”栏的数值表示，与之对应的主臂长度工况下，Ⅱ缸伸出长度的3倍。

附录 D 汽车起重机作业性能曲线图

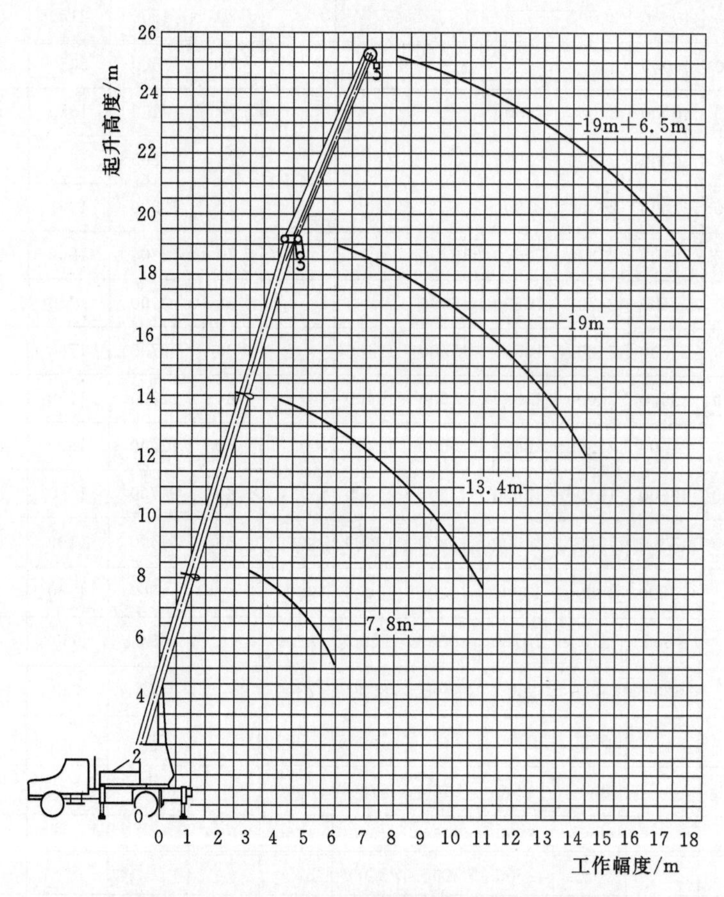

图 D.1 QY8B.5 型起重机起重作业性能曲线图

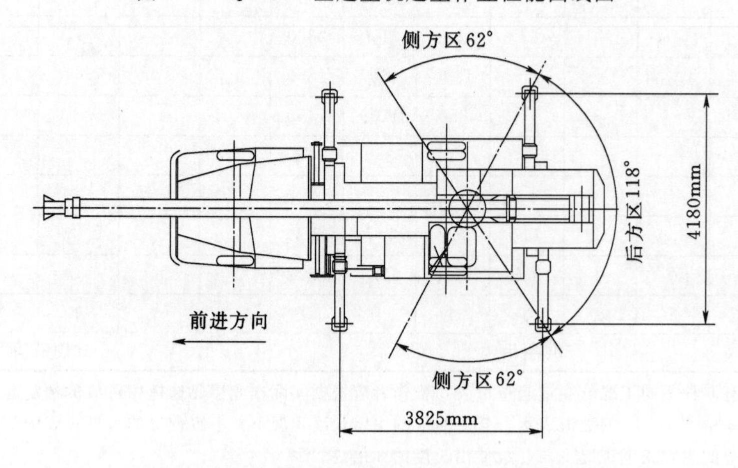

图 D.2 QY8B.5 型起重机起重工作区域划分图

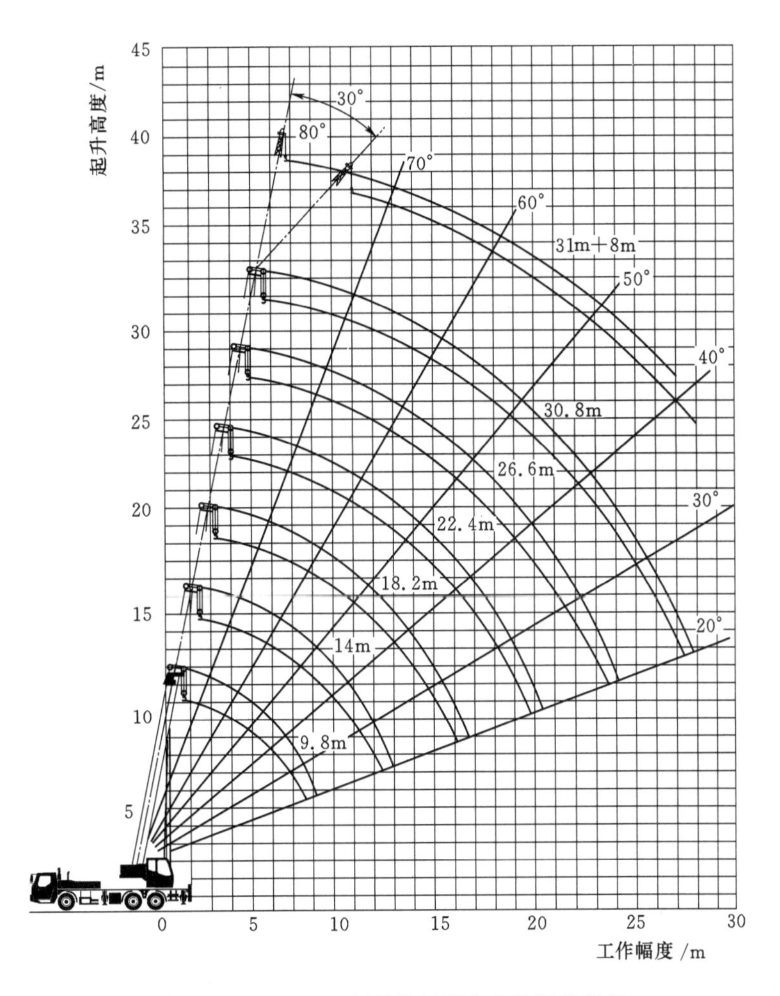

图 D.3　QY16H 型起重机起重作业性能曲线图

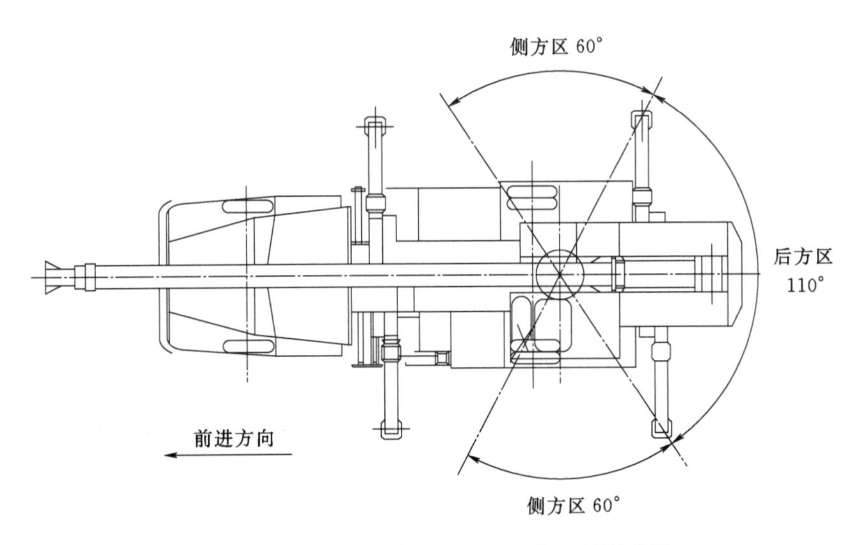

图 D.4　QY16H 型起重机起重工作区域划分图

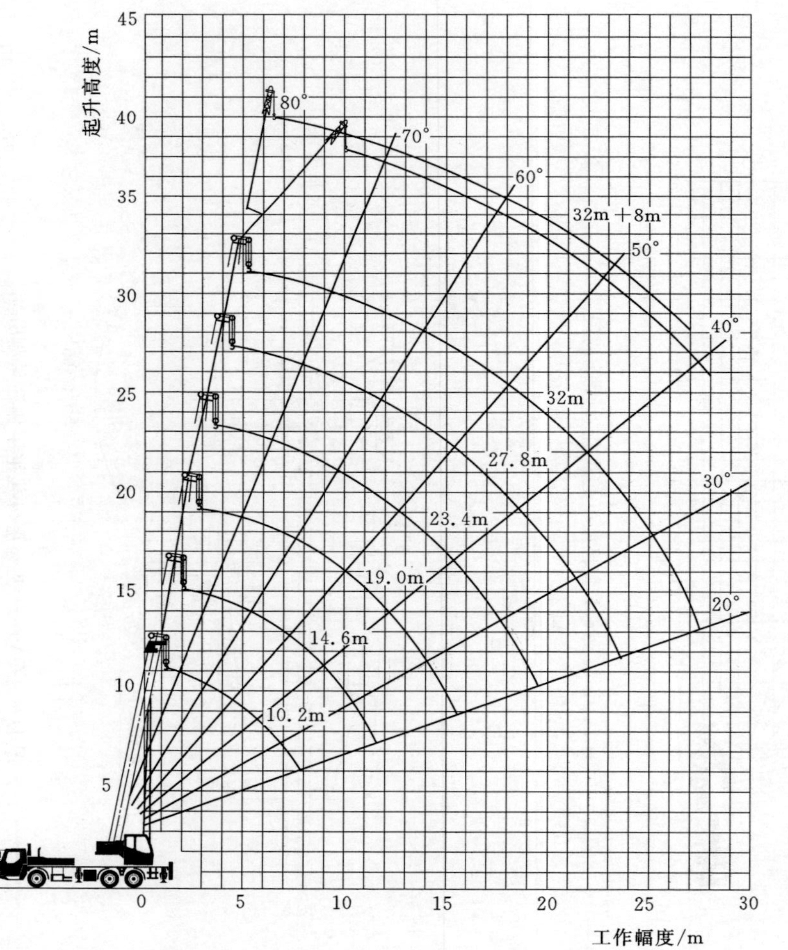

图 D.5　QY20H 型起重机起重作业性能曲线图

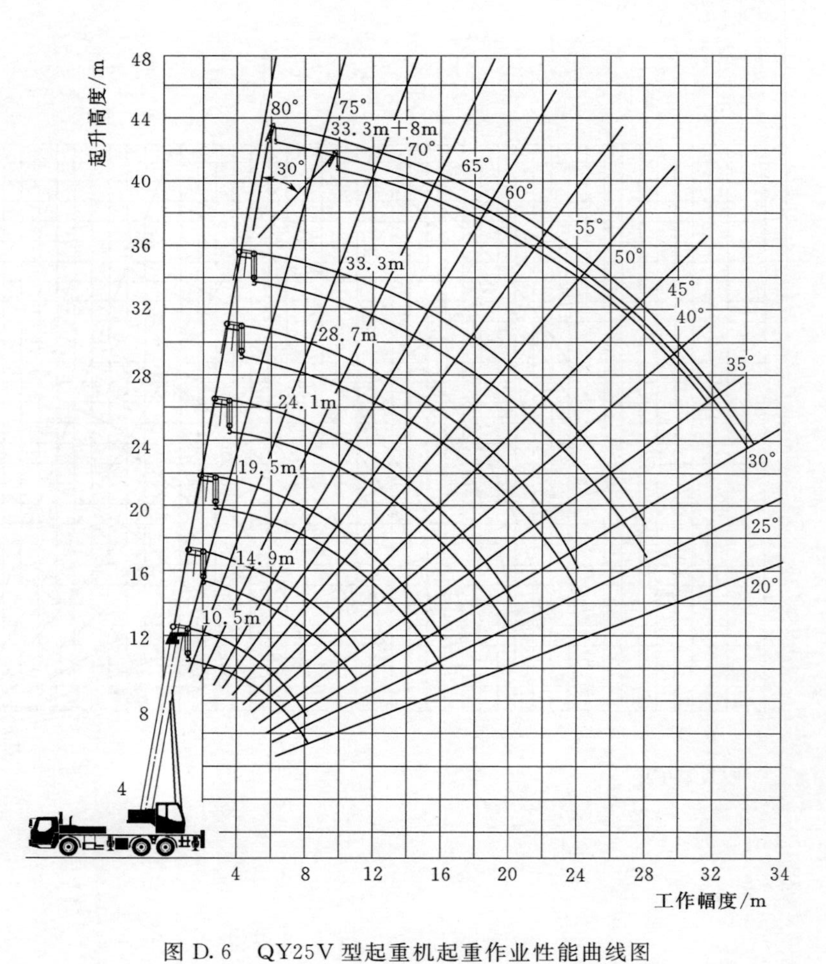

图 D.6　QY25V 型起重机起重作业性能曲线图

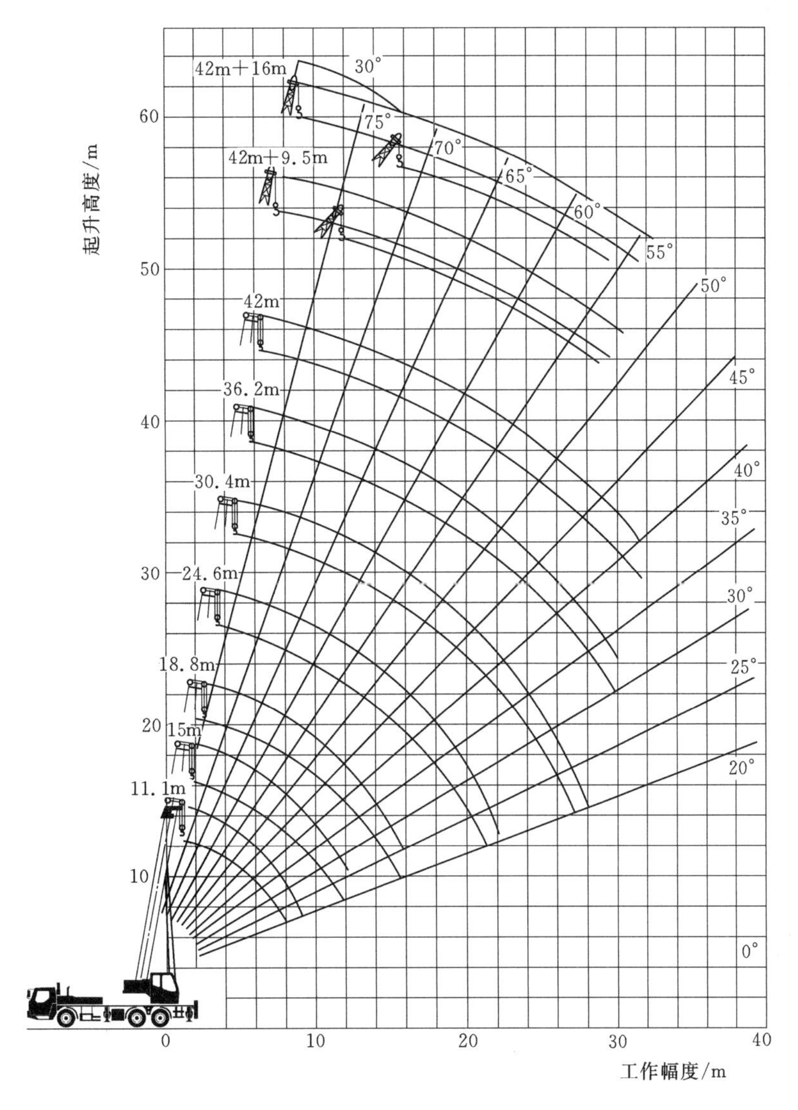

图 D.7　QY50V 型起重机起重作业性能曲线图

参 考 文 献

[1] 陈昌言，阎善玺．35～220kV 送电线路施工技术（上、下）［M］．北京：中国电力出版社，2002.

[2] 李庆林．架空送电线路施工手册［M］．北京：中国电力出版社，2002.

[3] 张殿生．电力工程高压送电线路设计手册［M］．2版．北京：中国电力出版社，2003.